分析化学実技シリーズ
機器分析編●10

(公社)日本分析化学会【編】
編集委員／委員長　原口紘炁／石田英之・大谷 肇・鈴木孝治・関 宏子・渡會 仁

本水昌二・小熊幸一・酒井忠雄【著】

フローインジェクション分析

共立出版

「分析化学実技シリーズ」編集委員会

編集委員長	原口紘炁	名古屋大学名誉教授・理学博士
編集委員	石田英之	大阪大学特任教授・工学博士
	大谷 肇	名古屋工業大学教授・工学博士
	鈴木孝治	慶應義塾大学教授・工学博士
	関 宏子	千葉大学共用機器センター
		グランドフェロー・薬学博士
	渡會 仁	大阪大学名誉教授・理学博士

(50音順)

分析化学実技シリーズ
刊行のことば

　このたび「分析化学実技シリーズ」を（社）日本分析化学会編として刊行することを企画した．本シリーズは，機器分析編と応用分析編によって構成される全23巻の出版を予定している．その内容に関する編集方針は，機器分析編では個別の機器分析法についての基礎・原理・装置・分析操作・実施例に関する体系的な記述，そして応用分析編では幅広い分析対象ないしは分析試料についての総合的解析手法および実験データに関する平易な解説である．機器分析法を中心とする分析化学は現代社会において重要な役割を担っているが，一方産業界においては分析技術者の育成と分析技術の伝承・普及活動が課題となっている．そこで本シリーズでは，「わかりやすい」，「役に立つ」，「おもしろい」を編集方針として，次世代分析化学研究者・技術者の育成の一助とするとともに，他分野の研究者・技術者にも利用され，また講義や講習会のテキストとしても使用できる内容の書籍として出版することを目標にした．このような編集方針に基づく今回の出版事業の目的は，21世紀になって科学および社会における「分析化学」の役割と責任が益々大きくなりつつある現状を踏まえて，分析化学の基礎および応用にかかわる研究者・技術者集団である（社）日本分析化学会として，さらなる学問の振興，分析技術の開発，分析技術の継承を推進することである．

　分析化学は物質に関する化学情報を得る基礎技術として発展してきた．すなわち，物質とその成分の定性分析・定量分析によって得られた物質の化学情報の蓄積として体系化された分析化学は，化学教育の基礎として重要であるために，分析化学実験とともに物質を取り扱う基本技術として大学低学年で最初に教えられることが多い．しかし，最近では多種・多様な分析機器が開発され，いわゆる「機器分析法」に基礎をおく機器分析化学ないしは計測化学が学問と

して体系化されつつある．その結果，機器分析法は理・工・農・薬・医に関連する理工系全分野の研究・技術開発の基盤技術，産業界における研究・製品・技術開発のツール，さらには製品の品質管理・安全保証の検査法として重要な役割を果たすようになっている．また，社会生活の安心・安全にかかわる環境・健康・食品などの研究，管理，検査においても，貴重な化学情報を提供する手段として大きな貢献をしている．さらには，グローバル経済の発展によって，資源，製品の商取引でも世界標準での品質保証が求められ，分析法の国際標準化が進みつつある．このように機器分析法および分析技術は科学・産業・生活・経済などあらゆる分野に浸透し，今後もその重要性は益々大きくなると考えられる．我が国では科学技術創造立国をめざす科学技術基本計画のもとに，経済の発展を支える「ものづくり」がナノテクノロジーを中心に進められている．この科学技術開発においても，その発展を支える先端的基盤技術開発が必要であるとして，現在，先端計測分析技術・機器開発事業が国家プロジェクトとして推進されている．

本シリーズの各巻が，多くの読者を得て，日常の研究・教育・技術開発の役に立ち，さらには我が国の科学技術イノベーションにも貢献できることを願っている．

「分析化学実技シリーズ」編集委員会

まえがき

　本書は，分析化学実技シリーズの機器分析編 10 として企画されたものである．編集委員会から企画立案の依頼を受け，企画内容から 3 名の著者で得意分野を分担することで執筆にとりかかった．

　本シリーズの編集方針である「わかりやすい」，「役に立つ」，「おもしろい」の 3 点を満足する書となるよう，フローインジェクション分析（FIA）に携わってきた約 30 年間の実践的経験を基にして基礎から応用にわたる分野を解説した．内容の一貫性を保つため，年数回さまざまな機会を活用して 3 名で打ち合わせや情報交換を繰り返し，いま役に立ち，また次代に継承して欲しいと願う事項は積極的に本書に取り込んだ．

　化学分析の自動化の強力な助っ人として "FLOW INJECTION ANALYSES PART I: A NEW CONCEPT OF FAST CONTINUOUS FLOW ANALYSIS" が *Anal. Chim. Acta* 誌上に Ruzicka, Hansen により発表されたのは 1975 年である．その直後から FIA の将来的発展を予想した多くの分析化学者が研究にとりかかった．我が国では大学や機器分析メーカー，産業界で研究が急速に進展した．当時は，我々の恩師の世代を中心に研究会も設立され，分析化学会の年会，討論会などの研究集会や「分析化学」誌などで FIA がキーワードとして定着し，報告数も飛躍的に増加した．ちょうど著者らの世代は自分で FIA 装置を組み，自分で実験を繰り返し，また学生にももてる技術を伝承しながら過ごした世代である．著者らと同世代には FIA を研究対象とした多くの研究者がおられる．このような著名な FIA 研究者の方々を著者にお願いし，後世に残る充実した書とすべきであったが，本シリーズの編集方針（多くて 3 名）に従い，同世代の方々の貴重な研究成果は随所に取り入れさせていただくこととした．

　本書の著者は，幸いにも 3 名とも FIA をその初期から見て，聞いて，そし

て実践してきた世代である．検出感度を競ってきた装置はなんと手作りである．数十万円の手作りの装置で，たとえば数 ppt のホウ素や窒素などが測定できることを信じてもらえるだろうか？　最近では，IT 技術の成果を取り入れ，コンピュータ制御で無人の FIA 測定装置をいとも簡単に製作できる時代になった．加えて，ピペット，メスフラスコ等を用いる従来の手作業による化学分析を簡単に自動化する FIA が，いよいよ日本でも普及に拍車がかかる趨勢になってきた．2001 年の JIS K 0170：2011（流れ分析法による水質試験法）に FIA が取り入れられ，さらに JIS K 0102：2013（工場排水試験方法）にも取り入れられた．JIS K 0102 の改訂に伴い，環境省関連の公定法等でも FIA が用いられるようになった．将来がますます楽しみになってきた．

　本書では，FIA の原理と原則，装置の組立，実際的応用例などについて詳しく，分かりやすく説明している．これから FIA を始めたい人にとっても，自分で装置を組み立てることができるように装置構成の原理，必要なパーツ等も豊富な写真，図表を用いて分かりやすく解説している．すでに FIA を用いている人にとっては，装置トラブルの解決にも大いに役立つ内容である．特に最近の IT 技術を取り込んだコンピュータ制御流れ分析技術についても詳しく解説した．本書では，このシリーズの他の書とは趣を変え，参考文献も豊富に紹介した．これは本格的に FIA を研究し，あるいはより詳しい内容を知りたいと思う若い学生，研究者・技術者に少なからず役立つであろうとの考えからである．付録には流れ化学分析の関連情報，Q&A の解説や，最近 JIS 化された流れ分析についても紹介している．

　最後に，本書執筆の機会を与えてくださった原口紘炁先生をはじめとする本シリーズ編集委員の先生方，そして査読のうえ，貴重なコメントをいただいた大谷　肇先生，渡會　仁先生に深く感謝致します．また，本企画をお引き受けしてからのこれまでの長い年月，労をいとわず，もくもくと原稿整理や校正等でお世話をいただいた共立出版編集部・酒井美幸氏に深甚なる感謝の意を述べたいと思います．

2014 年 1 月

本水昌二・小熊幸一・酒井忠雄

目次

刊行のことば　　*i*
まえがき　　*iii*

Chapter 1　フローインジェクション分析法（FIA）と液体流れ化学分析法（FCA）　　*1*

1.1　液体流れを用いる化学分析法（Fluid-flow Chemical Analysis：FCA）　　*2*
1.2　フローインジェクション分析法（FIA）の誕生とFCAへの発展　　*4*
1.3　FIAおよびFCAの基本的概念および原理　　*6*
　1.3.1　FCAによる化学分析の自動化　　*6*
　1.3.2　細管内流動特性と試料の分散　　*9*
　1.3.3　FCAの基本概念　　*14*
1.4　FCAの特徴と利点　　*17*
1.5　おわりに　　*19*

Chapter 2　FIAを基盤とするFCAの新しい展開　　*21*

2.1　FCA関連の新しい自動化流れ分析法の誕生と発展　　*22*
　2.1.1　シーケンシャルインジェクション分析法（逐次注入分析法，Sequential Injection Analysis：SIA）　　*22*
　2.1.2　ビーズインジェクション法（Beads Injection Analysis：BIA）　　*27*
　2.1.3　ラボーオンーバルブ法（Lab-on-Valve system：LOV）　　*28*

2.1.4 自動カラム前処理装置（Auto-Pretreatment system：Auto-Pret 装置） 28

2.1.5 シーケンシャルインジェクションクロマトグラフィー（Sequential Injection Chromatography：SIC） 31

2.2 コンピュータ制御液体流れ化学分析法（CC-FCA） 33

2.2.1 コミュテーション（流路交互切替え方式）分析装置（Commutation Analysis System：CAS） 34

2.2.2 マルチポンピング（複数ポンプ方式）分析装置（Multi-Pumping Analytical system：MPA） 35

2.2.3 マルチシリンジFIA装置（Multi-Syringe Flow Injection Analysis：MSFIA） 36

2.2.4 オールインジェクション分析法（全注入循環・混合分析法）（All-Injection Circulation Analysis：AIA） 37

2.2.5 同時注入／迅速混合分析法（Simultaneous Injection Effective Mixing Analysis：SIEMA） 39

2.2.6 ステップワイズインジェクション分析法（Stepwise Injection Analysis：SWIA） 40

2.2.7 流量比グラジエント滴定法（Flow-Ratio Gradient Titration Method：FRGT） 42

2.3 FCAに基づく化学分析の将来的発展と展望 44

2.4 おわりに 46

Chapter 3　FCAおよび関連システムの基本構成と装置組立て 49

3.1 液体流れ化学分析（FCA）システムの条件 50

3.2 FCAシステムの構成と基本流路 51

　3.2.1 主要な装置，モジュールおよびパーツ類 51

　3.2.2 FCAに用いられる基本流路（フローマニフォールド） 62

3.3 FCAシステムの組み立て 66

　3.3.1 FCAシステム 66

3.3.2　FCA に装着される各種前処理デバイスおよび装置　69
3.4　おわりに　80

Chapter 4　FCA における検出法：特徴，利点及び実際例　83

4.1　紫外・可視吸光光度法を用いる測定　84
    4.1.1　単一成分の定量　84
    4.1.2　吸光検出法による多成分同時測定システム　86
4.2　蛍光検出法，化学発光検出法および光散乱検出法を用いる FCA 測定　90
    4.2.1　蛍光検出法　90
    4.2.2　蛍光検出／FCA の応用例　91
    4.2.3　化学発光を用いる FCA 検出法の応用例（Chemiluminescence detection/FIA）　94
    4.2.4　光散乱を用いる FIA 検出法（Light-scattering/FIA）　96
4.3　原子スペクトル法を用いる FCA 測定　98
    4.3.1　原子吸光光度法を用いる検出系　98
    4.3.2　ICP 発光分光分析法を用いる検出系　102
    4.3.3　ICP 質量分析法を用いる検出系　105
4.4　電気化学検出による FCA 測定　106
    4.4.1　伝導度測定を用いる検出系　107
    4.4.2　電位差測定を用いる検出系　108
    4.4.3　ボルタンメトリー及びアンペロメトリーを用いる検出系　109
    4.4.4　クーロメトリーを用いる検出系　112
4.5　接触反応を利用する FCA 測定　114
4.6　循環式検出法　118
4.7　pH 緩衝液を利用する強酸・強塩基の FCA 測定　120
4.8　おわりに　121

Chapter 5　FCA で用いられる化学分析の前処理および前処理装置と技術　　123

- 5.1　試料採取から溶解まで　*124*
  - 5.1.1　試料採取　*124*
  - 5.1.2　試料の溶解　*124*
  - 5.1.3　無機試料の溶液化　*125*
  - 5.1.4　有機試料の溶液化　*130*
- 5.2　試料液のオンライン前処理　*134*
  - 5.2.1　恒温，加熱による前処理　*134*
  - 5.2.2　紫外線照射によるオンライン前処理　*137*
  - 5.2.3　分離・濃縮を目的とした前処理　*140*
  - **コラム**　電子レンジで試料を溶かす　*154*
- 5.3　その他のオンライン前処理法　*155*
  - 5.3.1　オンライン沈殿を用いる分離　*155*
  - 5.3.2　気体物質のオンライン分離および濃縮　*156*
  - **コラム**　だれが最初に FIA を開発したか？　*160*
- 5.4　おわりに　*161*

Chapter 6　FCA 関連技術の化学分析への応用　　165

- 6.1　環境分析への応用　*166*
  - 6.1.1　大気分析への応用　*166*
  - 6.1.2　水分析への応用　*170*
  - 6.1.3　固体試料分析への応用　*196*
  - **コラム**　ひじきはヒ素を含むのになぜ食べられる？　*200*
- 6.2　鉱工業への応用　*201*
  - 6.2.1　鉄鋼　*201*
  - 6.2.2　非鉄金属　*205*
- 6.3　農薬分析への応用　*209*

6.4　食品成分への応用　*210*
　　6.5　医薬品分析への応用　*212*
　　6.6　生体関連物質分析への適用　*214*
　　　　6.6.1　尿中クレアチニンの定量　*214*
　　　　6.6.2　尿中タンパクの定量　*214*
　　　　6.6.3　呼気中のホルムアルデヒド（HCHO）の定量　*219*
　　　　6.6.4　尿中ビリルビン測定への適用　*222*
　　　　コラム　分析結果（濃度）はどのように表す？　*224*
　　6.7　おわりに　*225*

付録 1　FCAによる化学分析に関連する情報　*229*
付録 2　FCAを快適に行うために―FCAにおけるQ&A―　*237*
索　引　*265*

イラスト／いさかめぐみ

Chapter 1
フローインジェクション分析法(FIA)と液体流れ化学分析法(FCA)

　化学分析の自動化測定法の一つにフローインジェクション分析法（Flow injection analysis: FIA）がある．FIAは，液体の流れを利用する連続流れ分析法である．通常は，内径0.5mm～1mm程度の樹脂製細管の中を流れている液体（キャリヤー流れ，carrier streamまたは反応試薬液流れ，reagent stream）に分析試料を注入し，下流で分析目的とする化学種またはその反応生成物を検出・測定する分析手法である．このように液体流れに試料を注入する方法をフローインジェクション法（FI法），これに用いる装置がフローインジェクション装置（FI装置）である．これらを用いた分析法がFIAである．液体として水または水溶液が用いられ，送液ポンプと試料注入器からなるFI装置，これに反応コイル，適当な検出器などを細管で連結すれば，立派なFIA装置ができる．
　このように簡単な装置で，化学分析の自動化が行われる．流れの途中の適切な位置に必要な前処理装置を組み込むことで，複雑な化学反応，面倒な前処理も自動的に再現性よく行われる．これまで手作業で行われていた操作（マニュアル操作）のほとんどを自動化でき，アナリストは本来の主要な役割（最適分析法・装置の考案，測定結果・分析結果の評価と考察など）に専念できる．しかもFIAにより，化学分析の高度化，操作性の向上，安全性・ゼロエミッション化が同時に行われ，結果的により質の高い化学分析が達成される．このような利点が認識され，FIAは我国のJIS（日本工業規格）K0170（2011），K0102（2013）や世界標準のISO，各種公定法などに採用されている．

1.1 液体流れを用いる化学分析法 (Fluid-flow Chemical Analysis：FCA)

　流体流れを用いる化学分析法には，分離機能が主体となる分析法（クロマトグラフィー）と溶液内反応が主体となる分析法がある．前者には，流体流れに気体を用いたガスクロマトグラフィー（GC）と液体を用いた液体クロマトグラフィー（LC）がある．GC は Martin らにより 1952 年に発表され，以後有用な分離・定量手段として実用化され普及してきた．最近では，質量分析法との複合化（GC/MS）により一層の高機能化がなされ，高度化分析に必須の機器分析法の一つとなっている．

　一方，**図 1.1** に示すような LC の実用化は，1958 年の Moore らによるイオン交換を用いるアミノ酸分析計から始まった．1969 年には，Kirkland により LC 用の耐高圧性の表面多孔性固定相が開発され，GC に匹敵しうる分離・定量性に優れた高速液体クロマトグラフィー（HPLC）が可能となった．さらに 1971 年に Kirkland は，薄層状に被覆した固定相のはがれやすさを改善する目的で化学結合型固定相を開発した．以後，ODS（オクタデシルシリル化シリカ）などの逆相系充塡剤の開発・改良と相俟って HPLC は分離・分析（定量および分取精製）法として急速に普及し，精密化学分析手法として必須のものとなった．最近では質量分析計との複合化による高機能 LC/MS も実用化されている．

　イオンクロマトグラフィー（IC）は，HPLC のイオン交換クロマトグラフィーの一種であり，交換容量の極めて小さい充塡剤を用い，短時間でイオンを分離し，伝導度検出する分析法である．この原理は，Small らにより 1975 年に発表された．IC によりアルカリ，アルカリ土類金属イオンなどの陽イオン分析やハロゲン化物イオン，硝酸イオン，硫酸イオンなどの陰イオンの一斉分析が可能となった．今や河川水，湖沼水，雨水，上水，排水など多方面にわ

Chapter 1　フローインジェクション分析法（FIA）と液体流れ化学分析法（FCA）

たるイオン分析に必要不可欠な分析手法となっている．

　1979 年には，Mikkers らにより，キャピラリー電気泳動法が開始され，小イオン（通常の大きさのイオン）の分析やタンパク質などの生体関連分野などの分析で急速に普及し，手法・装置とも大きく進歩した．

　一方，溶液内反応が主体となる液体流れ分析法として，1957 年に Skeggs が発表した比色分析の自動化法がある．この方法は，オートアナライザーとして臨床化学分析などで普及し，現在では環境分析などの分野でも用いられている．いわゆる空気分節流れ分析法といわれる手法である．その後，1975 年に Ruzicka らにより，空気分節を用いない流れ分析法，いわゆるフローインジェクション分析法が提案された．以後，研究活動が世界的規模で活発に続けられ，10,000 件を超える分析手法の開発が行われてきた．また，新規自動化分析手法として，シーケンシャルインジェクション分析法（逐次注入分析法：SIA）および関連分析法など新しい分析技術・装置が多数提案され，実用分析

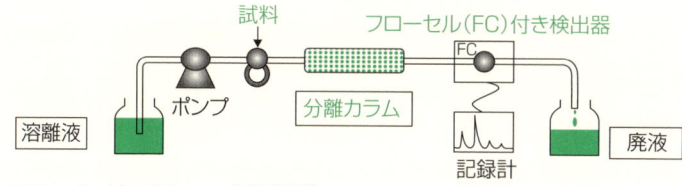

(a) 高速液体クロマトグラフィー (HPLC) 及びイオンクロマトグラフィー (IC)

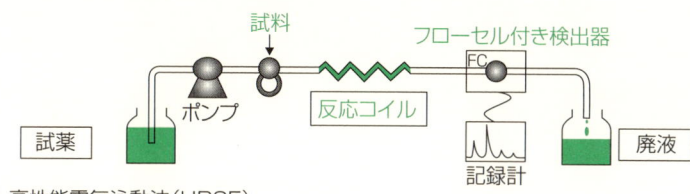

(b) フローインジェクション分析 (FIA)

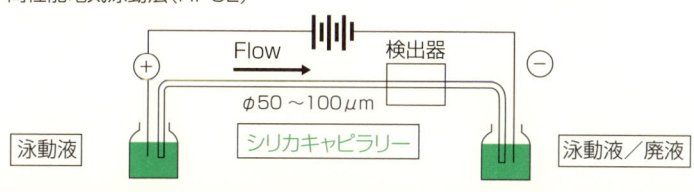

(c) 高性能電気泳動法 (HPCE)

図 1.1　汎用の液体流れ分析法とその概略

にも幅広く応用されるに至っている．

本書では，流体流れ分析法を，

① 分離主体の流れ分析法，いわゆるクロマトグラフィー
② 溶液内反応を主体とする液体流れ化学分析法（fluid-flow chemical analysis）

に分類する．以後，後者を液体流れ分析法（FCA）と呼び，FIA，SIA や各種 PC 制御流れ分析法などを含めた分析法の総称とし，本書で取り上げる対象とする．

1.2 フローインジェクション分析法（FIA）の誕生と FCA への発展

歴史的には，FIA の源流となるような研究は 1970 年頃から始まっていた．Pungor ら[1,2]，高田ら[3]は，適切な支持電解質溶液を流しておき，これに試料液を注入し，下流のフロースルー型（流通型）セルにおいて目的対象物質を電気化学的に検出する方法を提案している．しかし，当時は，"フローインジェクション"という用語，明確な概念は存在しなかった．その後，1975 年に FIA の概念，原理，特徴，利点などの詳細が，Ruzicka, Hansen により紹介され，"Flow Injection Analysis：フローインジェクション分析法（FIA）"と命名された[4]．以後，FIA は一躍脚光を浴び世界的に普及することとなった．さらに Ruzicka らは 1990 年頃にコンピュータ制御に基づく流れ分析法の SIA およびこれをベースとしたビーズインジェクション，ラボーオンーバルブなどの手法を開発した．これは，まさに FCA の時代に突入したことを意味する．

我が国では，Ruzicka らによる FIA の発表後，九州大学の石橋，喜納，与

Chapter 1　フローインジェクション分析法（FIA）と液体流れ化学分析法（FCA）

座らによりFIAの活発な研究が始められ，1978年にカリウムの溶媒抽出／FIA[5]，1980年にリン化合物定量への応用[6]が報告された．1984年には，世界に先駆けて，FIA研究会（フローインジェクション分析研究会：Japanese Association for Flow Injection Analysis, JAFIA）が我が国で発足した．同時に，専門誌 *Journal of Flow Injection Analysis* も発行され，現在も継続されている．FIA研究会は，1990年には（社）日本分析化学会フローインジェクション分析研究懇談会へと発展した．1989年には，公定法の日本工業規格（JIS）に"フローインジェクション分析方法通則"（JIS K 0126：1989）が制定され，2009年には，"流れ分析通則"（JIS K 0126:2009）に発展し，さらに2011年にはJIS K 0170に個別定量法9項目が制定された．2013年にはJIS K 0102に8項目が導入された．

　世界的規模で本格的なFIA研究が始まって，すでに35年以上経過したが，この間の研究報告数は指数関数的に増大し，現在までに累計10,000編以上にのぼる．我が国においても，多くの解説や総説があり，実際試料への応用例300を集めた技術論文集も刊行されている．また，国内外で成書も刊行されている．詳しくは，付録を参照されたい．

流れに試料を導入する際に，注射器を用いていないのにFIAの"インジェクション"ておかしくない？

そうね．でも，Ruzickaらの最初の論文"FLOW INJECTION ANALYSES Part I"を見ると，ガスクロマトグラフィーのように注射器をシリコンラバーにブスッと差し込み試料液を流れに注入しているよ．それでinjectionという語を用いたと思うね．

1.3 FIA および FCA の基本的概念および原理

1.3.1 FCA による化学分析の自動化

汎用的で安定した測定ができる検出法の一つである吸光光度（吸光検出）法を用いる FIA 測定を例に説明する．それぞれの試料液ごとに測容器具を用いて溶液調製を行うバッチ式用手（マニュアル）法では，図 1.2 (a) に模式的に示すように，たとえばビーカーに試料溶液の一定量をピペットで取り，これに規定の発色反応試薬液，マスキング剤，pH 調整剤などを加えた後，メスフ

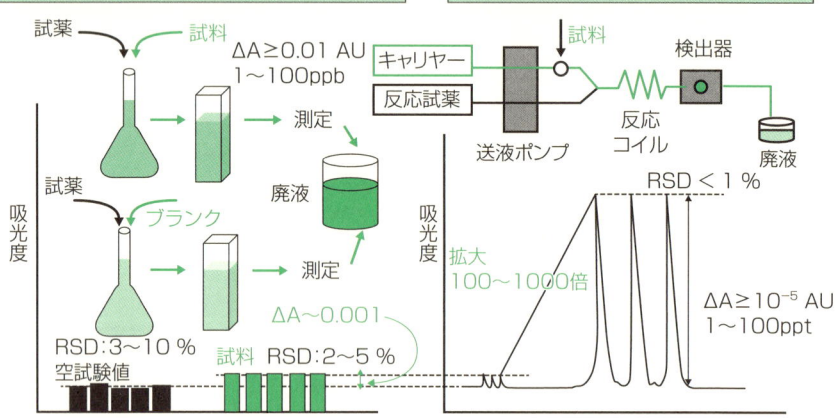

図 1.2　吸光度測定法におけるバッチ式用手法と FIA の精度，検出感度の比較

Chapter 1　フローインジェクション分析法（FIA）と液体流れ化学分析法（FCA）

ラスコに移し一定容積にする．この溶液の一部を吸光度測定用吸収セルに移し，ある決められた波長で吸光度（透過率）を測定する．これが一般的な測定手順である．通常は最終の測定に至るまでには，分離，濃縮，加熱，恒温などの前処理操作も必要である．細管中を流れている間にこれらの操作を行う手法が図1.2 (b) のFIAである．図1.2 (b) に示すように，キャリヤーに試料を注入する2流路（あるいは多流路系）を用いるとバックグラウンドはバッチ法の試薬ブランクに相当し，これは無数の試薬ブランクの測定値を平均化したものとみなすことができる．この安定した試薬ブランクを対照にして測定した試料の吸光度は電気的に拡大して読み取ることができるため，微小な吸光度変化を測定できる．さらに，再現性のよさも加わり，結果的に高感度測定が達成されることになる．これが，FIAによる高感度化の原理である．

化学分析の自動化への変遷を模式的に示したものが**図1.3**である．図1.3の(a) は，バッチ式用手法を示している．(b) は，バッチ式用手法の測定操作段階を自動化したサンプルシッパであり，バッチ法における測定段階の手間や

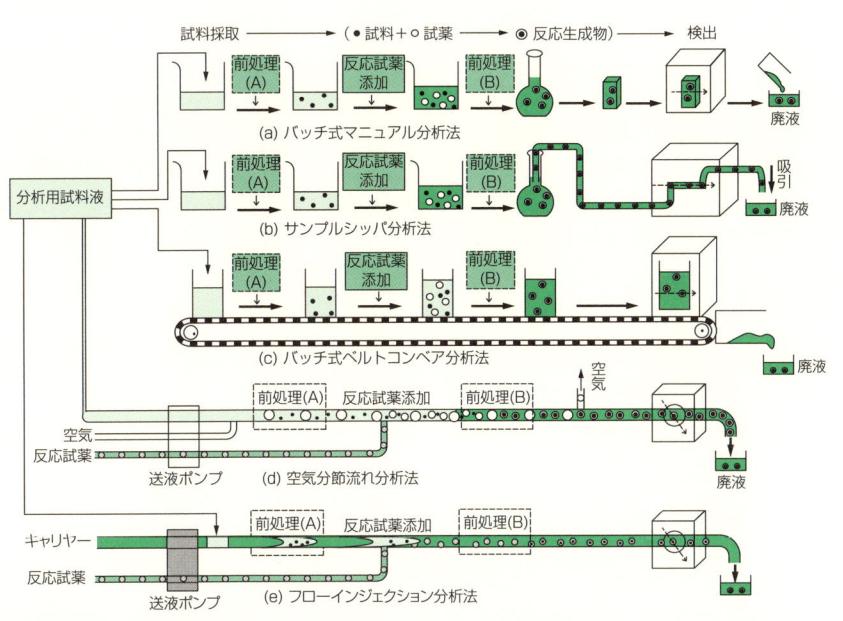

図1.3　バッチ式用手法から自動化そしてFIAへの展開

【出典】本水昌二，大島光子，日本海水学会誌，**50**，363（1996）より引用．

誤差は軽減される．それぞれのバッチをベルトコンベアに乗せて測定までを行う方式（c）になるにつれ，自動化が進んでいる．（d）は空気分節（エアセグメント）による小部屋を反応容器としたものである．Skeggs[7]によって提案された自動化測定法で，オートアナライザー方式といわれている．（e）は空気泡によるセグメントを作らない FIA 方式連続流れ分析法である．

Ruzicka らは，空気泡がなくても試料間のキャリー・オーバー（相互汚染）は無視できることを明らかにした．モデル実験では，1 時間当たり 200 試料の測定が可能であることを示している．空気泡を用いないことで，装置構成が極めて簡単になり，また流量のコントロールも極めて正確になったことが FIA の特徴的利点の一つである．これが FIA の測定原理の基礎となり，化学分析の"質の向上"をもたらすことにつながっている．

図 1.3 からわかるように，FIA では流量精度のよい流れに一定量の試料液が注入され，細管中を流れている間に測定対象物質の検出に必要なすべての操作がオンラインで行われる．これが実験環境からの汚染の低減化，操作の簡便化・迅速化，測定精度の向上などに大きく寄与している．

ここで，空気分節流れ分析法と FIA の違いをまとめておこう．大きな違いは次の 4 点である．

① **基本的原理**：空気分節流れ分析法は小さい反応容器（セグメント）を細管中に形成したもので，セグメント中では各種成分に濃度勾配の無い状態（均一に混ざっている状態）での測定を前提としている．FIA では試料ゾーンにおいてはすべての成分に濃度勾配が存在し，均一に混ざった領域は存在しない．

② **基本的概念**：FIA では，濃度勾配，分散制御を基本としており，定常状態に加え，過渡状態での測定も可能である．空気分節法は基本的に定常状態を利用するので長い反応時間（分析時間）が必要である．

　過渡状態での測定は，反応開始から測定までの時間を厳密に設定できることを必要とし，化学発光分析法や接触反応分析法などに応用できる．これらの分析法は，定常状態を用いる測定法では困難であり，FIA で初めて可能となる．

③ **装置構成**：FIA は空気泡を用いないために，実験環境からの汚染が少ない．また，圧縮，膨張の影響を受けにくく，正確に流量を制御でき，再現性のよい測定が可能である．さらに，各種前処理操作を流路に組み込み，再現性よく行うことができる．

④ **精度，感度**：精度は第一義的に送液ポンプと検出器の性能に依存する．最近の送液ポンプ，検出器の性能は FIA の原理，概念を十分に充たすものが入手できるので，精度（相対標準偏差）は 1％ 以下も十分可能である．また，FIA では原理的に流れのノイズレベルが小さいために，試料ゾーンに対応した信号において，微小な変化量の拡大読み取りが可能（図 1.2 (b) 参照）で，バッチ法あるいは他の流れ分析に比べ数百倍の高感度測定が可能となる．

このような概念的・原理的違いのため，空気分節流れ分析法は本書の対象としていないが，流れ分析法の一つとしての長い歴史，豊富なノウハウがあり，興味深い有用な分析技術の一つである．

1.3.2
細管内流動特性と試料の分散

　図 1.4 に，細管内を流れる液体の典型的な流動特性を模式的に示す．FIA や HPLC で用いられる送液ポンプを用いて細管内に液体を流すと，図 1.4 の (a)

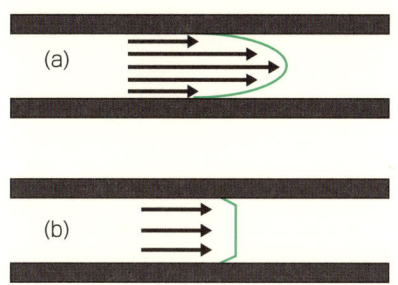

図 1.4　液体の細管内流動プロファイル

(a) 通常のポンプによる流れ
(b) 溶融シリカキャピラリー中の電気浸透流

に示すような管中心の線速度が管壁よりも大きい流れ（層流：Laminar flow）を生じる．層流では，管中心部分は平均線速度の2倍の速さで進むのに対して，管壁に近い部分は管壁との摩擦のために線速度は小さくなる．したがって，流れに注入された試料ゾーンは細管内を流れるにつれてだんだんと広がっていく．図1.4の (b) は，栓流 (plug flow) といわれ，キャピラリー電気泳動で用いられる電気浸透流が該当し，ほぼ平面状態で流れていくので，ゾーンの広がりは少なく，ピーク幅の狭いシャープなピークとなる．

図1.4 (a) のような液体流れに試料液をプラグ（栓）状態で導入したとする．**図1.5** に模式的に示すように，この試料ゾーンは，管中心付近が管壁よりも速く進むため，ゾーンは次第に広がり，キャリヤーと試料との混合が起こることになる．このような層流における輸送現象により生じる試料ゾーンの広がりに加え，流れの軸方向，および半径方向への溶質の拡散も起こり，キャリヤー中に注入された試料とキャリヤーの混合がさらに促進される．

図1.6 (a) には注入された試料ゾーンが上流から下流に流れるにつれて次第に希釈・混合され，栓状で注入された試料ゾーン（時間 t_0，濃度 C_0）は次第に広がり，濃度プロファイルはピーク形状となり，試料ゾーン内で濃度勾配が生じる（図1.6 (b))．この現象を"試料の分散（dispersion）"という．

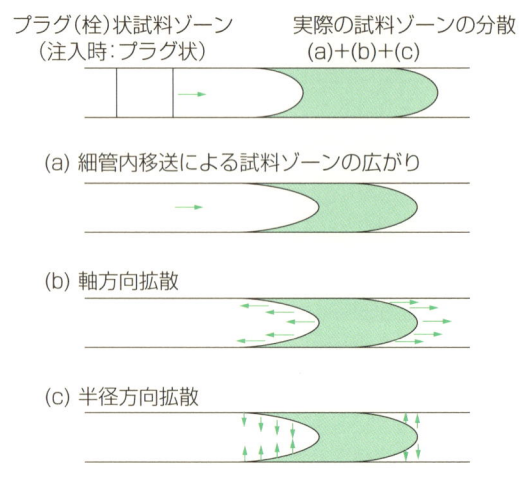

図1.5 細管内を流れる液体試料ゾーンの分散モデル

Chapter 1 フローインジェクション分析法（FIA）と液体流れ化学分析法（FCA）

分散による試料ゾーンとキャリヤーの混合・反応をさらに詳しく見るための実験結果を図1.7に示す．この図は細管を流れていく間に起こる試料ゾーンの分散とキャリヤーとの混合，そして反応の様子をフローセル付き吸光検出器で測定し，チャート紙にペンレコーダーで記録したものである（試料ゾーンは図1.6（a）のように細管内を左から右へ流れている．記録紙は逆に右から左へ流

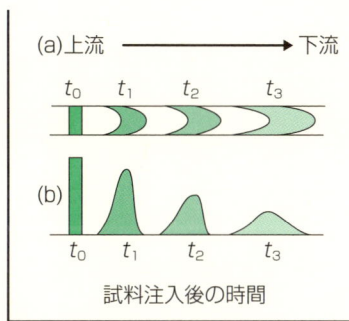

| 図1.6 | 細管内を移動中の試料の分散（概念図） |

（a）上流から下流に流れる間に起こる試料の分散
（b）細管の半径方向から見た濃度分布
【出典】本水昌二，大島光子，日本海水学会誌，**50**，363（1996）より引用．

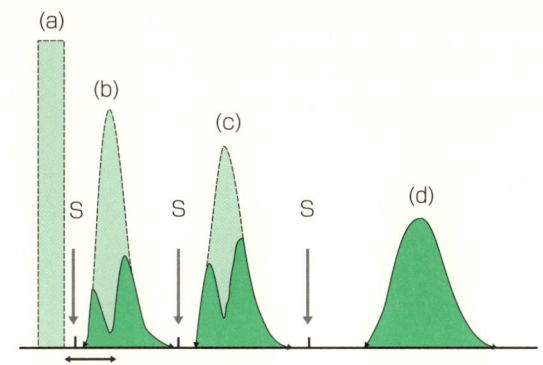

| 図1.7 | 一流路流れ系における試料の分散による反応（実験結果） |

キャリヤー：ホウ酸緩衝液（pH 9.2），試料：p-ニトロフェノール（5×10^{-4}M, pH 4），60 μL，S：試料注入点，反応コイル（0.5 mmϕ）：（a）0 cm，（b）15 cm，（c）30 cm，（d）100 cm．
（a）プラグ状に注入された試料ゾーン，（b）先端部（左側）と後端部（右側）で反応が進んでいる，（c）約60％反応している，（d）ほぼ反応は終結している（99％以上）．
【出典】本水昌二，大島光子，日本海水学会誌，**50**，363（1996）より引用．

れている．したがって，ピークの左側が試料ゾーンの先端部に相当する）．(a) は試料（p-ニトロフェノールの酸型）がプラグ状で注入されたときの状態を模式的に示している．この図において，点線は試料成分の濃度分布，実線は反応した試料成分の濃度分布に相当する．試料ゾーンの分散は，ゾーンの先端（リーディング）部と後端（テーリング）部で起こり，先端部の分散は後端部に比べ小さく（混合が起こりにくい），ピークはリーディングが小さく，テーリングが大きいことがわかる．しかも反応コイルが短い (b) と (c) では，ダブルピークとなる．この場合，キャリヤーと十分に混合させ，反応させるためには，(d) のように 100 cm のチューブが必要である．

図 1.8 は，1 流路系で 30 cm の反応コイル（内径 0.5 mm のポリテトラフルオロエチレン（PTFE）細管）を用い，キャリヤーとしてホウ酸緩衝液（pH 9.2）を流しておき，これに染料溶液（p-ニトロフェノールの塩基型）を注入したときの試料の分散の状態を吸光検出器（内容積 8 μL）で観察したものである．試料注入量が約 40 μL までは，ピーク高は注入量にほぼ比例して増加しているが，120 μL 以上ではピークは平ら（定常状態という）になる．これ

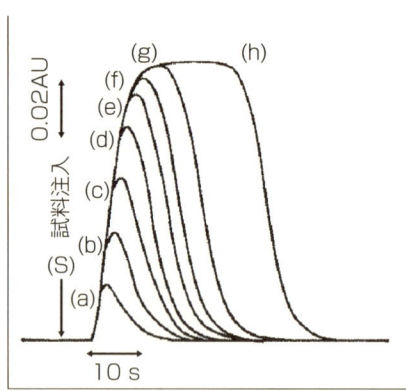

> **図 1.8**　一流路流れ系における試料注入量とピーク形状の関係

キャリヤー：ホウ酸緩衝液（0.004 M, pH 9.2），試料：p-ニトロフェノール（5×10^{-4} M, pH 9.2），流量：0.4 mL min^{-1}，反応コイル：内径（0.5 mm），30 cm．
試料注入量（μL）：(a) 10，(b) 20，(c) 30，(d) 40，(e) 60，(f) 80，(g) 120，(h) 220．
【出典】本水昌二，大島光子，日本海水学会誌，50，363（1996）より引用．

は，注入された試料ゾーンにキャリヤーと混合していない部分が存在していることを示している．

分散の程度を示すのに分散度 D を用い，次のように定義する．

$$D = \frac{C_0}{C} \tag{1.1}$$

$$D_{\max} = \frac{C_0}{C_{\max}} \tag{1.2}$$

ここで，C_0 は注入した試料の初濃度，C は分散した試料ゾーンのある点における濃度，$C_{\max}$ は分散した試料ゾーンにおける最大濃度，D は分散度，$D_{\max}$ は $C_{\max}$ における分散度（最小分散度）である（図 1.9）．

分散度は，試料注入量，細管の長さおよび径，流速などに影響され，一般に次のような関係にある．

（1）注入試料体積（S_v）との関係（k：定数）

$$\frac{1}{D_{\max}} = 1 - \exp(-kS_v) \tag{1.3}$$

（2）細管の長さ（L），管径（r）および管内滞留時間（T）との関係

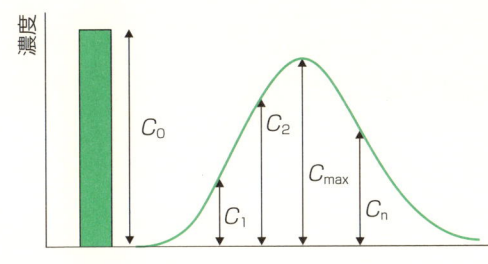

図 1.9　ピーク形状と分散度

$D = C_0 / C_n$, $D_{\max} = C_0 / C_{\max}$
D：分散度，$D_{\max}$：$C_{\max}$ における分散度（最小分散度），C_0：注入した試料の初濃度，C_n：分散した試料ゾーンのある点における濃度，$C_{\max}$：分散した試料ゾーンにおける最大濃度

$$D_{\max} \propto L^{1/2} \tag{1.4}$$

$$D_{\max} \propto Tr^{1/2} \tag{1.5}$$

$$D_{\max} \propto r^2 \tag{1.6}$$

(3) 流速（u）との関係

$$D_{\max} \propto u^2 \tag{1.7}$$

また，吸光度のように濃度に比例する物理量を測定に利用する場合には，最小分散度（$D_{\max}$）は試料の初濃度（C_0）には依存しないので，ピーク高（H）やピーク面積（A）と C の間には式 (1.8)，(1.9) の関係が成立し，H, A を用いた検量線は直線となる（k_H, k_A は比例定数）．

$$H = k_H C \tag{1.8}$$

$$A = k_A C \tag{1.9}$$

1.3.3 FCA の基本概念

FCA の基本概念について FIA を例に，重要な点をまとめると，次の (1) ～ (4) となる．

(1) 試料ゾーンの濃度勾配と分散制御

図1.3の (a)～(d) の測定操作において基本となる概念は，試料液の採取から検出・測定に至るまでのすべての段階で，
「反応容器中のどの場所，部位においても，含まれるすべての溶質（試料成分，反応試薬，緩衝剤など）の濃度は均一で，濃度勾配は生じていない状態」
のもとで操作が行われていることである．

一方，FIA では，

「細管内を流れている間に試料ゾーンは必ず分散し，そのゾーン中では試料成分およびその他の成分すべてにおいて濃度勾配が生じている．しかし，試料の分散を十分な精度でコントロールすることが可能」

という点が従来の自動化学分析からの大きな，そして基本的な発想の転換である．"分散を正確に，再現性よく制御できることにより，精度に優れた濃度勾配を再現することができる"ところに FIA の大きな特徴がある．これは，HPLC，IC や他の流れ分析法ではみられない，測定上の大きな利点を生み出す原点である．

(2) 反応の過渡状態と反応時間制御

通常のバッチ式分析法では，試料液を採取して測定に至るあらゆる操作段階すべてにおいて，

「反応容器中のどの場所，どの部位においても，すべての反応が完全に平衡状態に到達した状態：定常状態」

になっていることを前提としている．

これに対して FIA では図 1.10 に示すように，

「反応が定常状態に移行しつつある過渡状態」

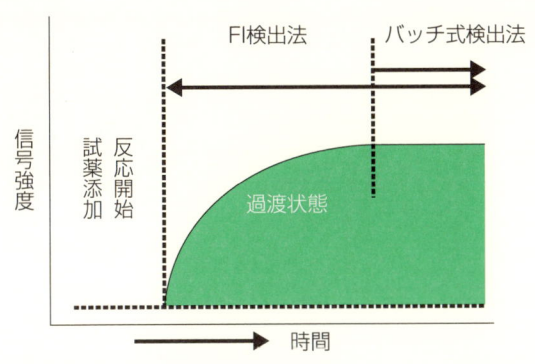

図 1.10 バッチ式測定法と FIA 測定法の比較

FIA は反応の過渡状態を積極的に利用する．バッチ式測定法では定常状態に達した後に測定する．
【出典】本水昌二，大島光子，日本海水学会誌，50，363（1996）より引用，一部変更．

を意識的に利用している．したがって，測定はバッチ式分析法よりもかなり短時間で行われることになる．

現在入手できる通常の送液ポンプを用いれば，ポンプ流量と反応コイル容量をある値に設定することで，最適測定時間の厳密な設定が可能となり，精度を1％以下に保つことはさほど困難ではない．何段階もの複雑な反応系を利用する場合においても，バッチ法よりもはるかに精度のよい測定結果が短時間に得られる．その理由は，使用するポンプ性能がマニュアル化学分析法の精度以上に優れていることによるものであり，また流路中で起こるすべての反応が再現性よく行われることによる．

たとえば，加熱が必要な場合には，ある一定の長さの反応コイルをある温度の恒温槽に保持しておくことで必要な加熱が再現性よく行われる．プランジャーポンプなどの加圧ポンプを用いれば，150℃までの加熱も利用できる[8]．

流路内でのさまざまなカラム処理も容易である．たとえば硝酸イオンの亜硝酸イオンへの還元は，少量の固体還元剤（銅・カドミウム還元剤：Cd/Cuと略記）を内径2 mm程度のガラス管やPTFEチューブに詰めて流路に装着しておけば，接触時間を厳密に一定にできる[9]．試料当たりの還元剤消費量は極めてわずかで，バッチ法に比べカラムは数百倍以上長持ちする[10]．

反応時間の厳密な制御が可能になったことにより，バッチ法あるいは空気分節法では繁雑さと精度の観点から利用困難であった接触反応[11]，化学発光反応[12]あるいは反応中間体（たとえば，N,N-ビス（2-ヒドロキシプロピル）アニリンの亜硝酸イオンによるニトロソ化反応の赤色中間体）もFI吸光測定に利用できる[13]．同様に，高感度な蛍光検出法などによる測定にも利用でき，実用例は多い．

(3) オンライン検出

図1.2の吸光度測定法を例に説明する．バッチ式用手法では，溶液の入れ換え，吸収セルの出し入れ，吸収セルの汚れなどによる再現性が精度を大きく左右し，0.01以下の微小な吸光度を相対標準偏差1％以下の精度で測定することは事実上不可能である．しかし，吸光検出器に固定したフロースルー型セル

Chapter 1 フローインジェクション分析法（FIA）と液体流れ化学分析法（FCA）

を用い，測定溶液を一定流量で流して測定すれば，上述の操作上の問題は除かれる．しかも，バックグラウンドをベースラインとして，そのベースラインを基準とした吸光度を電気的に拡大して読取れば，0.0001の吸光度差も十分な精度で測定でき，バッチ式用手法に比べ大幅な測定感度・精度の向上が可能となる．

FIA－原子吸光法では，常時キャリヤー液がフレーム中に流れているため，炎が安定し，感度・精度は向上する．FIA－電位差測定法では，指示電極表面はキャリヤー液で常に新鮮な状態に保たれており，応答も迅速で精度も向上し，微小な電位変化も測定可能となる．

(4) 閉鎖系オンライン操作

FIAでは，測定に至るまでのさまざまな前処理，たとえば固相抽出，溶媒抽出，透析，ガス拡散などの面倒な前処理をオンラインで行うことができる．バッチ法では定常状態になるまでに時間がかかる前処理も，FIAでは短時間で済ますことができる．ほぼ閉鎖系で行うことで，実験環境からの測定系の汚染，発生ガス等による実験環境の汚染，危険性の低減化も可能である．

1.4 FCAの特徴と利点

FCAの特徴と利点について，FIAを例に以下まとめる．化学分析を行う際に，バッチ式用手法に比べて特徴的な点や利点の代表的なものは，次の (1)～(8) である．

(1) 迅速性

Ruzickaらの最初の報告では，毎分数mLの流量でキャリヤー（ここでは反

応試薬液）を流し，この流れに試料を注入することにより，一時間当たり150～200試料の処理を行っている．質（精度と確度）の高い分析のためには，一時間当たり通常30～60試料が適当である．これは，バッチ式用手法に比べはるかに迅速な測定である．

(2) 簡便性
目的とする化学分析用のFIAシステムを一度構築した後は，試料注入バルブで試料を注入するだけでよく，煩雑な前処理もオンラインで行うことができ，特別な熟練技術を必要としない．

(3) 自動化の容易さ
試料液調製（調整も含む）装置，オートサンプラー，データ処理・フィードバック装置などとの一体化により，全自動化学分析システムを容易に構築できる．最近では，パーソナルコンピュータ（PC）の性能・操作性が飛躍的に向上し，さらにPC制御可能なポンプモジュール，バルブモジュールも使用できるので，一層の自動化が容易となる（次章参照）．

(4) 少試料
通常のFIA測定では，100～200 μLの試料注入量で十分である．貴重な試料あるいは特別に高感度を必要としない場合には，数～数十μLでよい．

(5) 少試薬
通常のFIA測定では，一回の測定に0.5～1.0 mLの試薬液を用いる．貴重な試薬であれば，マージングゾーン法（p.63，図3.8参照）を用いて少量で測定することも可能である．また，ミクロフロー法では，一回に50 μL程度でよい．

次章以下で述べるシーケンシャルインジェクション分析法（SIA）や同時注入／迅速混合分析法（SIEMA）では，FIAよりも試料，試薬量を減らすことが可能である．

Chapter 1　フローインジェクション分析法（FIA）と液体流れ化学分析法（FCA）

(6) 多様な前処理操作のオンライン化

　一つあるいは複数の前処理操作を流路の中に組み込み，短時間で，再現性よく前処理を行うことができる．この点がFIAの最も大きな利点であり，特徴である．加熱，冷却，恒温，ろ過，さまざまなカラム処理，溶媒抽出，気体透過，透析，紫外線照射など多様な前処理装置を必要に応じ流路に組み込み，面倒な前処理を自動化することができる．

(7) 環境保全および健康配慮

　試料液採取から検出まで細管内ですべての反応が行われる準閉鎖系システムのため，実験環境汚染は非常に少ない．また，廃液量もバッチ式用手法などに比べてかなり少量である．ミクロフロー法，試薬循環型（サイクリック）FIA，SIA，SIEMAなどを用いれば，さらに廃液量は少なくなる．

(8) 高感度，高精度，高機能化

　FIAに適した送液ポンプを用いれば，定量感度，精度の飛躍的向上が可能となる．さらにさまざまな前処理操作のオンライン化が可能となり，分析目的に適した高機能FIA装置の構築が可能である．

1.5 おわりに

　FCAによる化学分析の利点は前述のとおりであるが，これに加えて重要な点は，煩雑で時間を要する化学分析をFCAにより行うことで，質の高い分析結果が短時間に得られることである．さらに，アナリストが測定に費やす労力，時間を節約できるので，アナリストは本来の任務（最適分析法の考案，測定結果・分析結果の評価と考察など）に専念できるという利点も生まれ，熟練技術者不足の分析現場においては今後重要なポイントの一つになる．

参考文献

1) G. Nagy, Z. Feher and E. Pungor, *Anal. Chim. Acta*, **52**, 47 (1970).
2) K. Toth, G. Nagy, Z. Feher, G. Horvai and E. Pungor, *Anal. Chim. Acta*, **114**, 45 (1980).
3) 高田芳矩，有川喜次郎，分析化学，**22**, 312 (1973).
4) J. Ruzicka and E. H. Hansen, *Anal. Chim. Acta*, **78**, 145 (1975).
5) K. Kina, K. Shiraishi and N. Ishibashi, *Talanta*, **25**, 295 (1978).
6) N. Yoza, Y. Kurokawa, Y. Hirai and S. Ohhashi, *Anal. Chim. Acta*, **121**, 281 (1980).
7) L. Skeggs, *Am. J. Clin. Pathol.*, **13**, 451 (1957).
8) M. Aoyagi, Y. Yasumasa and A. Nishida, *Anal. Chim. Acta*, **214**, 229 (1988).
9) S. Nakashima, M. Yagi, M. Zenki, A. Takahashi and K. Toei, *Fresenius' J. Anal. Chem.*, **319**, 506 (1984).
10) 本水昌二，大島光子，樋口慶郎，環境と測定技術，**25**, 40 (1998).
11) 手嶋紀雄，中野恵文，河嶌拓治，*J. Flow Injection Anal.*, **11**, 7 (1994).
12) 石井幹太，山田正昭，*J. Flow Injection Anal.*, **11**, 154 (1994).
13) S. Motomizu, S. C. Rui, M. Oshima and K. Toei, *Analyst* (London), **112**, 1261 (1987).

Chapter 2
FIAを基盤とする FCAの新しい展開

　現在，FIAをはじめとする関連技術（FCA）は化学分析現場に幅広く定着し，さまざまな役割を果たしている．これまで公定法を始め，従来行われてきたバッチ式用手法によるさまざまな化学分析は，そのほとんどのものがFCA測定により置き換え可能であることが実証されてきた．

　これら化学分析のソフト面（分析操作法）における進歩に加え，FCA装置構築に必要となるモジュール（機能単位装置）のポンプ，流路切替えバルブ，試料注入器，検出器などの飛躍的進歩と性能向上が達成されてきた．加えてコンピュータおよび関連技術の高性能化により，FCAにおいては，目覚ましい自動化・高度化が進んでいる．特に，パーソナルコンピュータ（PC）の普及は，コンピュータ制御の各種モジュール開発と相俟って化学分析の自動化と高度化に極めて有用な装置・技術を生み出している．以下，これら主要な装置・技術を紹介する．

2.1 FCA関連の新しい自動化流れ分析法の誕生と発展

2.1.1
シーケンシャルインジェクション分析法(逐次注入分析法, Sequential Injection Analysis：SIA)

　Ruzickaらは，1990年にシーケンシャルインジェクション分析法(逐次注入分析法，SIA)を提案した[1]．SIAは，**図2.1**に示すように，液体の吸引・吐出が任意の流量，任意の時間で制御できるポンプモジュール(ペリスタポンプ，シリンジポンプ，プランジャーポンプなど)，セレクション(選択)バルブモジュールおよびホールディング(保持)コイルなどで構成されており，ポンプとバルブはコンピュータで自在に制御できる．

　SIAでは，セレクションバルブ(SLV)の中心位置のポートにホールディング(保持)コイル(HC)を接続し，HCの他端をポンプと接続する．この中心ポートと目的溶液の接続ポートを流路で接続し，目的の溶液を吸引または吐

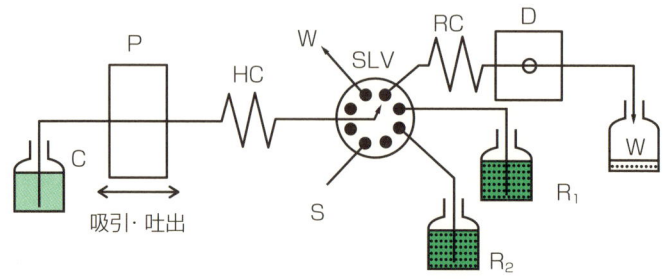

図2.1 シーケンシャルインジェクション分析法(逐次注入分析法, SIA)の装置概略図

C：キャリヤー(純水)，P：ポンプ(吸引・吐出型ポンプ)，HC：保持コイル(ホールディングコイル)，SLV：ポート切替えバルブ(選択バルブ)，S：試料，R_1，R_2：反応試薬，RC：反応コイル，D：検出器，W：廃液

出する．たとえば，図 2.1 で試薬 R_1 を HC に一定量吸引し，次に R_2 を一定量吸引する．さらに S から試料液の一定量を吸引する．さらに必要であれば試薬 R_1, R_2 の一定量を吸引し，試料をサンドイッチ状にする．これらはホールディングコイルに逐次注入され保持される．次に，SLV の流路を検出器接続のポートに合わせ（図の位置），ポンプによりキャリヤー（通常は純水）を送液し，試薬・試料ゾーンを検出器に向けて流す．検出器に到達するまでに試薬と試料液は分散により混合・反応し，反応生成物が検出される（間欠 FIA の概念を利用している）．反応時間が必要であれば，ホールディングコイル内，あるいは検出器の手前の反応コイル内に試薬・試料ゾーンを保持し，ポンプの吸引・吐出を数回繰り返せば混合が進み，反応時間も増し，反応収率も増加する．あるいは，混合コイル内に試料ゾーンを保持し，ポンプを止めておいてもよい（ストップト・フロー法）．

SIA に用いられるポンプモジュールはペリスタ型ポンプ（ローラーポンプ，しごきポンプなどとも呼ばれる）モジュールも使用できるが，シリンジポンプのほうが精度・正確さに優れており，さらに流量制御や容量制御にも優れ，より機動的である．試料や試薬の取り扱いからすると，SIA のほうがバッチ式用手法に近く，FIA で行われる化学分析はすべて SIA でも行うことができる．

SIA と FIA では，本質的な問題として，ベースラインの成り立ちの違いがある．SIA ではベースラインはキャリヤー（通常は純水）の信号強度（吸光度，蛍光強度など）に相当し，試薬ブランク（空試験値）の値ではない．一方，図 1.2 のような FIA ではベースラインは試薬ブランク（キャリヤーに試料を注入する一般的方式）に相当し，ベースラインと試料の信号強度の差を拡大して読み取ることができる．結果として，FIA では微小な信号強度も十分な精度，確度で測定できるので，高感度検出が期待できる．一方，SIA では，たとえ拡大したとしてもせいぜい数倍程度であり，また試薬ブランクも拡大されるので，高感度化にはほとんど結びつかない．

図 2.2 には，SIA による亜硝酸イオン定量のための装置の概略図を示し，図 2.3 には，検量線用フローシグナル，河川水試料のシグナルを示す[2]．図では，SLV の空いたポートに試料液を接続している．これらの試料はそれぞれ決められた回数ずつ順次測定されるように PC 制御ソフトによってあらかじめ

指示しておく．河川水中の濃度程度（10^{-7}〜10^{-6} M）の亜硝酸イオン定量が可能である．使用する試薬量は1回の分析に$50×2=100$ µLを用いるので，常時試薬を流すFIAよりも少なくてすむ．1時間当たり60試料の測定が可能である．

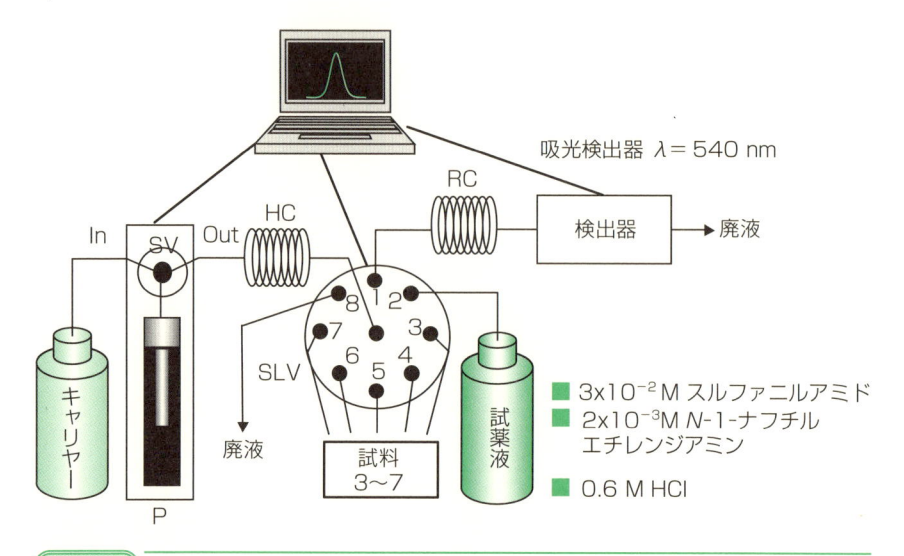

図 2.2 亜硝酸イオン測定用 SIA 装置概略図

キャリヤー：純水，P：2500 µL シリンジポンプ，SV：シリンジバルブ，SLV：8方選択バルブ，HC：ホールディングコイル（2500 µL），RC：反応コイル（i.d. 0.8 mm, 1 m）

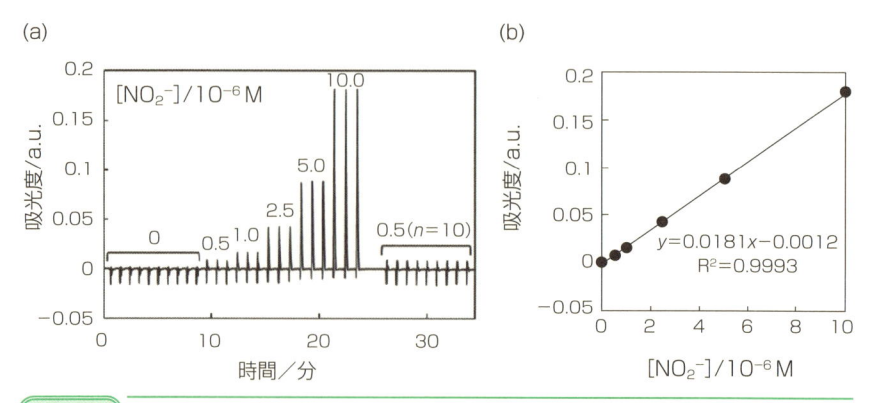

図 2.3 亜硝酸イオン定量用 SIA フローシグナル（a）及び検量線（b）

LOD（3σ, $n=10$）：$3×10^{-8}$ M，RSD：3.5%（$0.5×10^{-6}$ M, $n=10$），試料処理数：66試料／時

Chapter 2　FIA を基盤とする FCA の新しい展開

　表 2.1 には，亜硝酸イオン測定のシリンジ，バルブの基本的な操作手順（シーケンス）を示す[2]．このシーケンスの内容をあらかじめ SIA 制御ソフトに書き込んでおけば，その通りに操作は行われる．画面（図の左側）へのシーケンス書き込みの例を図 2.4 に示す．このシーケンスは，V2 に設置したミニ

表 2.1　SIA／吸光検出法による亜硝酸イオン測定のシーケンス例

ステップ	操作	ポンプ動作	SLV位置	体積(μL)	流量(μL/s)	時間(s)	吸光検出器(540 nm)
1	HC へ試薬液吸引	吸引 (A)(SV:OUT)	2	50	100	0.5	
2	HC へ試料液吸引	A(SV:OUT)	3〜7	50	100	0.5	
3	HC へ試薬液吸引	A(SV:OUT)	2	50	100	0.5	
4	シリンジへキャリヤー（純水）の吸引	A(SV:IN)	1	2000	100	20	
5	試薬／試料／試薬ゾーンを検出器（フローセル）へ向けて送液．吸光度検出	吐出 (D)(SV:OUT)	1	2000	100	20	吸光度測定(PC へデータ転送)

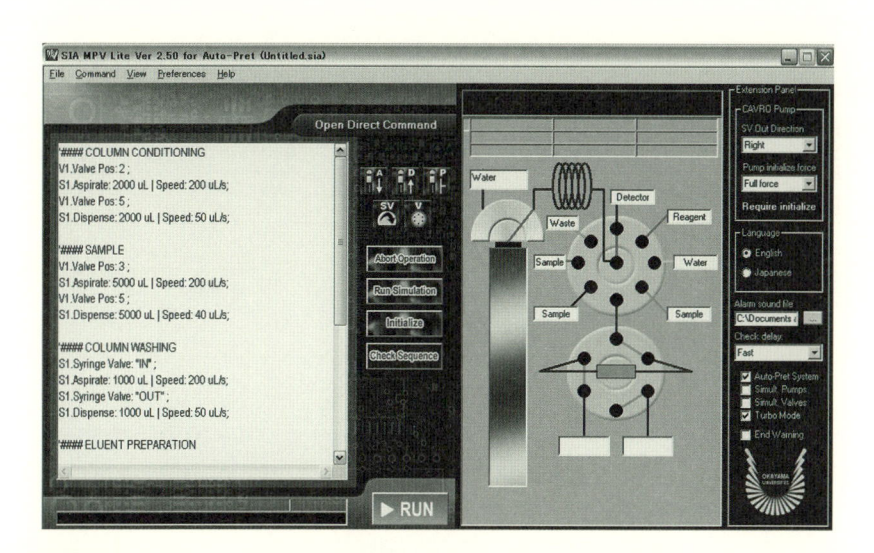

図 2.4　SIA／カラム前処理用装置（Auto-Pret）のシーケンス画面
左側：操作シーケンス，右側：カラム前処理実施画面（アニメーション）

25

カラムによる前処理を想定したものである．シリンジポンプ（S：右図の左の図が相当）およびシリンジバルブ（SV：右図のシリンジの上のバルブが相当），セレクションバルブ（V1：SLV，右図の上のバルブが相当），スイッチングバルブ（V2：SWV，右図の下のバルブ）の各モジュールを自由に制御できる．たとえば，シーケンスの1, 2行目（＃＃＃＃……は操作の説明を示している）はSLVを2にし，シリンジポンプS1で200 µL/sの流量で2000 µLを吸引することを示している．3, 4行目はV1（SLV）のポート5に合わせ，シリンジポンプで流量50 µL/sで2000 µL吐出することを意味している．このように，S，V1，V2の動作を組み合わせることで，さまざまな複雑な操作を自動的に行うことができる．用いた装置はカラム前処理装置（MGC Auto-Pret 018 S，プログラム：LMPro ver.2）であり，SIAとしても使用できる．

陽極溶出ボルタンメトリー（Anodic Stripping Voltammetry：ASV）では，測定の前にさまざまな前処理を電極に施さなければならない．たとえば，ビスマスコーティング電極を用いる場合，**表2.2**の煩雑な操作をSIAの考えを用いて，自動的に再現性よく行うことができる．SIA/ASVでは，数種の金属（Pb, Cd, Zn）を再現性よく同時測定できる[3,4]．

表2.2 SIA／陽極溶出ボルタンメトリーによる金属イオン測定のシーケンス例

ステップ	操作	ポンプ動作	SLV位置	体積 (µL)	流量 (µL/s)	時間 (s)	電極電位 (V vs. Ag/AgCl)
1	HCへ試料液吸引	吸引（A）	1	1440	200	7.2	−1.0 (コンディショニング step)
2	HCへBi(III)溶液吸引	A	2	720	200	3.6	
3	試料とBi溶液をフローセルへ向けて送液．電極表面へBiおよび金属の析出	吐出（D）	3	2160	12	180	−1.4
4	平衡（溶液の停止・安定化）	D	3	−	0	10	−1.4
5	陽極溶出ボルタンメトリー（ボルタモグラム測定）	D	3	−	0	10	電位掃引 (−1.3 to 0) PCへデータ転送
6	HCへ0.5 M HCl吸引	A	4	1200	200	6	+0.3
7	フローセルへ向けて0.5 M HClを送液．電極の洗浄	D	3	1200	30	40	+0.3

2.1.2 ビーズインジェクション法（Beads Injection Analysis：BIA）

　SIA 装置を用い，ビーズ（固相）懸濁液を吸引し，カラムに詰め，ビーズ上でさまざまな反応を行う．反応終了後，固相に直接光をあて，吸光検出法で測定し，その後使用済ビーズは流し去り，新たにビーズを吸引し，カラムに詰めるという新しい分析技術を Ruzicka らが提案し，ビーズインジェクション法（BIA）と命名している[5]．

　BIA では，SIA のシステムを用い，ビーズ（固相となる粒状物質）を保持するカラムを組み込んだ装置を組み立てる．たとえば，次のような操作手順で測定する．

(1) カラムの作成
　微細なビーズ（直径 30～200 μm の固相）を吸引し，ミニカラムに詰める．

(2) 反応試薬の固定化
　カラムに試薬を流し，ビーズ表面に試薬を固定化する．

(3) 発色反応
　固定化したビーズのカラムに試料液を流し，ビーズ表面で反応させ，発色させる．

(4) 吸光度測定
　発色部分に直接光を通し，吸光度を測定する．

(5) ビーズの廃棄
　測定を終えたビーズをカラムから洗い流し，(1) に戻り新しいビーズを充填し，(2) 以後を繰り返し，測定する．

　BIA は次節で説明するラボ−オン−バルブで実施されることが多い．

2.1.3
ラボーオンーバルブ法（Lab-on-Valve system：LOV）

特製のスイッチングバルブ上にさまざまな流路を形成したもの（Lab-on-Valve）である[6]．ミニカラム，吸光検出用フローセルなども組み込まれている．装置及び制御プログラムの基本的機能はSIAと同様であるが，必要な流路系がコンパクトにバルブ上に設置されており，バルブの切り替えにより，必要な操作をバルブ上で行うことができる仕組みになっている．溶媒抽出用の相分離器（ミニ分液ロート）などもバルブ上に設置でき，分析対象物を有機相に抽出し，相分離後有機相に光を通して吸光検出することもできる．

2.1.4
自動カラム前処理装置（Auto-Pretreatment system：Auto-Pret装置）

装置の概略図を図2.5に示す．基本的にはSIAの概念を取り入れた自動カラム前処理装置であり，マトリックス除去や濃縮，洗浄などのカラム前処理をコンピュータ制御方式で自動的に行うことを目的としている[7-9]．バッチ式マニュアル法では，煩雑で時間を要する各種カラム前処理を迅速に，再現性よく自動的に行うことができる．通常用いられるカラムは，内径2 mm，長さ40 mm程度のミニカラムで，充填剤は約100 μL程度と少量ですむ．しかもカラムは繰返し使用できるので，高価な充填剤の場合にはコスト面でバッチ法に比べて数十倍以下となり，コストパフォーマンスの点でもメリットは大きい．

図2.6は，多連型前処理装置（Multi-Auto-Pret system）の概略図である[10,11]．これは，3台のAuto-Pret装置を連結したもので，3台を同時に，あるいは一定の時間間隔で順次稼働させ，試料処理数の増大をはかることを目的としたものである．

キレート樹脂充填ミニカラムの場合には，通常の前処理時間は5〜6分であるので，3台を2分ごとにスタートさせることで，1時間当たりのサンプル処理数を30にすることができ，分析所要時間の短縮が期待できる．また誘導結合プラズマ質量分析法（ICP-MS）や，誘導結合プラズマ発光分析法（ICP-AES）などでは試料処理数当たりのアルゴンガスなどの消費量を低減し，ラ

Chapter 2　FIA を基盤とする FCA の新しい展開

| 図 2.5 | コンピュータ制御カラム前処理（Auto-Pret）装置の概略図（ICP-AES による金属測定例） |

SV：シリンジバルブ，HC：ホールディングコイル，SLV：選択バルブ，SWV：切替えバルブ

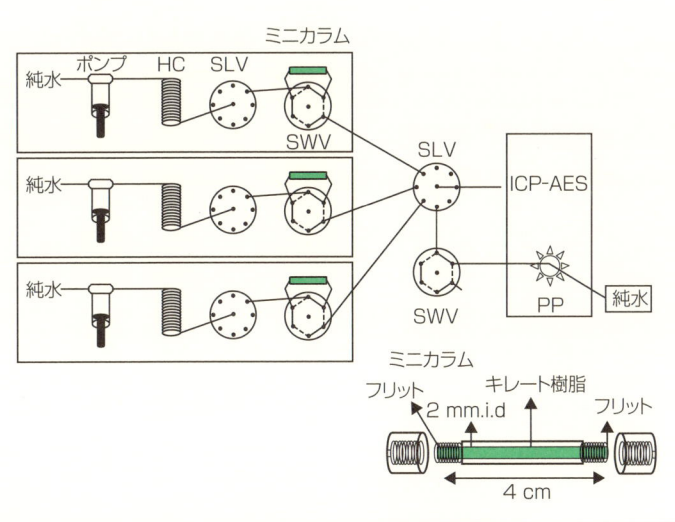

| 図 2.6 | ICP-AES に接続した三連型 Auto-Pret 装置の概略図 |

ポンプ：10 mL シリンジポンプ，HC：ホールディングコイル，SLV：8 方選択バルブ，SWV：6 方切替えバルブ，PP：ペリスタポンプ（ICP-AES 付属）
【出典】R. K. Katarina, L. Hakim, M. Oshima.and S. Motomizu, *J. Flow Injection Anal*, **25**, 166 (2008)（Ref：10）を一部変更．

ンニングコスト削減が期待できる．

　これらの前処理装置は，多元素同時測定が可能なICP-MSやICP-AES，さらには原子吸光光度法やボルタンメトリー（ASV）などの前処理に用いられている．2種類の捕集用ミニカラムを装着すれば，クロム(III)，(VI)などのスペシエーションも可能となる[12]．

　Auto-Pretの手法を電気加熱－原子吸光光度法（ETAAS）とオンライン化すれば，高感度な自動化測定法となる．たとえば，鉛の捕集剤を充填したミニカラムで濃縮・捕集後，溶離し，溶出液中にある鉛の高濃度領域の100 μLをETAASのオートサンプラーのノズルに送り，あとはAASの自動測定に任せることで，検出限界が数pptの測定法となる[13]．同様の手法は，陶磁器の溶出液中のCd，Pbの定量にも用いられている（図2.7）[14]．

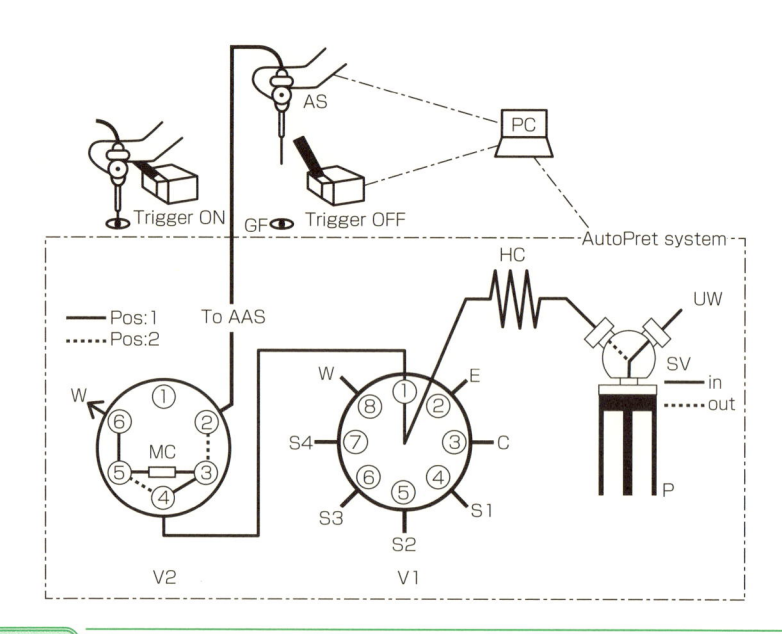

図2.7　Auto-Pret/ETAAS装置の概略図

AS：オートサンプラー（ETAAS付属）のアーム，GF：グラファイトファーネス，SV：シリンジバルブ，P：シリンジポンプ，V1：8方選択バルブ，V2：6方切替えバルブ，MC：ミニカラム，HC：ホールディングコイル，UW：超純水，E：溶離液（3 M 硝酸），C：カラムコンディショニング液，S1，S2，S3，S4：試料，W：廃液
【出典】M. Ueda, N. Teshima, T. Sakai, Y. Joichi and S. Motomizu, *Anal. Sci.*, **26**, 597（2010）（Ref：14）．

2.1.5 シーケンシャルインジェクションクロマトグラフィー (Sequential Injection Chromatography:SIC)

SIAにHPLC用分離カラムを装着したものである[15]．ガラスシリンジポンプあるいはペリスタポンプ方式のSIAは，高圧送液はできないので，通常のHPLC用分離カラムは使用することができない．SICには，高圧を必要としないモノリスカラムが用いられる．図2.8に装置概略図を示し，図2.9には分離例を示す[16]．

通常のHPLCと比べて，SICの特徴的な利点は"移動相を自由にプログラム"できることである．カラムのコンディショニングやカラム洗浄などは高流量で行い，サンプル注入，カラム分離などは低流量で行うことができる．また，迅速な溶出のために溶離能の高い移動相への交換，高速流量への転換，グラジエント溶離などが可能である．さらに濃縮捕集，サンプルクリーンアップ，マトリクス除去などのカラム前処理を併用することでより質の高い分離分析が可能となる．

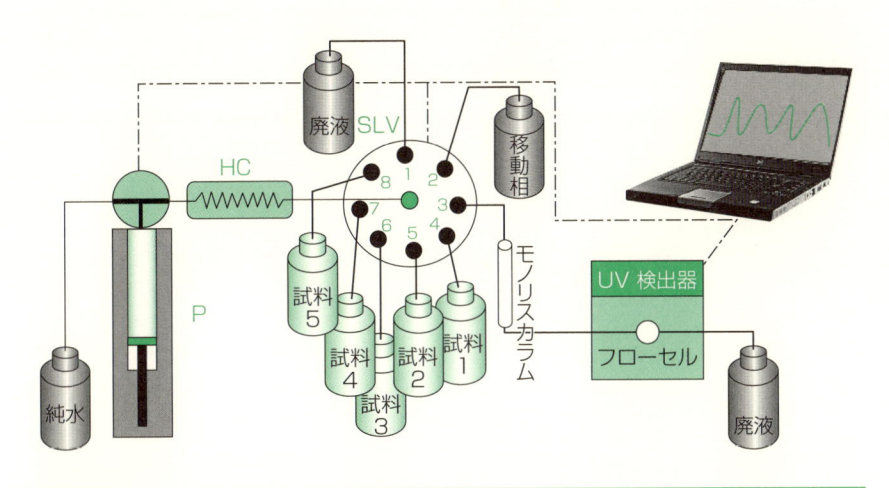

図2.8 シーケンシャルインジェクションクロマトグラフィー (SIC) 概略図

P：シリンジポンプ，HC：ホールディングコイル (14 m×1.6 mm i.d.)，SLV：8方選択バルブ，モノリスカラム：Poly-(LMA-co-EDMA) monolith (1 mm i.d×50 mm)
装置：MGC Japan製 Auto-Pret 028 S利用

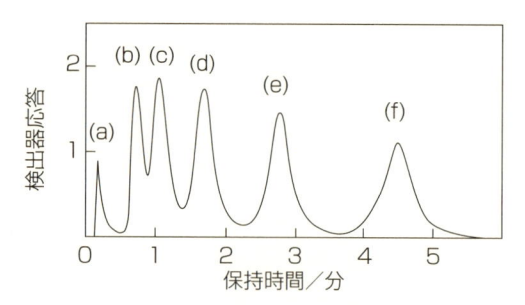

試料：1 mM ウラシル + 10 mM アルキルベンゼン誘導体

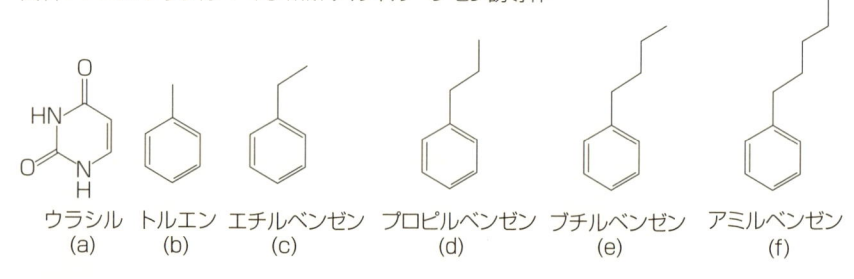

ウラシル	トルエン	エチルベンゼン	プロピルベンゼン	ブチルベンゼン	アミルベンゼン
(a)	(b)	(c)	(d)	(e)	(f)

図 2.9　SIC による分離例

試料：1 mM ウラシル＋10 mM アルキルベンゼン誘導体

　最近，より高圧送液が可能なプランジャーポンプ方式ミニカラム前処理 Auto-Pret が開発された．一般にプランジャーポンプは通常の HPLC 用カラムにも使用できるので，試料前処理／SIC に汎用的に使用できる[17]．

2.2 コンピュータ制御液体流れ化学分析法（CC-FCA）

最近では，図2.10に示すようなコンピュータ制御可能な各種ポンプモ

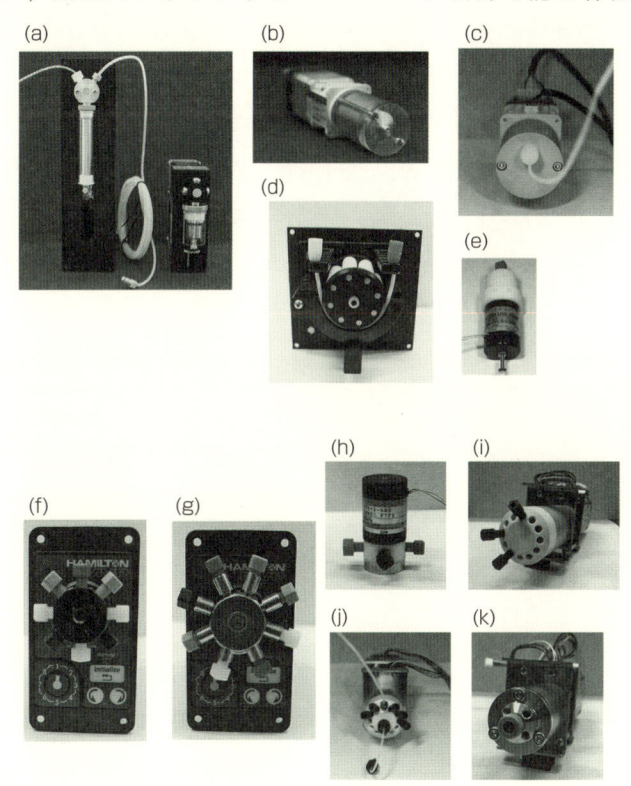

図2.10 コンピュータ制御可能なポンプ，バルブモジュール

(a) シリンジポンプ（トール，ショート），(b) プランジャーポンプ（気体用），(c) プランジャーポンプ（液体用），(d) ペリスターポンプ，(e) ソレノイドポンプ，(f) 8方スイッチングバルブ，(g) 8方セレクション（選択）バルブ，(h) 3方ソレノイドバルブ，(i) 12方スイッチングバルブ，(j) 12方セレクションバルブ，(k) 4方セレクションバルブ

ジュール，バルブモジュールが使用できる．これらを組み合わせることで，複雑な反応系・流路系が構成可能となり，PC制御自動化学分析装置の開発が容易となっている．

2.2.1
コミュテーション（流路交互切替え方式）分析装置（Commutation Analysis System：CAS）

図 2.11 に示すようにソレノイドバルブとペリスタポンプ（あるいはソレノイドポンプ）を用いて FIA 流路を組み立てることができる．たとえば，図 2.11（a）のフロー図の例で説明する[18]．（b）はバルブの状態を示している．最初はバルブ V1, V2, V3, V4 は OFF の状態になっているので，ポンプ P により，キャリヤー C が検出器 D に向けて吸引されている．この状態から，V2 が ON となり，試料 S 側につながり D に向けて吸引が始まる．直後に V1 が ON になり D の経路を通らずに，直接 P に向けしばらく吸引されるが，V1 が OFF になり吸引は D に向けて行われるようになる．その後，V2 は OFF とな

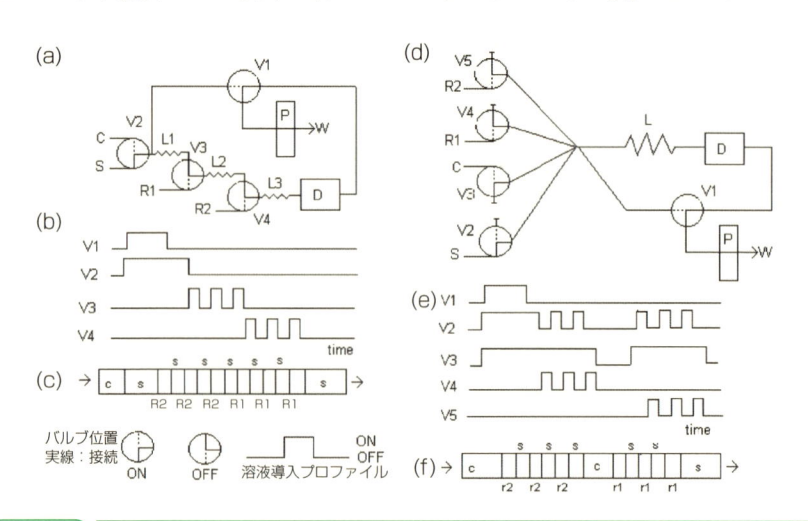

図 2.11 コミュテーション分析装置（CAS）の流路図の例

V1～V4：ソレノイドバルブ（3方），L1～L3：反応コイル，R1,R2：試薬液，C：キャリヤー，S：試料，P：ペリスタポンプ，D：検出器，W：廃液
【出典】M. C. Icardo, J. V. G. Mateo and J. M. Calatayud, *Trends Anal. Chem.*, **21**, 366（2002）（Ref：18）を一部変更．

り，C側につながりキャリヤーを吸引する．同時にV3がON-OFFを繰り返し，試薬R1が間欠的に3回試料ゾーンに吸引される．その後，V4がON-OFFを繰り返し，試薬R2が間欠的に試料ゾーンに吸引される．これらの過程で細管中につくられた試料，試薬，キャリヤーゾーンの様子が（c）に示されている．これらのゾーンが検出器に向けて流れていく間に相互に混合，反応して検出される．

（d）のフロー図に基づくCASでは，反応試薬R1，R2を適宜選択することにより，2種類の分析対象物の同時測定が可能である．

これらの例に示すように，複雑な流路を必要とするFIA測定装置をコンパクト，安価に組み立てることができる．なお，ソレノイドポンプ，バルブはPC制御でき，必要なシーケンスをあらかじめソフトに組み込んでおけば，相当複雑なFIA流路も構成できる（MGC LMPro ver.2が使用できる）．

2.2.2
マルチポンピング（複数ポンプ方式）分析装置（Multi-Pumping Analytical system：MPA）

試料，試薬などの送液に多数のソレノイドポンプを用い，ソレノイドバルブを随所に組み込み，複雑な反応系や流路を必要とするFIA装置をコンパクト・安価に組み立てることができる．

通常のFIAでは，キャリヤーおよび試薬液（1種あるいは複数）をプランジャーポンプやペリスタ型ポンプで常時送液し，キャリヤーに試料を注入する．ソレノイドポンプ，バルブを用いるFIA装置では，試料注入も自動化でき，さらに試薬添加，切替え，装置のオン－オフなど目的に応じて選択できるので，試薬，廃液などの低減化にもつながる．

図2.12はソレノイドポンプを用いたFIA装置である[19]．亜硝酸イオン，硝酸イオン，アンモニアなどの定量に用いられる．ソレノイドポンプ方式は，装置を小型化でき，さらにLED（発光ダイオード）を用いた吸光検出器と組み合わせると，小型一体型の携帯型（DC 12 Vまたは24 V）のFIA装置となる．現在では，ソレノイドポンプ4個，試料注入器を組み込んだ一体型吸光検出FIAとして市販されている．

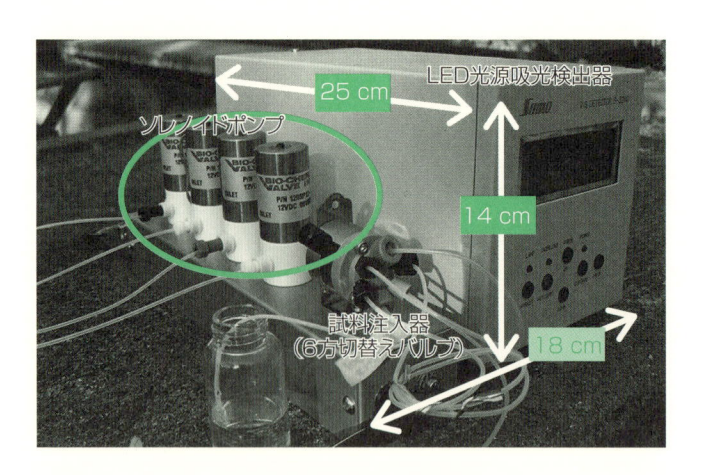

図 2.12 ソレノイドポンプ方式 LED 吸光検出 FIA 装置

2.2.3
マルチシリンジFIA装置（Multi-Syringe Flow Injection Analysis：MSFIA）

　数個のシリンジをまとめて操作し，吸引-吐出を行い，同時に複数の流れを作るものである[20]．複数のシリンジをまとめて制御することで，個々のシリンジを別々に制御する方式に比べて，装置コストの低減化，装置のコンパクト化をはかっている．

　図 2.13 に硫化物イオン定量の例を示す．本システムでは，LED（発光ダイオード）を光源とした吸光検出器を用い，光ファイバーで透過光を検出器に送り，強度を測定し，吸光度に相当するデータをコンピュータに取り込んでいる．4本のシリンジのうち1本はオートサンプラーからの試料採取に用い，残り3本は反応試薬液の送液に用いている．4本のシリンジは常に同時に稼働しているので，ある溶液の送液が不要の場合には，ソレノイドバルブを切り替えて，元の溶液溜めに戻すか廃棄する必要がある．

　本法による硫化物イオン定量を他の流れ分析法と比較すると，感度的には，通常の FIA や SIA に劣るが，精度，サンプル処理数では優っている[20]．

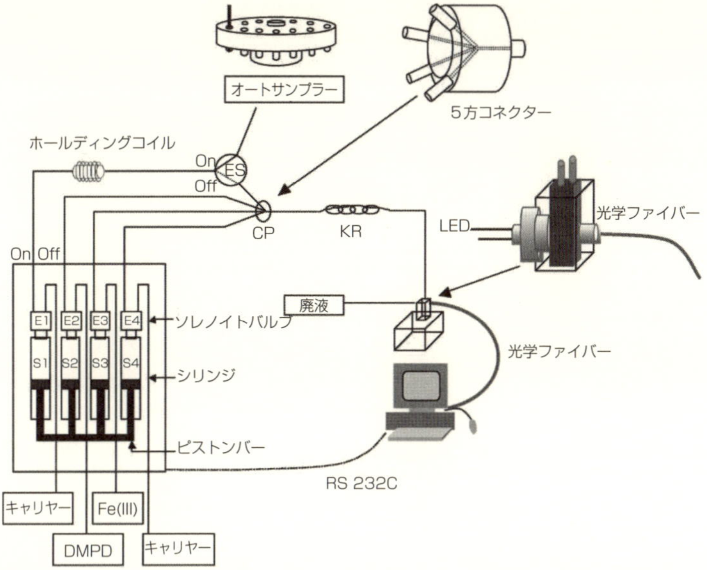

> **図 2.13** マルチシリンジFIA（MSFIA）を用いた流路構成例（環境水中の硫化物定量）

DMPD：N,N–ジメチル–p–フェニレンジアミン，LED：発光ダイオード，CP：合流点，E 1～E 5：ソレノイドバルブ，S 1～S 4：シリンジバルブ，KR：編んだ反応コイル
【出典】L. Ferrer, G. de Armas, M. Miro, J. Estela and V. Cerda, *Talanta*, **64**, 1119（2004）（Ref：20）．

2.2.4
オールインジェクション分析法（全注入循環・混合分析法）（All-Injection Circulation Analysis：AIA）

板橋らは**図 2.14**に示すような6方切替えバルブ数個とペリスタポンプを用い，バルブを切り替えると一つの循環流路となる装置を開発した[21]．図の（a）の状態で，それぞれのループに試料や必要な反応試薬液を充たしておく．次に（b）のように，バルブを一気に切り替え，流路にすべての試薬液および試料液を導入し（all injection），一定時間循環混合し，反応を行わせる．最後にバルブ1個を切り替え，キャリヤー液で反応液を検出器へ送り込み測定する．AIAでは，定常状態になるまで循環させるので，安定した再現性のよいピークが得られ，感度と精度を向上させることができる．反応速度の速いもので平衡状態に達するような反応系であれば，循環時間は厳密に制御する必要はな

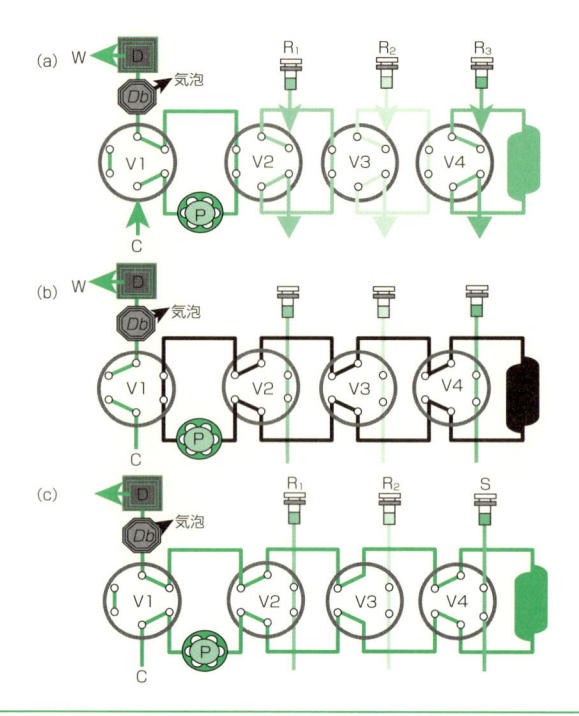

図 2.14 オールインジェクション分析（AIA：全注入／循環混合分析）装置の流路図
(a) 試料，試薬をそれぞれのループに充填する．
(b) すべてのバルブを切り替え，全注入・循環・混合する．
(c) 左側のバルブＶ１を切り替え，キャリヤー（Ｃ）を送液し，検出器による測定と流路の洗浄を行う．
R１,R２：試薬液，S：試料液，Db：気泡除去装置，Ｖ１〜Ｖ４:6方切替えバルブ，D：検出器，C：キャリヤー（純水），P：ペリスタポンプ
【出典】H. Itabashi, H. kawamoto and T. Kawashima, *Anal.Sci.*, **17**, 229（2001）．(Ref：21，図は著者の好意による)

い．しかし，反応速度が遅い系でも，循環時間を厳密に設定すれば，精度に問題はない．循環および測定を最適な時間に設定すれば，接触反応や化学発光反応にもきわめて有効に利用できる．

通常のFIAに比べ，試料，試薬液量は少なくて済み，必要なときに稼働し，測定することができる．切替えバルブもコンピュータ制御可能であるので，全自動化学分析法となる．実用性の高い分析法といえる．

2.2.5
同時注入／迅速混合分析法（Simultaneous Injection Effective Mixing Analysis：SIEMA）

　PC制御可能な1台のシリンジポンプモジュールおよび数個のソレノイドバルブモジュール，そして2個の多方コネクター，PTFEチューブを用いて，**図2.15**に示す流路を持つ同時注入／迅速混合装置が開発されSIEMAと命名されている[22]．SIEMAでは，精度よく吸引・吐出，流量設定が可能なシリンジポンプモジュールと流路切替えバルブモジュールがコンピュータ制御されており，多段階の操作手順（シーケンス）をあらかじめプログラミングしておき，スタートボタンを押すと自動的に操作を開始し，測定を終了する．切り替えバルブは安価でコンパクトな3方切替えソレノイドバルブが用いられている．

　試料液，反応試薬液などの合流点の下流にあるバルブ2Vを閉じ（OFF），試料液V_1，試薬液V_2，V_3のバルブを開き（ON），ポンプを用いて，それぞれのホールディングコイル（HC）に一定量を同時に吸引する．あるいは一つず

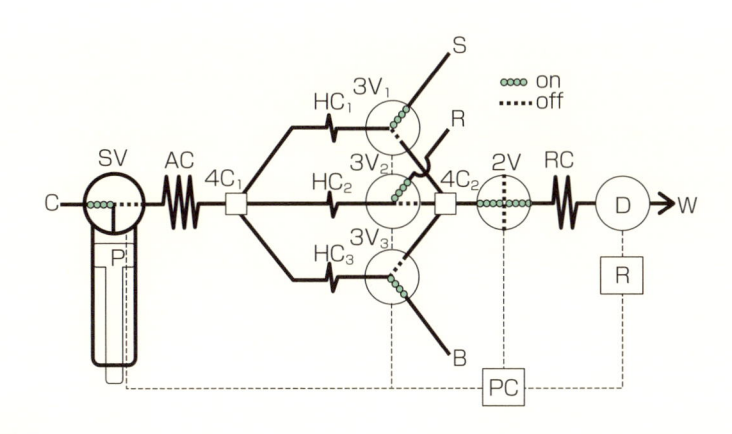

| 図2.15 | 同時注入／迅速混合分析（SIEMA）装置の流路図（パラジウム測定例） |

C：純水，P：シリンジポンプ，SV：シリンジバルブ，AC：補助コイル，$4C_1$，$4C_2$：4方コネクター，HC_1〜HC_3：ホールディングコイル（内径2 mm×長さ0.65 m），$3V_1$〜$3V_3$：3方ソレノイドバルブ，2V：2方ソレノイドバルブ，S：試料液，R：0.3 mM 5-Br-PSAA，0.2 M 酢酸緩衝液（pH 4.5），RC：反応コイル（内径0.8 mm×長さ1.2 m），D：検出器（612 nm），R：記録計，PC：パーソナルコンピュータ，W：廃液
【出典】N. Teshima, D. Noguchi, Y. Joichi, N. Lenghor, N. Ohno, T. Sakai and S. Motomizu. *Anal.Sci.*, **26**, 143（2010）（Ref：24）．

つ順番に決められた容量をHCに吸引する．その後，2 VをON，V_1〜V_3をOFFに切替えて試料，試薬液を合流点に向けて同時に送液する（simultaneous injection）．これらの液は合流点および反応コイルで効果的に混合し（effective mixing），反応生成物は検出器で検出される．

　本分析法には，SIAにおける逐次注入の考え，CASにおける流路切替えの考え，FIAにおける多流路の効果的混合の考えが込められており，簡単な装置構成で，さまざまな反応を効果的に，かつ迅速に行うことができる．硝酸，亜硝酸イオン[23]，パラジウム[24]などの測定に利用されている．

2.2.6
ステップワイズインジェクション分析法（Stepwise Injection Analysis：SWIA）

　SIAに類似した発想であるが，ホールディングコイル（HC）や反応コイル（RC）を用いないコンピュータ制御SWIAが大気中の微量成分の濃縮捕集／測定に応用されている．図2.16は大気中の二酸化窒素（NO_2）測定用装置概略図である[25]．HCやRCの代わりに，ガラス管製反応器（内径15 mm，長さ20 cm）が用いられる（図2.16中の4，表2.3中のRV）．RVに試料，反応試

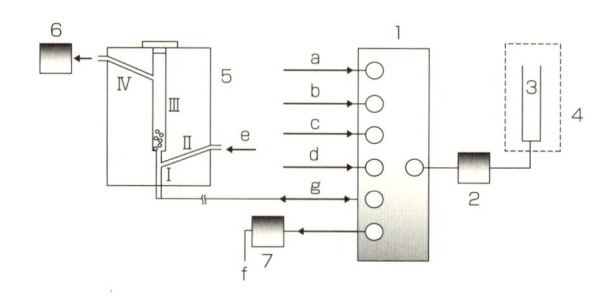

図2.16　ステップワイズインジェクション分析法（SWIA）による大気中の二酸化窒素の測定

1：6方選択バルブ（SLV），2：双方向送液ポンプ，3：反応器（1），4：恒温槽，5：反応器（2）（I：吸収液通路，II：大気試料通路，III：試料吸収管，IV：廃液），6：吸引器，7：検出器，a：亜硝酸イオン溶液，b：発色試薬液（グリース試薬），c：窒素，d：ホウ酸溶液，e：大気試料，f：廃液，g：吸収液／試料液

Chapter 2　FIA を基盤とする FCA の新しい展開

薬などを送り込み，不活性ガス（N_2）を送り混合・反応させるという原理である．なお，大気試料中の NO_2 捕集は図 2.16 中の 5（**表 2.3** 中の AV）で行う．

表 2.3 に操作手順（シーケンス）をまとめている．これらの操作はすべて PC 制御で行われる．1 試料の測定に 20 分間必要である．

図に示すように，装置構成に必要なものは，双方向送液ポンプ（ペリスタポンプが用いられている），6 方 SLV（または中心に一つのポート，周りに 6 個

表 2.3　SWIA による大気中の二酸化窒素測定の操作手順（シーケンス）

時間／s	ポート	ポンプ送液位置	測定方向[a]	操作手順の内容（0；1）[b]
12	d	+1	0	RV に緩衝液補給[c]
20	g	−1	0	RV から AV に緩衝液移送[d]
300	e	−1	0	大気試料を AV に採取
20	g	+1	0	気体を吸収した緩衝液を RV に移送
6	d	+1	0	RV に緩衝液を供給
8	b	+1	0	RV に発色反応試薬（グリース試薬）を加える
600	c	+1	0	RV に窒素気流を供給
30	f	−1	0	発色した溶液を RV から検出器へ移送
10	f	0	1	シグナル測定
30	f	−1	0	廃液
30	d	+1	0	RV に緩衝液を供給
10	g	−1	0	RV から AV へ緩衝液を移送
10	f	1	0	廃液
30	f	−1	0	
20	d	1	0	RV へ緩衝液を供給
20	f	−1	0	RV から検出器へ緩衝液を移送
10	f	0	1	バックグラウンドシグナル測定
20	f	−1	0	廃液

測定時間：20 min
a. ペリスタポンプの回転方向
　　+1：時計まわり，0：ポンプ停止，−1：反時計まわり
b. 0：測定は行われていない，1：測定が行われている
c. RV：反応器（1）
d. AV：反応器（2）

のポートを持ち，それぞれに3方ソレノイドバルブを配したもの），反応器（高温槽付き），そしてこれらを接続するチューブ，コネクター類である．

利点は，FIA，SIAに比べ分散度が小さく，装置構成が比較的単純なことであり，気相中の硫化水素の濃縮捕集を伴う測定[26]などに応用できる．

2.2.7
流量比グラジエント滴定法（Flow-Ratio Gradient Titration Method：FRGT）

通常のビュレットを用いるバッチ式滴定では，一定量の試料を滴定容器に取り，これにビュレットから少しずつ滴定剤を加え，何らかの終点検出法で終点（当量点）を求める．一方，FRGTは，試料液と滴定液の流量を徐々に変え，当量点を見つける方法である．試料液流量を固定し，滴定剤の流量を徐々に増していけば，当量点に相当する終点の流量比を求めることができる．あるいは，試料液と滴定剤の総流量を一定のもとで，試料液流量を減少させ，滴定剤流量を増加させる方法も可能である．

FRGTは，古くはシリンジポンプを扁形カム方式で吸引・吐出させる装置で行われていたが，正確な扁形カム製作の困難性と汎用性に欠ける点から，普及には至らなかった．その後，送液流量がPC制御により比較的容易に行われるようになり，改めて見直された．

PC制御ペリスタポンプによるFRGTは，田中らにより提案され[27]，PC制御プランジャーポンプによる方法[28,29]およびシリンジポンプによる方法[30]が本水らにより開発された．

通常のFRGTでは，試料と滴定液が混合する点から検出器に到達するまでにある一定の液量（デッドボリューム）が必要であり，それだけ終点が遅れて検出されることになる．このデッドボリュームは通常は検量線を作成することで補正される．これに対し，田中らは優れたアイディアに基づく終点決定法を開発している．流量比増加モードで終点を過ぎ，ある点まで滴定し，そこから逆に流量比減少モードで終点を過ぎたところまで滴定する．真の終点における流量比は二つの終点の中間になる．

本水らは，デッドボリュームの極めて小さい（20 μL）高速混合器を開発

し，滴定による酸，塩基の絶対定量測定法（標準液による検量線を必要としない測定法）を開発している[30]．

図 2.17 には，FRGT の測定原理を模式的に示す．酸塩基滴定では，混合後の pH をフロー法で測定し，流量比に対して pH 変化をプロットし，変曲点の流量比を測定に用いる．酸塩基指示薬を用いる場合には，吸光検出器で求めた吸光度をプロットし，変曲点の流量比を測定に用いる．

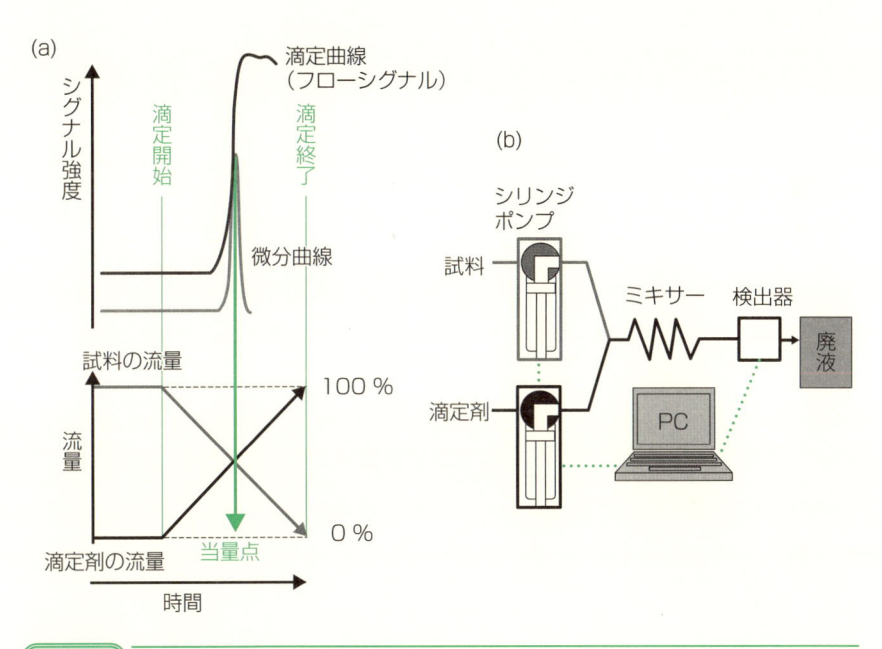

図 2.17 流量比グラジエント滴定法（FRDT）

(a) FRDT の測定原理
(b) FRDT に用いる測定装置

2.3 FCAに基づく化学分析の将来的発展と展望

　化学分析の自動化においては，液体流れを用いる分析法の重要性が一層増してくる．中でも，カラムテクノロジーに重きを置くカラム分離分析法（HPLC，IC）と化学反応，前処理および迅速・簡便化と高感度化に重きを置くFIA，SIAなどのフロー化学分析（Fluid-flow Chemical Analysis：FCA）が自動化に重要な技術となる．さらに，コンピュータや情報技術（IT）の進歩を取り込んだコンピュータ支援流れ化学分析（Computer-Assisted Flow Chemical Analysis：CAFCA）に向けて発展する[31,32]．CAFCAでは，試料（気体，液体，固体）採取から，分析試料溶液調製・調整，各種前処理そして測定，さらにデータ整理・解析，その分析・解析結果を試料採取現場へ迅速にフィードバックすることが可能となり，分析結果の効果的活用が進展する．

　図2.18に概念的に示すように，CAFCAでは，これまで豊富な経験をもつ熟練技術者のみがなしえた質の高い高度な化学分析（熟練を要する前処理操作，化学操作，高度な判断力）がプログラムに従って行われるために，それぞれの単位操作をデバイス化あるいはモジュール化し，それらの操作を熟練技術者の手助けなしに実行するという思想が含まれている．このような全自動化学分析システムの発展は，モノづくり産業，安全・安心社会構築に向けて大きな貢献が期待される．

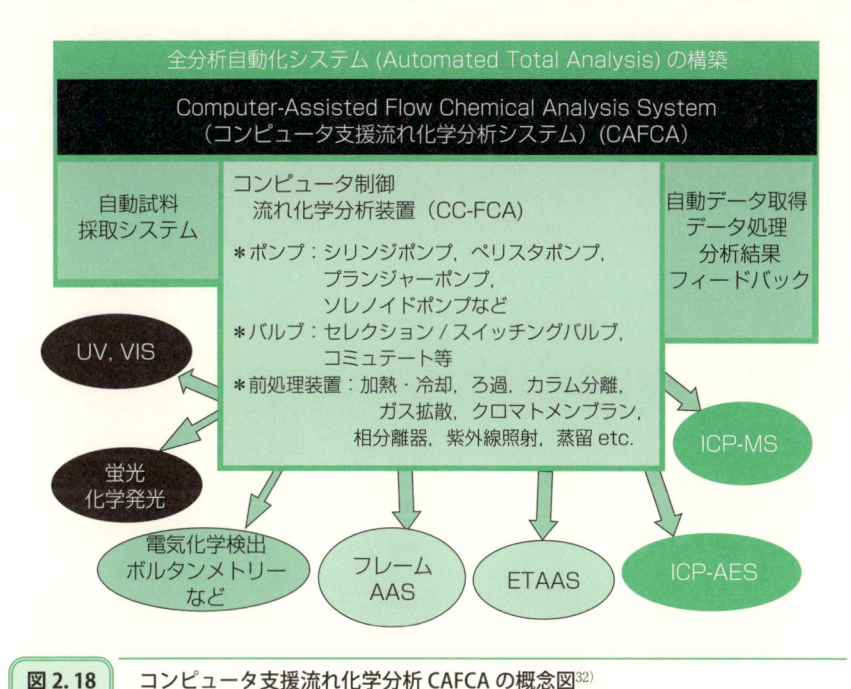

Chapter 2　FIA を基盤とする FCA の新しい展開

全分析自動化システム (Automated Total Analysis) の構築

Computer-Assisted Flow Chemical Analysis System
(コンピュータ支援流れ化学分析システム) (CAFCA)

自動試料採取システム

コンピュータ制御
流れ化学分析装置（CC-FCA）
 * ポンプ：シリンジポンプ，ペリスタポンプ，
   プランジャーポンプ，
   ソレノイドポンプなど
 * バルブ：セレクション / スイッチングバルブ，
   コミュテート等
 * 前処理装置：加熱・冷却，ろ過，カラム分離，
   ガス拡散，クロマトメンブラン，
   相分離器，紫外線照射，蒸留 etc.

自動データ取得
データ処理
分析結果
フィードバック

UV, VIS
蛍光 化学発光
電気化学検出 ボルタンメトリー など
フレーム AAS
ETAAS
ICP-MS
ICP-AES

図 2.18　コンピュータ支援流れ化学分析 CAFCA の概念図[32]

【出典】S. Motomizu, *Talanta*, **85**, 2251（2011）（Ref：32）を一部変更，日本語に訳す．

2.4 おわりに

1970年初頭より始まったFIAを，流れに試料を注入（導入）する分析法の第1世代FCAとすると，1990年頃に始まったSIAはその第2世代FCAのはしりということができる．次の第3世代FCAは，送液ポンプ，バルブモジュールを一体的にコンピュータ制御し，複雑な流れ系をコンパクト化したFCAであり，すでにさまざまな技術が開発されている．今後の第4世代FCAは，必要な前処理・化学操作をデバイス化，モジュール化し，それらを必要に応じて用いることができるプログラム方式全自動化学分析システム（Programmable Total Chemical Analysis system：PTCA）であり，その一つがCAFCAである．すでに第4世代FCAの研究は始まっており，高度な質の高い化学分析の全自動化に期待が寄せられる．

参考文献

1) J. Ruzicka and G. D. Marshall, *Anal. Chim. Acta*, **237**, 329 (1990).
2) 本水昌二，城市康隆，樋口慶郎，第71回分析化学討論会（島根），講演要旨集，p.98 (2010).
3) S. Chuanuwatanakul, W. Dungchai, O. Chailapakul and S. Motomizu, *Anal. Sci.*, **24**, 589 (2008).
4) S. Chuanuwatanakul, E. Punrat, J. Panchompoo, O. Chailapakul and S. Motomizu, *J. Flow Injection Anal.*, **25**, 49 (2008).
5) J. Ruzicka and A. Ivaska, *Anal. Chem.*, **69**, 5024 (1997).
6) J. Ruzicka, *Analyst*, **125**, 1053 (2000).
7) A. Sabarudin, N. Lenghor, L-P. Yu, Y. Furusho and S. Motomizu, *Spectroscopy Lett.*, **39**, 669 (2006).
8) A. Sabarudin, N. Lenghor, M. Oshima, L. Hakim, T. Takayanagi, Y.-H. Gao and S.

Motomizu, *Talanta*, **72**, 1609 (2007).

9) L. Hakim, A. Sabarudin, M. Oshima and S. Motomizu, *Anal.Chim. Acta*, **588**, 73 (2007).
10) R. K. Katarina, L. Hakim, M. Oshima.and S. Motomizu, *J. Flow Injection Anal.*, **25**, 166 (2008).
11) R. K. Katarina, M. Oshima and S. Motomizu, *Talanta*, **78**, 1043 (2009).
12) Y. Furusho, A. Sabarudin, L. Hakim, K. Oshita, M. Oshima and S. Motomizu, *Anal. Sci.*, **25**, 51 (2009).
13) 三好夏生, A. Sabardin, N. Lenghor, 高柳俊夫, 大島光子, 本水昌二, 古庄義明, 第68回分析化学討論会（宇都宮）, 講演要旨集, p.16（2007）.
14) M. Ueda, N. Teshima,T. Sakai, Y. Joichi and S. Motomizu, *Anal. Sci.*, **26**, 597 (2010).
15) Z. Legnerova, D. Satinsky and P. Solich, *Anal. Chim. Acta*, **497**, 165 (2003).
16) S. Motomizu, *17th International Conference on Flow Injection Analysis* (17th ICFIA) (Krakow), Abstract, p.41 (2011).
17) S. Motomizu, *International Congress on Analytical Sciences* (ICAS 2011), Abstract, 24 aK-02 (2011).
18) M. C. Icardo, J. V. G. Mateo and J. M. Calatayud, *Trends Anal. Chem.*, **21**, 366 (2002).
19) 城市康隆, N. Lenghor, 高柳俊夫, 大島光子, 本水昌二, 分析化学, **55**, 707（2006）.
20) L. Ferrer, G. de Armas, M. Miro, J. Estela and V. Cerda, *Talanta*, **64**, 1119 (2004).
21) H. Itabashi, H. kawamoto and T. Kawashima, *Anal. Sci.*, **17**, 229 (2001).
22) N. Lenghor, 高柳俊夫, 大島光子, 本水昌二, 日本分析化学会第55年会（大阪）, 講演要旨集, p.36（2006）.
23) 城市康隆, N. Lenghor, 高柳俊夫, 大島光子, 本水昌二, 第47回フローインジェクション分析講演会（奈良）, 講演要旨集, p.29（2006）.
24) N. Teshima, D. Noguchi, Y. Joichi, N. Lenghor, N. Ohno, T. Sakai and S. Motomizu, *Anal. Sci.*, **26**, 143（2010）.
25) A. Bulatovl, K. Medinskaia, A. Ipatov, A. Moskvin and L.N. Moskvin, *J. Flow Injection Anal.*, **28**, 146 (2011).
26) A. V. Bulatov, D. K. Goldvirt, L. N. Moskvin, A. L. Moskvin, E. A. Vaskova, *J. Flow Injection Anal.*, **23**, 102 (2006).
27) H. Tanaka, P. K. Dasgupta and J. Huang, *Anal. Chem.*, **72**, 4713 (2000).
28) 小西明伸, 高柳俊夫, 大島光子, 本水昌二, 分析化学, **53**, 1 (2004).
29) 特許: 特開2002-131304 (P 2002-131304[a]).
30) 城市康隆, Lukman Hakim, 樋口慶郎, 高柳俊夫, 本水昌二, 日本分析化学会第

59年会（北海道），講演要旨集，p.22（2008）.
31) 本水昌二, *J. Flow Injection Anal.*, **24**, 3 (2007).
32) S. Motomizu, *Talanta*, **85**, 2251 (2011).

Chapter 3
FCAおよび関連システムの基本構成と装置組立て

　FIAの誕生に端を発した液体流れ化学分析法（FCA）は，FIAの基本原理と概念をベースにして，さまざまなFCAに発展し，新しいより高性能で信頼性の高い化学分析装置の開発に歩を進めている．今後はさらに複雑で技術を要する化学分析を可能とする自動化学分析システムの開発が進展することが期待される．それらの開発に必要な基本的システム構成について，以下説明する．

3.1 液体流れ化学分析（FCA）システムの条件

　さまざまなFCAが開発・提案されている．一般的に，FCAはバッチ式分析法に比べ分析技術上多くの特徴，優れた利点を有する．これは，
"ある一定の条件下における再現性よい流れ，再現性よい試料導入"
の前提のもとに成り立っている．実際に，FCAの特徴を生かした質のよい測定結果を得るためには，つぎの四つの条件を満足する装置でなければならない．

(1) 再現性よい流れ

　たとえば，通常のFIAシグナルのピークは約60秒間で終了する．したがって，キャリヤー，反応試薬液などの送液には，秒単位でRSD（相対標準偏差）1％以下の再現性よい流れが望ましい．

(2) 微少量試料の再現性よい導入

　容量可変のループ付き試料導入器（6方切替えバルブなど）を用いて，一定量の試料を導入する．試料導入に流量精度のよいシリンジポンプを用いることもできる．注入量は正確である必要はないが，精度に優れたものでなければならない．図1.8に示したように，注入量は直接ピーク形状，ピーク高，ピーク面積の精度に影響する．また，試料注入により，キャリヤー流量の変化をもたらさないような装置構成としなければならない．

(3) 試薬と試料の再現性よい分散と混合

　再現性のよい送液を行い，適度の容量の反応コイルを用いる．すべての流路は固定しておき，分散を乱さないようにしなけばならない．

(4) 再現性に優れたオンライン前処理操作

再現性のよい送液，前処理を行うに十分な圧力をもつ送液システムを用いる．前処理システムでは必ずしも定量的に反応する必要はなく，再現性に優れたものであればよい．高温下（80〜150℃）の反応，高圧下でのカラム前処理などを行う場合には，圧がかかるプランジャーポンプを用いる．

3.2 FCA システムの構成と基本流路

FCA 装置（システム）は，

① 送液部
② 試料導入部
③ 移送・反応部
④ 検出部
⑤ データ記録・処理部
⑥ 廃液部

から構成される．これら①〜⑥は各種ジョイント（コネクター）と細管を用いて図 3.1 のように接続される．

3.2.1 主要な装置，モジュールおよびパーツ類

3.1 節で述べた四つの条件を満足することを念頭に，それぞれの目的に適した装置，モジュール，パーツ類を選定して組み立てる．あるいはすでに組み立てられ一体化されている FCA 装置においては，目的に適した装置構成かどう

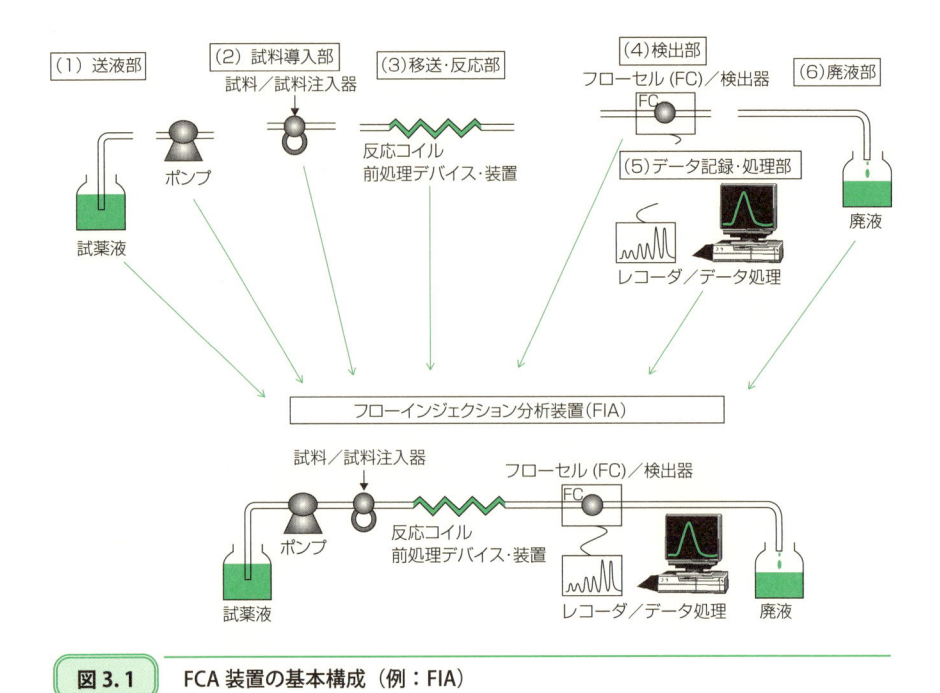

図3.1 FCA装置の基本構成（例：FIA）

かを確認した後に，測定に使用する．

(1) 細管と各種コネクター（ジョイント）

　細管としては，耐薬品性に優れ安価で取り扱いやすいPTFE（ポリテトラフルオロエチレン：テフロンなど）や，若干特性が異なる各種フッ素樹脂，たとえばPCTFE（ポリクロロトリフルオロエチレン）チューブなども使用できる．通常は乳白色のものが用いられるが，透明度の高いもの，黒色のものも入手できる（**図3.2**）．

　フッ素樹脂よりも耐高圧，耐高温，耐薬品性が必要な場合には，PEEK（ポリエーテルエーテルケトン）チューブも使用できるが，PTFEに比べ硬くてしかも細工が困難であり，やや高価である．通常は内径0.5 mm，外径1.6 mm (1/16")のものが用いられる．外形1.6 mmのチューブはHPLCなどで用いられる標準のフェラル，およびフェラル・ナット一体型コネクターなどに対応しているので，好都合である．目的に応じて内径0.125 mm, 0.25 mm, 0.8 mm,

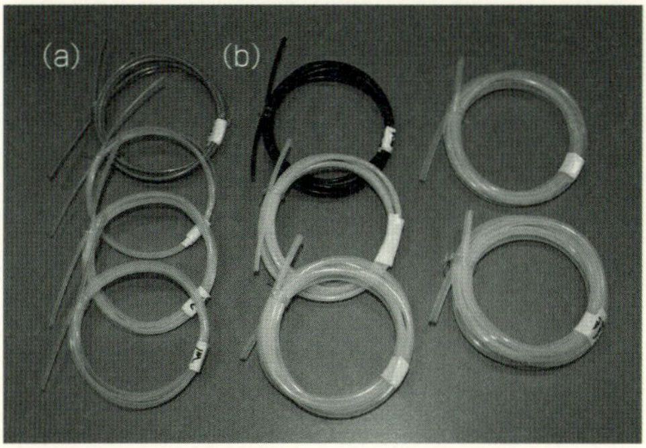

> **Chapter 3** FCA および関連システムの基本構成と装置組立て

> **図 3.2** 各種細管
> (a) PEEK 製（内径 0.5 mm），(b) 黒色 PTFE 製（内径 0.5 mm）
> 他は PTFE 製内径 0.25 mm〜1.0 mm，外形 1.0 mm〜2.5 mm，各 1 m

1 mm，1.5 mm（外形 2.5 mm），2 mm（外形 2.5 mm あるいは 3.0 mm）などが利用できる．

たとえば，内径 0.125 mm〜0.25 mm のものは高温加熱を必要とする場合の背圧用コイル（加熱コイルの下流に接続し，流れ抵抗を増すことで加圧を容易にする）として用いられる．また，ミクロフロー用の配管としても利用できる．内径 0.8 mm〜1 mm のものは，チューブ内容積の大きいコイル（SIA のホールディングコイルなど）が必要な場合や，送液圧を小さくする必要がある場合に用いられる．内径 1 mm〜2 mm のものはイオン交換樹脂，固体反応試薬（Cd/Cu 還元剤など）を詰めるカラム作製，大容量ホールディングコイル作製などに用いられる．

ポリイミド樹脂で外面をコーティングしたシリカチューブ（キャピラリー，内径 50〜100 μm など）やガラス管（内径 1 mm〜2 mm）も充填カラム作成に使用できる．

チューブを接続するためのコネクター（ジョイント）には，樹脂製（ダイフロン，PEEK 製など）の直線二方（ユニオン），T 字三方，Y 字三方，四方，五方コネクターなどがある（図 3.3）．コネクターの細孔径はチューブ内径と同じ 0.5 mm 程度のものを使用する．HPLC 用のステンレス製コネクター類も使用できるが，酸，塩基，塩類などによる腐食の恐れがあるので特別な場合以外は使用しないほうがよい．

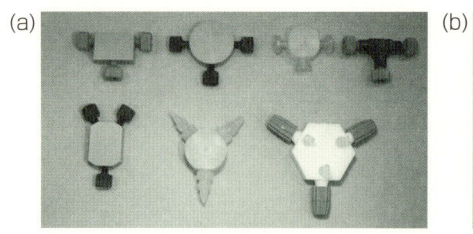

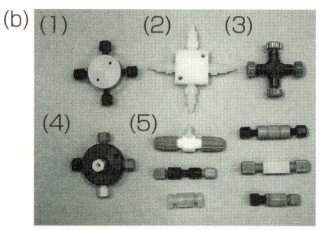

図 3.3 コネクター類

(a) 各種 3 方コネクター（T 字型，Y 字型），(b) (1)〜(3) 4 方コネクター，(4) 5 方コネクター，(5) バルブ付きユニオン（2 方），他は各種ユニオン

　これらのコネクターとチューブとの接続には，フレアー型，フランジ型，スエージロック型，コレット型などが用いられる（**図 3.4**）．フランジ型は高圧に耐えるが，細工が面倒である（簡易組立てパーツも使用できるが，高圧下では液漏れやすっぽ抜けに注意が必要）．最近では，スエージロック型でナット・フェラル一体型のものが手軽に入手でき，便利である．PEEK 仕様（1/

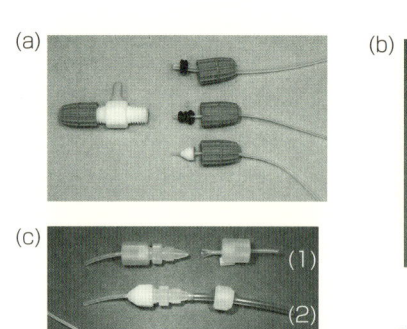

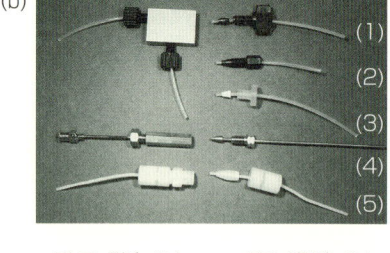

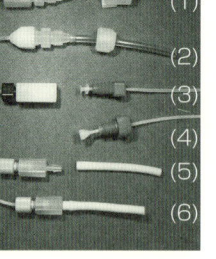

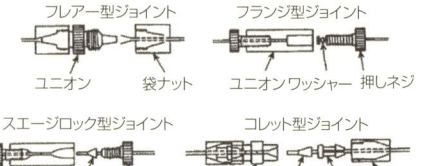

図 3.4 チューブの接続方式

(a) オムニフィット方式，(b) (1) スエージロック式（太鼓型フェラル），(2) 一体型オシネジ式，(3) 一般的スエージロック式，(4) ステンレスチューブ用スエージロック式，(5) コレット式，(c) (1) フレア式，(2) フレア式（やわらかいチューブ），(3) フランジ式，(4) フランジ式（フェラル使用），(5)，(6) やわらかいチューブの接続

16"）のジョイント，ナットが比較的安価に入手できるので，PTFE チューブ（内径 0.125～0.10 mm）の外形も 1/16"（約 1.6 mm）に統一しておくと便利である．

(2) 送液部

FCA 装置の組み立てには，装置の心臓部となる送液ポンプが必須である．ある程度の送液圧があり，脈流が小さく，ある一定時間安定した流れを作り出す装置が必要である．送液装置の性能により分析の質（感度，精度，正確度）も左右される．図 3.5 に主要なポンプモジュールを示す．

a. プランジャーポンプ

FIA 誕生からこれまで，諸外国ではペリスタポンプがよく使用されてきた．しかし，さまざまなオンライン前処理，特に分離カラム，反応カラムなどを流路に組み込む場合には，数百 kPa～1 MPa（数気圧～10 気圧）まで耐え

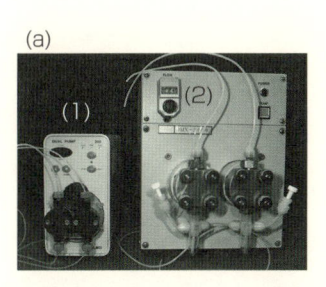

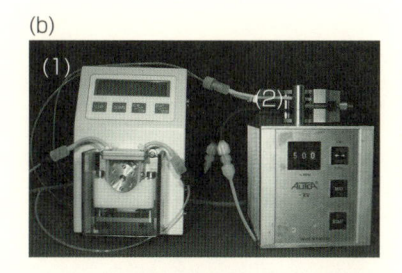

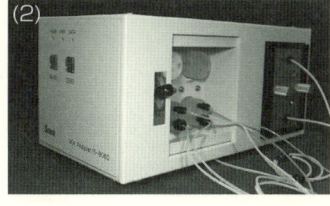

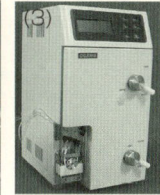

図 3.5 FIA に用いられるポンプおよびポンプ・吸光検出器一体型 FIA 装置

(a) プランジャー型ポンプ（2 流路用），(b) ペリスタ型ポンプ（多流路用），(c) (1) 2 流路プランジャー型吸光検出器付き FIA，(2) 4 流路ソレノイドポンプ付き吸光検出 FIA，(3) 3 流路ペリスタポンプ付き吸光検出 FIA

られるプランジャーポンプが安全である．たとえば，高温を必要とする全リン定量法ではプランジャーポンプを用いて送液し，10 m の反応チューブを 160 ℃に高温加熱し有機体および無機体リン化合物をオルトリン酸（H_3PO_4）に分解する[1]．

すでに述べたように，試料の分散度は少量試料ほど大きくなる．したがって，キャリヤー（試料）流れと試薬流れの複数流路を用いる場合には，試料と試薬を短いセグメントとして反応コイルに交互に送ることができるダブルプランジャー型マイクロポンプを用いれば，効果的な分散・混合がなされる．図 3.6 に模式的に示すポンプでは，1 ストローク当たり 5 μL ずつ交互に吐出する．それぞれの流量が毎分 0.5 mL の場合には，1 分間に各々 100 個のセグメントとして送り出されるので，試薬・試料の小さいセグメントが交互に形成され，短いチューブで効果的に混合される．

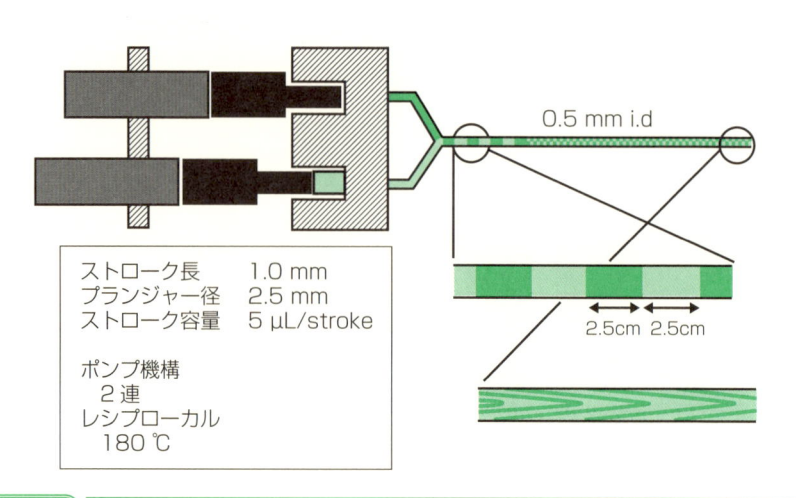

プランジャーポンプには，1 ストローク当たり数 μL～数 mL（たとえば 5.6 mL）をゆっくりと吐出するタイプもある．この種のポンプはシリンジポンプと同様な使い方ができる．たとえば，PC 制御で吸引・吐出，流量，スタート・ストップを自由に行うことができるものがある．チェック弁の代わりに流路切替えバルブを用いるので，送液トラブルも少なく，しかもシリンジポンプ

図 3.6 ダブルプランジャー型ポンプにおける試料の分散と効果的混合

ダブルプランジャー型ポンプ（サヌキ工業製 DM 2 M-1016）による送液

よりも高圧が可能であるので，通常のカラムクロマトグラフィーに使用できる．また，SIA／カラムクロマトグラフィー（SIC）にも利用できる．

プランジャーシールに全溶媒用シールを用いたポンプでは，クロロホルム，ベンゼンなどの有機溶媒も送液できるので，溶媒抽出が可能となる[2]．溶媒抽出も水相・有機相の交互セグメントを形成させることで両相間で効果的な物質移動を行わせることができる[3]．

b．ペリスタ型ポンプ

最近では，肉厚（1.6 mm）チューブを用いるペリスタ型ポンプ（PC制御ポンプモジュール）が入手できる．この種のポンプでは，従来の肉薄のシリコーン製チューブ型に比べ，高い圧（数百 kPa 程度）が得られ，チューブも長持ちする．しかも安定した流れが得られ，ベースラインのノイズレベルも小さい．ミニカラムや Cd/Cu 還元カラム処理などにも対応できる．また，正逆方向の送液も可能で，送液トラブルも少ない（チェック弁が無い）．このような利点により，通常の FIA への利用が増えている．PC 制御方式のポンプは SIA にも用いることができるが，シリンジポンプのほうが機動性と再現精度，正確性の点で優っている．

c．シリンジポンプ

シリンジポンプとしては，ガラス製シリンジがよく用いられる．シリンジ内を目視でき，気泡の存在などを確認できる．最近のシリンジは精度，正確さに優れているが，高圧送液には不向きである．カラム前処理や SIA／クロマトグラフィー（SIC）などでは，できるだけ細いシリンジを用いるとより高圧が得られる．PC 制御シリンジポンプモジュールが入手できる．

d．ギアポンプ

歯車（ギア）ポンプは回転ポンプの一種であり，2枚の歯車をかみ合わせて，歯車が開くときに吸引し，閉じるときに吐出する．粘度の高い溶液には適するが，通常の水溶液では圧が不足し，FCA への利用には制約が多い．

e. ソレノイドポンプ

一般にはダイアフラム（diaphragm：隔膜）型がよく用いられる．膜ポンプの一種で，耐薬品性に優れたPTFEなどの膜をペコペコさせることで液を吸引－吐出する．FCA用は流量0.5～2.0 mL/min 程度のものが安価に入手できる．外形25 mm，長さ5 cm 程度のもので，コンパクトな装置の組立てが容易である．ただし，流量制御用の簡単なソフトが必要である．

f. その他の送液法

キャリヤーや試薬液の液溜めを高いところにつるし，落差を利用して送液する方法も用いられる．安価でノイズの小さい流れが得られるので，野外などのフィールドワークで効果的に使用できる．また，不活性なガス（窒素，ヘリウムなど）の高圧ボンベや圧搾空気圧による送液も可能である[4]．これらの送液では，脈流は生じず，バックグランドノイズは極めて小さい．しかし，圧がかかる部分（カラムなど，前処理デバイス部分）が存在すると，流れは大きく影響されるので，分析信頼性に欠ける結果となりやすい．

電気浸透流を用いることもできる．ラボオンチップ（lab-on-a-chip）は，一枚のチップ上に実験室（Laboratory）をつくったイメージであり，50 μm 程度の幅，深さの溝をガラス盤上につくり，微小なFIAを行うものである．溶液流れはキャピラリー電気泳動と同様に，電気浸透流で行うことができる．

（3）試料導入部

図1.8に示すように，試料液注入量は直接ピーク高やピーク面積に影響する．したがって，一定量の試料を計量・注入（導入）する試料導入装置が必要である．

a. バルブ切替え注入方式

試料導入器としては，HPLCなどで用いられるループ付きロータリーバルブが使用できる．耐久性，耐腐食性に優れた6方セラミックロータリーバルブが入手できる（接触面がセラミック製）．FCAでは正確な試料注入量とする必要はなく（試料を充たすループ内容積をある値に厳密に決める必要はない），再

現性よく一定量を注入することができればよい．図 3.7 には，汎用のループ付き 6 方切替えバルブの流路を示す．(a) の状態から右へ回転させると (b) の状態へ切り替わり，流路が変わることがわかる．6 方バルブの他にも 4 方，8 方，12 方などがある．バルブを切り替えると，隣のポートとの接続が変わる．

　バルブに装着の試料ループに一定量（ループ内容積以下）の試料液を専用のニードル（注入ハリ）付きシリンジで注入する方法も可能である（Rheodyne 方式）．この注入法は，試料量が限られているような場合に好都合である．HPLC で一般的に行われている導入法である．HPLC ではカラムが存在するので，注入時に試料ゾーンが多少乱れてもピーク形状にはさほど影響はない．しかし，FIA で測定にピーク高を用いる場合には，ループ内の液をできるだけ乱さないようにゆっくりと試料液を注入することが重要である（面積を用いて定量する場合には多少の乱れはさしつかえない）．あるいは，ループ内容積以上に試料液を導入すれば，6 方バルブと同様の機能である．

b. スライド注入方式

　試料ループを備えたブロックをスライドさせることで，流れを切り替え，試料を注入できる．手動式は比較的安価に製作できるが，モーター駆動方式は面

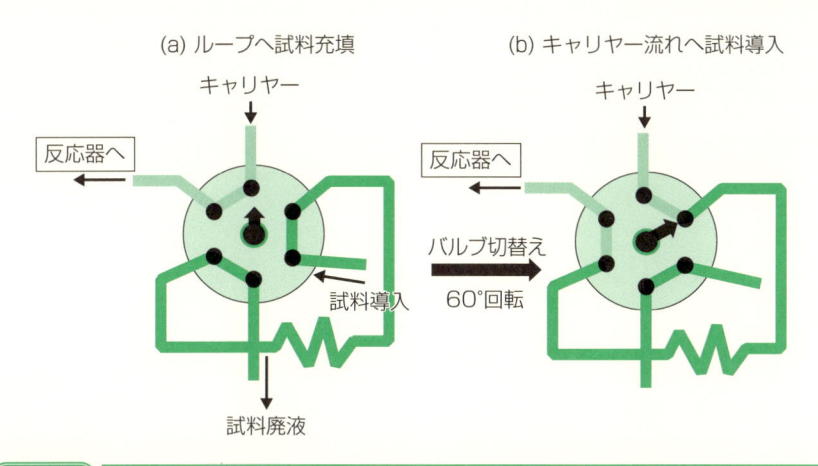

図 3.7　ループ付き切替えバルブ（6 方スイッチングバルブ）の機能

倒であり，PC制御には不向きである．

c. 流れ切替え注入方式

キャリヤー流れの途中に3方流路切替えバルブなどを設置し，このバルブを切り替えてキャリヤー流れをいったん遮断し，一定量の試料をポンプで導入してもよい．ただし，試料導入の流量はキャリヤー流れと同じに調整しておいたほうがよい．

d. ハイドロダイナミック（流体力学的）注入方式（hydrodynamic injection）

試料が注入される流路（キャリヤーまたは試薬流れ流路）に二つのT字コネクターを取り付け，一方のコネクターは試料液溜めに接続し，もう一方は吸引ポンプに接続する．コネクター間のチューブ内容積を必要な試料注入量に合わせておく．流路の流れを止め，ポンプにて試料液を吸引し，コネクター間に試料液を導入した後，流路に溶液を流す．T字コネクターから液が流れ出すのを防ぐために，T字コネクターは3方切替えバルブ（ソレノイドバルブなど）を用いるとよい．また，ポンプにはソレノイドポンプを用いるとPC制御FCAとなる．

e. ポンプ注入方式

最近は，精度に優れたシリンジポンプが使用できるので，ループなどに一定量（ループ内容積以下）を注入してもよい．SIAでは，セレクションバルブと連動させ，試料液，試薬液などをシリンジポンプなどで吸引し，ホールディングコイルに逐次注入するという手法が基本となっている．PC制御可能なペリスタポンプやソレノイドポンプを用いて吸引あるいは吐出法で試料の一定量を注入してもよい．

(4) 移送・反応部

送液部，試料導入部と検出部をつなぎ，試料と試薬を混合し，下流の検出器に向けて移送しつつ反応させる役目を持っている．内径0.3～1 mm程度のPTFEチューブを径1～2 cmのコイル状あるいは8の字状に巻いたものでよ

い．

　前処理用の各種カラム反応（イオン交換，酵素反応，酸化還元反応）や溶媒抽出，膜分離，ガス透過，加熱などの前処理装置や各種デバイスがこの部分に組み込まれる．

(5) 検出部

　小は pH メータ，LED ランプ吸光検出器から大は ICP 発光分光分析装置，ICP 質量分析装置まで，日常分析で使用される検出器が用いられる．これらの検出器のフローセル容量は数 μL～数十 μL で，検出容量（検出に必要とされる試料供給量）が少なく，レスポンス（応答）の速いものが好ましい．

　接液部が耐腐食性樹脂などでできたフローセルを備えた吸光検出器，蛍光検出器，電気化学検出器などが汎用的検出器であり，比較的長時間安定しており，感度，精度も申し分ない．コスト的にも満足できる装置の入手が可能である．

　バッチ法では，レスポンスが安定するのに長い時間を要する pH 測定法などの電位差測定法，伝導度測定法，酸化還元電位測定法（ORP 法）などの検出法も効率よく使用できる．FCA では，常に電極表面が再現性よく更新されているので，迅速に再現性よく測定できるというメリットがある[5]．

　PC 制御前処理システムを用いれば，電気加熱（グラファイトファーネス）原子吸光光度法（ETAAS）による高感度測定装置構成も可能である．前出の図 2.7 では，カラム前処理装置（Auto-Pret）でミニカラムに捕集した金属イオンを溶離し，その一部（100 μL）を ETAAS のノズルに移送し，最高濃度部分をグラファイトなどの電気加熱部に注入し，測定している．

(6) データ処理部

　検出器で得られるレスポンスは，スプリットチャート式記録計で記録することができる．また，各種クロマトグラフィーで使用される簡易データ処理装置（インテグレータなど）を用いれば，ピーク高，ピーク面積を求めることができる．最近では，フローシグナルデータを PC に取り込み，検量線作成を自動化し，さらに試料濃度を計算し，結果をまとめて提示できる FCA 用のシグナ

ル解析ソフトも利用できるので，データ処理時間の短縮が可能である．

(7) 廃液部
重金属などの有害物質を測定対象とする場合，あるいは検出反応などに用いる場合には，廃液の取扱いに十分に注意しなければならない．

3.2.2
FCA に用いられる基本流路（フローマニフォールド）

FIA，SIA を基本とする通常のマニフォールドで，反応コイル，抽出コイル，その他流路構成に用いられる細管は，内径 0.5～1.0 mm の PTFE チューブが標準的であり，検出器のフローセル容量は 8～20 μL 程度のものが適当である．

(1) 基本流路
図 3.8 に基本的な流路構成例を示す[6]．

流路 [1] は，一流路系で，試薬液 (R) の流れに試料注入器 (SV) のループに充たした試料 (S) を注入する．注入された試料ゾーンは，反応コイル (RC) 中を流れている間に分散し，試薬液と混合し，反応する．試料注入量が数十 μL 程度の場合には，数十 cm 程度の反応コイルで十分である．単に試料を検出器に移送することが目的で分散が好ましくない場合，たとえばフレーム原子吸光光度法やイオン電極による検出の場合などでは，細くて短いチューブを用い，低分散度の流れ系とする．

流路 [2] は，キャリヤー液 (C) に S を注入し，合流点 (M) で試薬液と合流させ，RC で混合・反応させる二流路系である．標準的流路として最もよく用いられる．二流路系システムの利点は，混合が 30 cm 程度の短い RC でも十分に行われ，測定時間を短縮し，分散を小さくできることである．また，一流路系では試薬液が光吸収や蛍光を示す場合には，試料注入による負のピークが現れる．さらに試薬液と試料液の境界面で屈折率の違いによるレンズ効果（シュリーレン（Schlieren）効果）に基づく二つのピーク（ゴースト（ghost）ピークという）が現れ，低濃度試料ではゴーストピークに隠れ，負のピークと

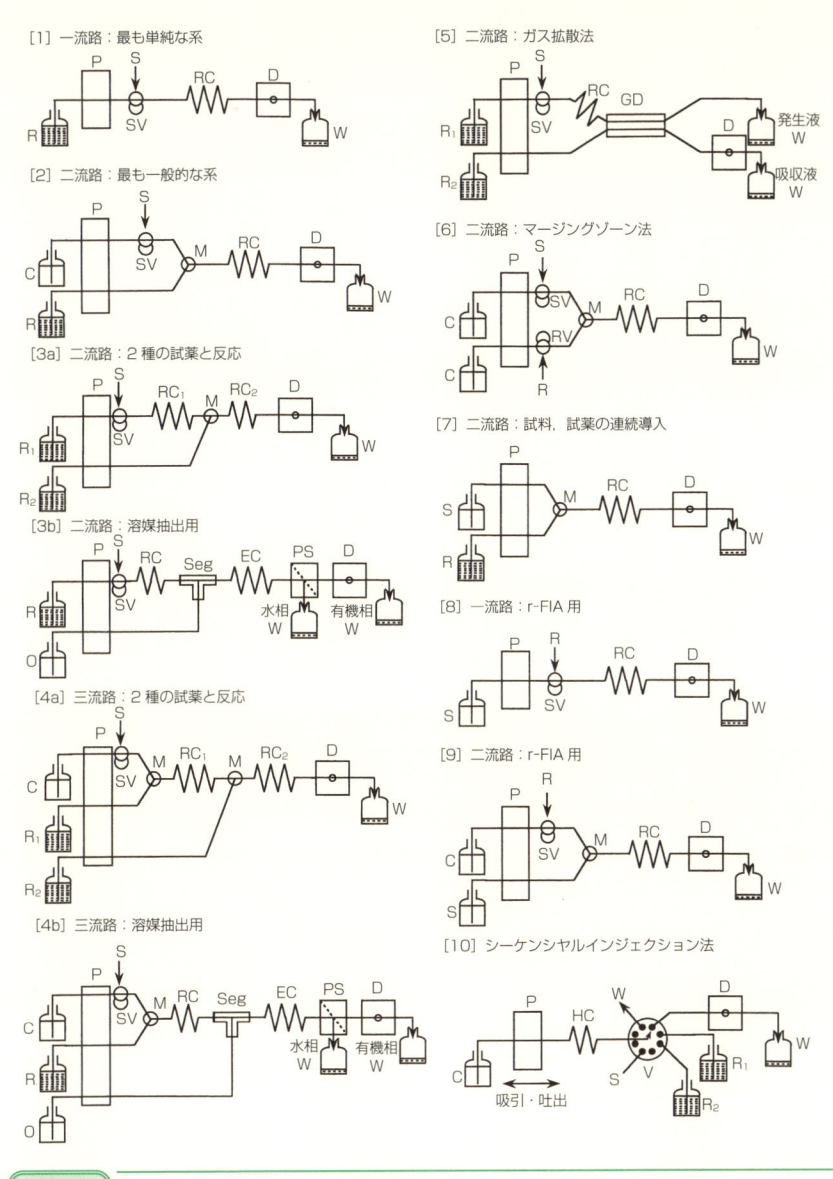

Chapter **3** FCA および関連システムの基本構成と装置組立て

[1] 一流路：最も単純な系

[2] 二流路：最も一般的な系

[3a] 二流路：2種の試薬と反応

[3b] 二流路：溶媒抽出用

[4a] 三流路：2種の試薬と反応

[4b] 三流路：溶媒抽出用

[5] 二流路：ガス拡散法

[6] 二流路：マージングゾーン法

[7] 二流路：試料，試薬の連続導入

[8] 一流路：r-FIA 用

[9] 二流路：r-FIA 用

[10] シーケンシャルインジェクション法

図 3.8　FCA 測定に用いられる基本流路

P：ポンプ，SV：試料注入器，RV：試薬注入器，M：混合ジョイント，Seg：セグメンター，RC_1, RC_2：反応コイル，EC：抽出コイル，PS：相分離器，GD：ガス拡散装置，D：検出器，HC：保持コイル，V：切替えバルブ，C：キャリヤー，R_1, R_2：試薬液，O：有機相，S：試料，W：廃液

【出典】本水昌二，大島光子，日本海水学会誌，**50**, 363（1996）より引用．（Ref：6）

なることがある．一方，キャリヤー流れに試料液を注入する二流路系では基本的にはシュリーレン効果によるゴーストピーク現象は起こりにくい．

[3 a], [4 a] は二種類の試薬 R_1, R_2 と反応させる場合の例である．

[3 b], [4 b] は溶媒抽出－FIA の流路である．試薬と試料を混合した後にセグメンター（segmentor: Seg）に導入し，有機相（O）を直角方向から合流させると水相，有機相がそれぞれ均一な短いセグメント（切片）となり，抽出コイル（extraction coil: EC）を流れている間に液液界面を通して物質移動が効果的に行われる．

[5] はガス拡散（透過）－FIA に用いられる．たとえば水溶液中の二酸化炭素の定量では，R_1 に H_2SO_4 溶液を用い，R_2 に発色試薬を含む吸収液を用いる．気体透過性膜（PTFE などの疎水性膜）を備えたガス拡散ユニット（GDU）で，気体状の CO_2 は透過膜を透過し，R_2 と反応する．

[6] はマージングゾーン法と言われ，二つのキャリヤー流れに S と R を注入し，M で合流・混合・反応させる．貴重な反応試薬を少量用いる場合などに利用できる．バックグラウンドはキャリヤー（通常は純水）となるので，試薬液が光吸収を示す場合にはブランクのピークが現れ，微小な吸光度変化は検出されにくくなる．

[7] は連続モニタリングに用いられる流路で，S と R を常時流し，検出する．

[8], [9] はリバース（逆）FIA といわれる．試料流れに試薬液を注入する方法で，常時モニタリングに適する．試薬量の低減化に役立つ．

[10] は標準的なシーケンシャルインジェクション法（逐次注入法，SIA）の装置図である．[1]〜[9] の FIA 方式と若干異なる．バルブを所定のポート位置に切り替えた後，ポンプのシリンジを前後させることにより S や R などの吸引や吐出を行う．たとえば，試薬の一定量を吸引し，次に試料の一定量，再び試薬の一定量を吸引する．これらは保持コイル（HC）に保持された後，P により送液し，試料・試薬ゾーンを検出器に送り込む．キャリヤー，試薬液などを常時流す必要はなく，廃液量も少なくてすむ．Chapter 2 の 2.1 節には SIA をベースにした装置をまとめている．

(2) その他の流路

　図 3.8 の流路は，通常の FCA によく用いられる基本的なものである．これらをベースにした多くの流路が分析目的に応じて組み立てられる．たとえば，試料ゾーンが検出用セルに到達したとき，送液を止めて，反応の進行過程を追跡するストップト・フロー法，多数の試薬液を順番に加える多流路系（マルチコミュテーション法（MCA）やマルチポンピング法（MPA）など），あるいは混合溶液状態では不安定な試薬液の場合，試料ゾーンと合流する直前に複数の液を混合・調製する流路を組み込んだものなどを用いることができる．

　また，基本流路において，必要な箇所へさまざまな前処理装置，前処理デバイスを 1 個または複数個組み込むことができ，複雑な反応も効率的に精度よく行うことができる．

(3) 市販システムの組込流路

　現在，外国メーカ製も含め，約 10 社から FIA，SIA，SIEMA，Auto-Pret などの FCA システムが市販されている．必要であれば，分析対象目的に合致した流路構成に変えてもらうか，あるいは基本流路などを参考に，使用者自身で流路の組直しをすれば，分析目的によりかなうシステムができあがる．

3.3 FCA システムの組み立て

3.3.1
FCA システム

FCA システムは，図 3.1 に示すように，基本的なパーツとして送液ポンプ（P），試料注入器（SV），多流路混合ジョイント（M），反応コイル（RC）及び前処理装置・デバイス，フローセル（FC）付き検出器（FC/D）およびシグナル記録装置（SR）を用いて構成される．

図 3.9（a）は，ダブルプランジャーポンプを用いた二流路 FIA のシステム

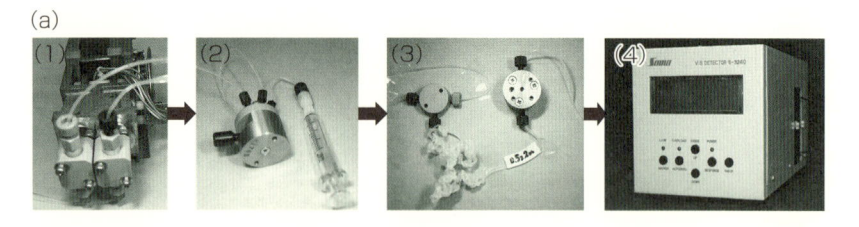

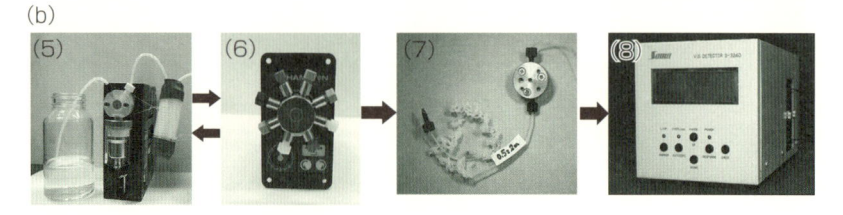

図 3.9 FCA 装置構成例：FIA および SIA

矢印は溶液の流れ方向を示す．
(a) ダブルプランジャーポンプ方式 FIA：(1) ポンプ，(2) ループ付き試料注入器およびシリンジ，(3) ミキシングジョイント，反応コイルおよびフローセル，(4) LED 光源吸光検出器
(b) PC 制御シリンジポンプ方式 SIA：(5) ガラスシリンジポンプおよびホールディングコイル，(6) セレクションバルブ，(7) 反応コイルおよびフローセル，(8) LED 光源吸光検出器

構成例である．検出器にはLEDランプを用いた吸光検出器を用いている．(b) はシリンジポンプを用いたSIAである．

図3.10 (a) は，シリンジポンプ，セレクションバルブ（SLV）を用いたSIAである．(b) は切替えバルブ（SWV）上に流路やカラムなどをまとめたLab-on-Valveである．(c) はミニカラム装着カラム前処理装置（Auto-Pret）である．これらを動かすためには，PC制御ソフトが必要である．あらかじめ操作手順（シーケンス）を制御ソフトに組み込んでおきスタートさせると，あとは自動的に面倒な多段階操作も自動的に進められる．

図3.11 (a) はペリスタポンプ使用のAIA（オールインジェクション分析法）用装置である．数個の6方切替えバルブ（試料，試薬などのループ付き）が自動的に切替え可能となっている．(b) は，ペリスタ型ポンプを用いたミニカラム前処理装置の流路である．この装置を動かすために，専用のPC制御ソフトにあらかじめ操作手順を組み込んでおく．

図3.12は，シリンジポンプとソレノイドバルブを用いたSIEMA装置である．これらを動かすためには，専用のPC制御ソフトが必要であるが，吸引・吐出量，流量など，ソレノイドバルブの任意時間における切替え，繰返しなども自由にできる．

図3.13は，ソレノイドポンプとバルブを用いて組み立てたハイドロダイナミックSIAである．Cd/Cu還元カラムを組み込み，硝酸イオンと亜硝酸イオ

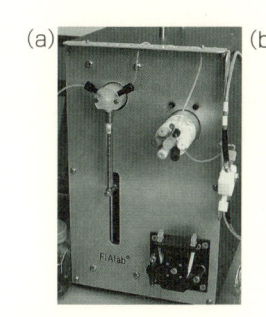

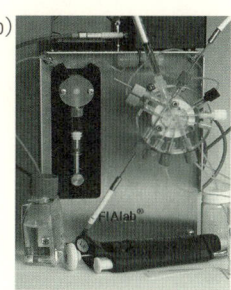

> **図3.10** SIAおよび関連装置
>
> (a) SIA (FIALab, USA)：ペリスタポンプはサンプリング等に使用，(b) Lab-on-Valve (FIAlab, USA)：右側のバルブがLOVに相当，(c) Auto-Pret (MGC JAPAN, 日本)：右下の6方SWVにミニカラム装着

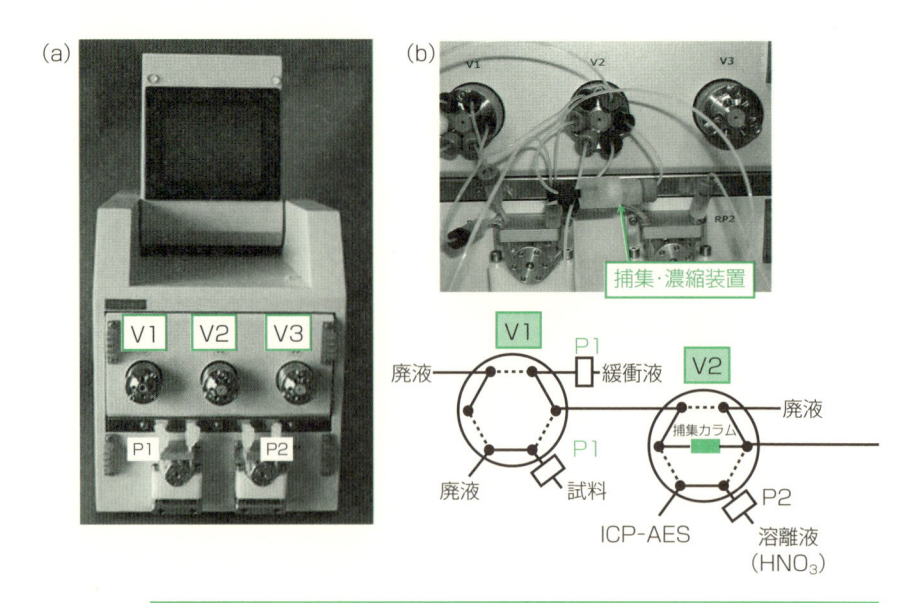

| 図 3.11 | ペリスタポンプと SWV を備えた AIA 装置及び同装置を用いたカラム前処理装置 |

(a) 装置の写真，(b) ICP-AES 測定のためのカラム前処理（濃縮）の流路．
V1～V3:6方切替えバルブ，P1,P2：ペリスタポンプ，装置写真（a）は小川商会提供．

| 図 3.12 | SIEMA（四流路系装置の例） |

装置写真は MGC JAPAN 提供．

ンの同時定量が可能である．

　図2.17（前出）は，シリンジ方式フロー滴定装置を示す．高速・微小容量混合器（rapid and micro-volume mixer：RMM，20 μL）を用いることで混合に要するデッドボリュームは無視できる．デッドボリュームが無視できる場合

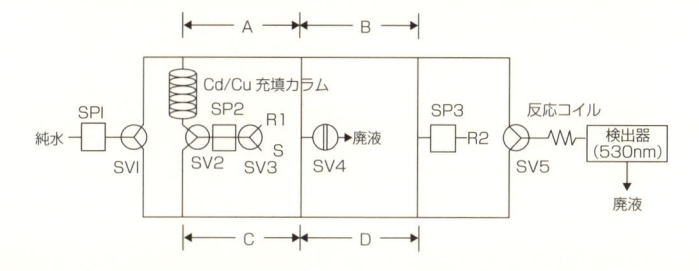

図 3.13　ハイドロダイナミック SIA

SP 1～3：ソレノイドポンプ，SV 1～5：ソレノイドバルブ，S：試料，R_1：試薬液（EDTA＋pH 8.2 アンモニア緩衝液），R_2：亜硝酸イオン発色試薬液（JIS K 0102 ナフチルエチレンジアミン法），流路は硝酸，亜硝酸イオンの吸光検出装置
【測定操作】（1）R_1 をカラムに流し，Cd/Cu のコンディショニングを行う，（2）A および C のチューブに試料を充たす（SV 4 を通して廃液へ），（3）B および D のチューブに R_2 を充たす，（4）SP 1 のポンプでキャリヤーを A，B，SV 5，反応コイルを通って検出器，廃液へ送り，硝酸イオン濃度（亜硝酸イオン濃度も含まれる）を測定する，（5）SP 1 のポンプでキャリヤーを C，D，SV 5，反応コイル，検出器，廃液へ送り，亜硝酸イオンを測定する．
【出典】S. Somnam, J. Jakmunee, K. Grudpan, N. Lenghor and S. Motomizu, *Anal. Sci.*, **24**, 1599（2008）より引用．

には，検量線の作成は不要である．

3.3.2
FCA に装着される各種前処理デバイスおよび装置

　FCA の最も特徴的な利点は，さまざまな前処理操作をオンラインで行うこ

とができることである．以下に示すような前処理装置，デバイスを，図3.8に示す流路の必要な箇所に組み込むことができる．

(1) 恒温，加熱，冷却装置

　原理的には反応コイルは一定温度に保っておくことが分析結果の再現性の点から好ましい．たとえば，エアコンディショナーから直接温風，冷風が当たるとピーク高，バックグランドはかなり変動する．化学分析ではしばしば反応促進，反応安定化，反応停止などのために，加温，恒温，冷却などの操作が必要となるが，バッチ式用手法では温度，時間の制御はかなり煩雑で，しかも長時間を要する．FCA では必要な長さの反応コイルをある温度の恒温槽（水浴あるいは空気浴）中に固定・保持しておけばよい．100℃以上の加熱を必要とする場合には，油浴（オイルバス）あるいはアルミブロック製の恒温加熱炉を用いる（室温～150℃程度まで可能）．安全性からは，**図 3.14** に示すような金属棒に PTFE チューブを巻き，恒温槽の金属（アルミニウム）ブロックに径 15 mm 程度あるいはそれ以上の穴をあけ，これに埋め込めばよい．

　図 3.14 の加熱恒温槽は，高温下での反応促進を必要とするヘテロポリ酸生成反応に基づくケイ酸の定量[7]，H-レゾルシノールを用いるホウ酸の定量[8]，COD（化学的酸素要求量）測定[9]などに利用できる．また，全リン，全窒素定

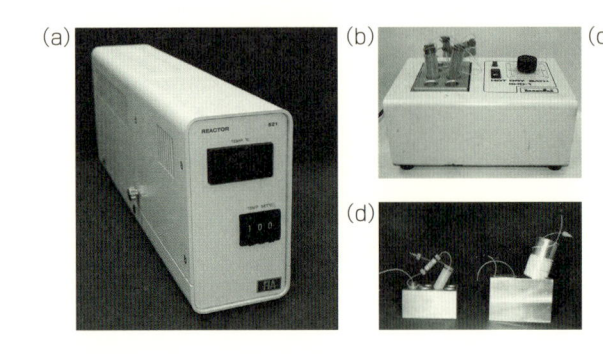

図 3.14　恒温槽（加熱，恒温）

(a) 市販の加熱恒温槽，(b) アルミニウムブロック加熱恒温槽，(c) アルミニウムブロック加熱恒温槽（大口径），(d) (b) および (c) 用のアルミニウムブロックと反応コイル

量のための有機体化合物の酸化分解（150 ℃）にも用いられる[1,10,11]．高温加熱／FCA 装置には圧がかかるプランジャー型送液ポンプを用い，検出器の前に冷却コイル（1 m 程度の PTFE チューブを冷水などに浸しておく，あるいは小型冷却ファンで冷却する）を入れると，シグナルの安定性が格段に向上する[7]．

(2) 沈殿生成／分離デバイス[12]

　沈殿生成に基づく比濁法，比ろう法は，バッチ法では一般に再現性に劣るが，FIA では十分な精度で測定できる．硫酸バリウムの沈殿生成を利用する硫酸イオン[13]，塩化銀の沈殿生成を利用する塩化物イオン[14]などの定量に利用できる．また，沈殿生成後，沈殿をラインフィルターでろ別し，未反応の試薬を検出に利用する間接検出法も考案されている[15,16]．図 3.15（a）に示すようなラインフィルターをフローセルの前に取り付けて沈殿を取り除く．硫酸バリウム沈殿生成反応を利用する硫酸イオン測定では，フィルター除去の代わりに，固体硫酸バリウムを詰めたカラム（図 3.15 の（b））を反応コイルの後に取り付けておくと，フィルターは不要である[17]．これは，生成した沈殿が固体硫酸バリウム表面に付着し，カラムからは溶出しないためである．また，流れは常に硫酸バリウムで飽和されているので，低濃度試料の測定も可能となり，実際面における固体沈殿カラムのメリットは大きい．フィルター除去に代わる

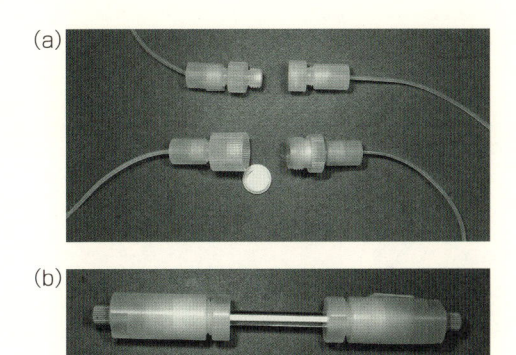

図 3.15　沈殿ろ過用ラインフィルター（a）および固体硫酸バリウムカラム（b）

写真（b）は小川商会提供．

固体沈殿カラムの原理は桐栄，樋口により見出されたもので[17]，他の沈殿生成反応にも適用できる．

(3) フォトリアクター，紫外線照射装置

フォトリアクター（光照射反応）としては，紫外線（UV）照射がよく用いられる．UVは，さまざまな反応を促進させることができる．通常，硝酸体窒素は固体の（Cd/Cu）還元カラムを用いて亜硝酸イオンに還元されるが，カラムには寿命があり，またカドミウム含有廃液の処理問題がある．紫外線照射／光変換反応によりこの還元を行うことができる[18,19]．逆にFe^{2+}のFe^{3+}への酸化反応を行うことも可能である[20,21]．また，有機体リン化合物をオルトリン酸に分解することも可能である[22]．

紫外線照射は，**図 3.16** に示すように，適当な水銀ランプに透明性の高いPTFEチューブを直接巻きつけたフォトリアクターで簡単に行うことができる[19,23]．

(4) カラム前処理デバイス[24]

化学分析では，妨害物除去，濃縮，分離などの反応を目的とした前処理に低圧用の各種充填カラムが用いられる．バッチ法では操作は繁雑で長時間を要し，しかも充填剤の消耗も激しい．FCAでは流路の適当な位置に反応カラムを装着することで，目的とする反応をオンラインで自動的に，短時間で行うこ

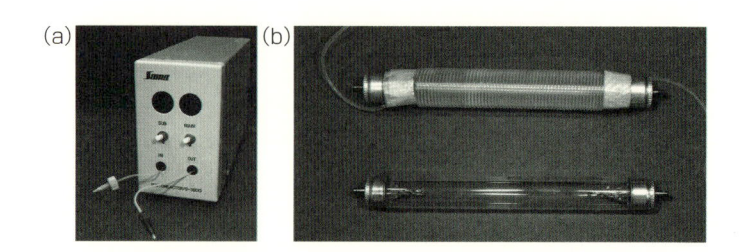

図 3.16 フォトリアクター（a）および紫外線ランプ（b）

紫外線ランプ（径14 mm×長さ134 mm，4 W：2本）にチューブを巻いて使用する．本リアクターには2本装着できる．写真は相馬光学提供．

とができる．たとえば，シリカゲルカラム[25,26]，陽イオン交換樹脂カラム[27]によるナトリウム，カリウムイオンの分離，キレート樹脂カラムによる金属イオンの濃縮[28-31]，（Cd/Cu）カラムによる硝酸イオンの亜硝酸イオンへの還元[32,33]，各種固定化酵素カラムなど，さまざまなカラムが使用できる．

　充填カラム作製には，**図 3.17** に示すような内径 1～3 mm の PTFE チューブあるいはガラス管を用い，これに充填剤を詰め，充填剤の流失を防ぐために両端に脱脂綿，ガラスウールあるいは専用のフリットを詰めておく．低圧用の樹脂カラムでは，両端にフリットを用いることができ，充填剤の漏れを確実に防ぐことができる．

(5) 溶媒抽出／相分離装置[3]

　分液ロートを振り混ぜて行うバッチ法の溶媒抽出操作を流れの中で連続的，自動的に行うことができる．セグメンター（T字コネクター）を用い，水相と有機相を長さ数 mm のセグメントにする．抽出コイルには，内径 0.5 mm，長さ 1 m 程度の PTFE チューブを 5～10 mm 径に巻いたものでよい．相分離器としては**図 3.18** に示すような PTFE 膜分離法が用いられる（孔径 0.8 μm 程度の多孔性 PTFE 膜）[2]．改良型二段分離器も開発されている[34]．

　ラボオンバルブ（LOV）装置を用いる溶媒抽出法では，バルブ上のあるポートに逆コーン（円錐）型の相分離セルを備えておき，抽出平衡に到達した（水相－有機相）ゾーンを相分離セルに導入し，相分離を行う．下相が有機相の場合には，光をあて，吸光度を測定する（**図 3.19** 参照）[35]．

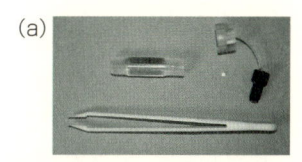

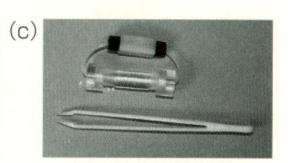

図 3.17　低圧前処理用ミニカラムの作製

（a）ミニカラム（2 mm×4 cm），コネクター，フリット，フリットつかみ，（b）カラムの端にフリットを詰め，固相を充填する，（c）充填カラムのできあがり．写真はMGC JAPAN 提供．

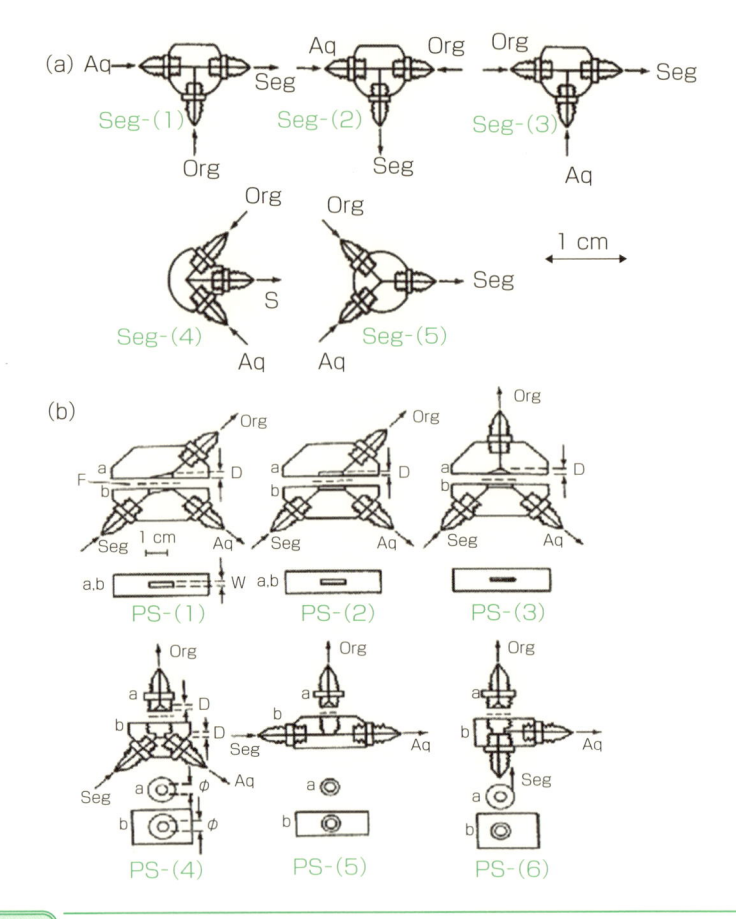

図3.18 抽出／FIA に用いられるセグメンターと相分離器（その1）

(a) Seg-(1)〜(5)：セグメンター，(b) PS-(1)〜(6)：相分離器．
a，b：ダイフロンまたは PEEK 製，Seg：水相／有機相のセグメント作製，Aq：水相，Org：有機相，F：PTFE 膜（ポリテトラフルオロエチレン製膜：孔径 0.8 μm），D：最大深さ，W：最大幅，Φ：直径．
Seg-(1) および PS-(1) で良好な抽出，相分離が行われる．

(6) ガス拡散（透過）装置

　PTFE 膜は気体状物質をよく通す．図3.20 (a)[36)]に示すような多孔性 PTFE 膜チューブを用いた二重管構造のガス拡散デバイスを用いて，気体状物質が分離できる[37-40)]．内管に pH 指示薬を含む吸収液を流しておけば，アンモニア[36,38,40,41)]，二酸化炭素[37,39,42)]の定量が可能となる．ガス拡散法は，硫化水

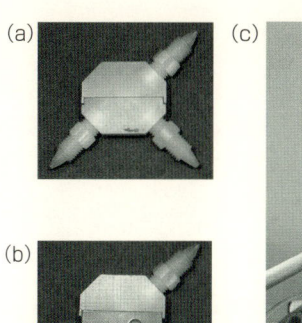

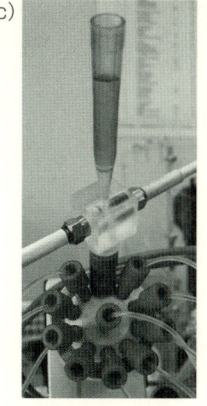

Chapter **3** FCA および関連システムの基本構成と装置組立て

図 3.19　抽出／FIA に用いられるセグメンターと相分離器（その 2）

(a)（2）の PS-1 の実物写真，(b) PS-1 の 2 段相分離器，(c) LOV における相分離–直接吸光検出装置．

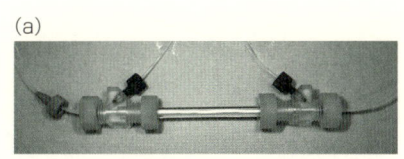

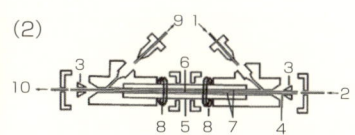

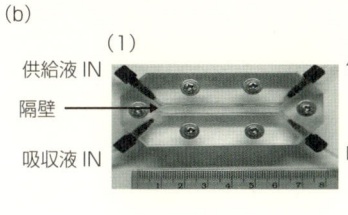

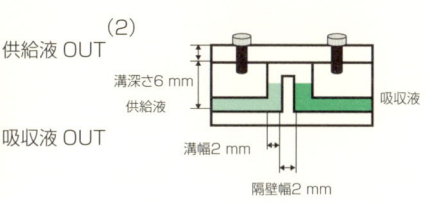

図 3.20　ガス拡散デバイス（写真）および装置概略図

(a) 二重管構造ガス透過型装置（1）及び模式図（2）．
1：キャリヤー溶液入口，2：発色試薬溶液入口，3：フェラル，4：多孔質 PTFE チューブ，5：ガラス管，6：試薬溶液の流れ，7：キャリヤー溶液の流れ，8：O リング，9：キャリヤー溶液廃液，10：試薬溶液出口，検出器へ．
(b) ガス拡散型装置（透過膜なし）（1）および模式図（2）．
装置はアクリルブロックで製作．

75

素[43]，酸化窒素[44,45]などの定量にも利用できる．PTFE平板膜を挟んだ平板型の装置も用いられる．

ガス拡散法はFIA－原子吸光光度法，発光分析法の前処理用としても用いられる．たとえばヒ素（Ⅲ，Ⅴ）などを還元剤（$NaBH_4$）で水素化物にし，ガス拡散装置により分離し，気体流れに吸収させて検出器に送り，測定することができる[46,47]．

分離膜を用いないガス拡散・吸収装置（membraneless gas diffusion unit）も考案されている[48]．図3.19（b）に示すように，二つの水路を平行させておき，この一方に気体供給液を流し，もう一方に気体吸収液を流しておくと，発生した気体成分が吸収液に吸収され，測定される．ガス拡散法による透過率（または回収率）は通常10％程度あるいはこれ以下である．

（7）膜透析デバイス

平板型ガス拡散装置と同様な装置で，PTFE膜の代わりに半透膜（低分子のみを透過することができる膜）を用いることで，試料側（供給側）流れから受容側流れへ低分子量物質のみを透過させ，高分子量物質と低分子量物質を分離することができる（図3.21に半透膜を装着）．

（8）パーベイパレイション（pervaporation：permeation+evaporation，浸透気化法）デバイス

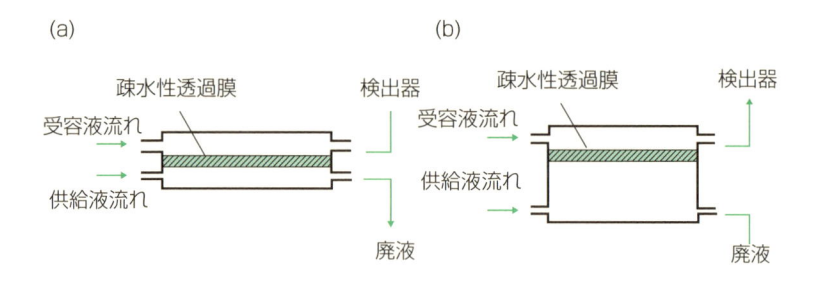

図 3.21 膜透過デバイスおよびパーベイパレイションデバイス（pervaporation）の概念図

【出典】U. Prinzing, I. Ogbomo, C. Lehn and H.-L. Schmidt, *Sensors and Actuators*, **B 1**, 542（1990）を若干の変更と補足．（Ref：49）

平板型ガス拡散装置と似た装置であるが，膜の上部は吸収液があり，膜の下部には空気スペース，その下に供給液がある（図 3.21 (b)）．供給液は加温することで効率を上げることができる．供給側から発生した気体状物質は空気中に拡散し，膜を透過して吸収液に吸収される．供給液は直接膜に接することがないので，汚れる恐れがないという利点はあるが，ガス拡散よりも膜透過効率は悪く，せいぜい数％に過ぎない．アルコール発酵液などのエタノールの分離などに用いられる[49]．図の (b) はパーベイパレイションデバイスを示し，膜下側には空気層が存在している．ここへ気体状物質が気化し，膜を透過して受容液に吸収される．(a) のデバイスでは空気層は存在せず供給液，受容液が透過膜に接している．

(9) 気体デニューダー（gas denuder：GD）

吸収液に気体をバブリングする方法に代わるものとして考案されたデバイスで，円筒管の内側の壁面に粘性の吸収剤あるいは固体を塗布しておき，この円筒管に気体を流し，拡散により目的物質を捕集することを目的としたデバイスである．捕集後，吸収剤を溶解などにより取り出し，測定に供する．連続捕集・測定には不向きである．

(10) 気体拡散浄化器（gas diffusion scrubber：GDS）

気体デニューダーを Dasgupta[50] が改良したもので，内管に多孔性の気体透過膜チューブを用いた二重管構造のデバイスで，内管に試料気体を流し，外管に吸収液を気体流れと反対向きに流す．透過膜には多孔性 PTFE 膜や Nafion 膜（陽イオン交換膜）などが用いられる．気体試料は内管あるいは内管（シリンダー型）と外管の間を流す（アニュラー型）などがある[51]．GDS の特徴は比較的高流量のサンプリングが可能で，しかも捕集効率に優れていることである（図 3.22）．

(11) クロマトメンブランセル（chromatomembrane cell：CMC）

ミクロポア（微小な孔：0.1～0.5 μm）とマクロポア（大きい孔：250～500 μm）を持つメンブラン（疎水性樹脂（PTFE）ブロック）を充填したセル

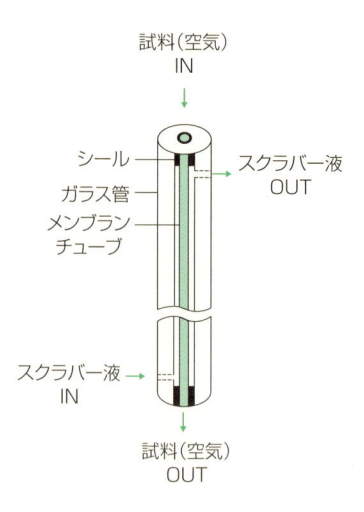

```
            試料(空気)
              IN
              ↓
    シール
    ガラス管         スクラバー液
    メンブラン         OUT
    チューブ


    スクラバー液
       IN
              試料(空気)
                OUT
```

> **図 3.22**　気体拡散浄化器

ガラス管：300 mm×7.5 mm，内径：1 mm，メンブレンチューブ：外径 0.9 mm，内径：0.7 mm
【出典】P. K. Dasgupta, *Atmospheric Environment*, **18**, 1593（1984）を説明等変更．（Ref: 50）

（メンブランセル）を用いて，目的物質を気液あるいは液液分配により，気相から液相（水相），液相（水相）から有機相，あるいは逆方向へ移動させ，分離・濃縮することができる[52,53]．ミクロポアには疎水性媒体（気体あるいは有機溶媒）が存在し，マクロポアには水相が存在する．これらの相はお互いに接しており，物質移動が速やかに行われる．**図 3.23** に示すような原理に基づき，メンブランセル中では，二つの相を直角に自由に移動させこともできるので，いわゆるクロマトグラフィーが達成できる．CMC の利点は小容量の捕集液で効率的に目的物質を連続的に濃縮できることである[54-57]．

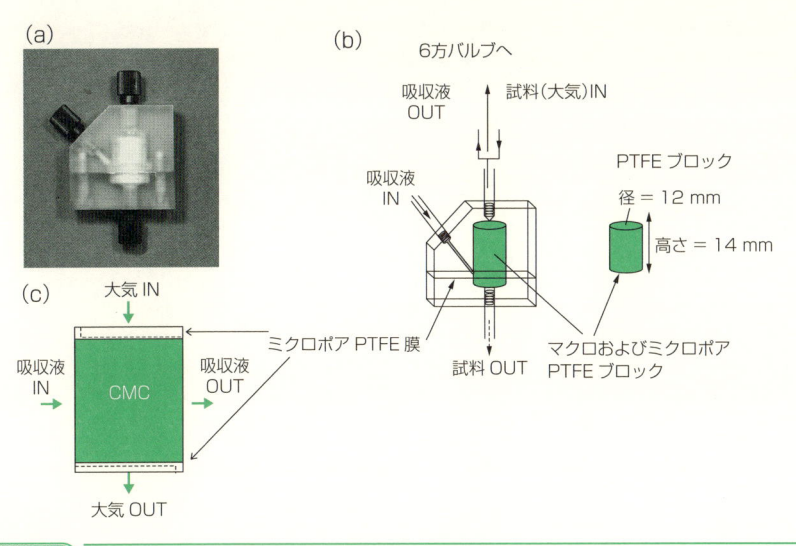

Chapter **3** FCA および関連システムの基本構成と装置組立て

図 3.23 クロマトメンブランセル（CMC）と原理図

(a) CMC（3 方タイプ），(b) CMC の構造模式図，(c) CMC の原理図．
CMC に吸収液（水相）を流すとマクロポアに充填される．これに大気（気相）を通すとミクロポアを通って流れる．この間に気相から水相へ物質移動が起こる．(a) の 3方 CMC では，水相を充填後，気相を流し，分析対象物を水相に捕集・濃縮する．

3.4 おわりに

　液体流れを用いる化学分析システムの構成，組み立て，それらに必要なモジュール，装置について解説した．また，化学計測の前段階として必要な各種前処理用のデバイス・装置についても代表的なものを紹介した．これらを組み合わせることで，かなり複雑な化学分析も自動化が可能となる．特に，最近性能が飛躍的に向上したパーソナルコンピュータを活用することで，各種ポンプ，バルブを制御するとともに，測定データの処理，報告書作成などを行うことで，時間，作業量を大幅に低減できる．試料サンプリングから最終結果報告，さらには結果のフィードバックも自動的に行うことができる．

　ただし，注意したいのは，自動化装置における一連の作業はブラックボックス化され，最後の数値のみを安易に信じてしまう傾向にある．Analystとして，常にブラックボックスの中身を点検し，信頼性を確保することに細心の注意を払い，分析結果に責任をもつことが極めて重要である．

参考文献

1) M. Aoyagi, Y. Yasumasa and A. Nishida, *Anal. Chim. Acta*, **214**, 229 (1988).
2) S. Motomizu and M. Oshima, *Analyst*, **112**, 295 (1987).
3) 本水昌二, *J. Flow Injection Anal.*, **5**, 77 (1988).
4) 本水昌二，大島光子，桐栄恭二，分析化学, **32**, 458 (1983).
5) 大浦博樹，今任稔彦，山崎澄男，石橋信彦, *J. Flow Injection Anal.*, **8**, 2 (1991).
6) 本水昌二，大島光子，日本海水学会誌, **50**, 363 (1996).
7) 本水昌二，是近勝彦，分析化学, **37**, T 115 (1988).
8) 桐栄恭二，本水昌二，大島光子，小野田稔，分析化学, **35**, 344 (1986).
9) T. Korenaga and H. Ikatsu, *Anal. Chim. Acta*, **141**, 301 (1982).

10) 青柳正也，安政良昭，西田朱美，分析化学, **39**, 131（1990）.
11) M. Aoyagi, Y. Yasumasa and A. Nishida, *Anal. Sci.*, **7**, 347（1991）.
12) S. M. B. Brienza, F. J. Krug, J. A. G.Neto, A. R. A.Nogucira and E. A. Zagatto, *J. Flow Injection Anal.*, **10**, 187（1993）.
13) F. J. Krug, H. Bergamin, E. A. G. Zagatto and S. S. Jφrgensen, *Analyst*, **102**, 503（1977）.
14) 財津剛久，前原雅子，桐栄恭二，分析化学, **33**, 149（1984）.
15) O. Kondo, H. Miyata and K. Toei, *Anal.Chim. Acta*, **134**, 353（1982）.
16) S. Nakashima, M. Yagi, M. Zenki, M. Doi and K. Toei, *Fresenius' J. Anal. Chem.*, **317**, 29（1984）.
17) R. Burakham, K. Higuchi, M. Oshima, K. Grudpan and S. Motomizu, *Talanta*, **64**, 1147（2004）.
18) K. Takeda and K. Fujiwara, *Anal.Chim. Acta*, **276**, 25（1993）.
19) S. Motomizu and M. Sanada, *Anal.Chim.Acta*, **308**, 406（1995）.
20) R. Kuroda, T. Nara and K. Oguma, *Analyst*, **113**, 1557（1988）.
21) K. Oguma, S. Kozuka, K. Kitada and R. Kuroda, *Fresenius' J. Anal.Chem.*, **341**, 545（1991）.
22) K. Higuchi, H. Tamanouchi and S. Motomizu, *Anal. Sci.*, **14**, 941（1998）.
23) 小寺孝佳，大島光子，本水昌二，*J.Flow Injection Anal.*, **13**, 25（1996）.
24) 小熊幸一, *J.Flow Injection Anal.*, **10**, 173（1993）.
25) S. Motomizu and M. Onoda, *Anal.Chim. Acta*, **214**, 289（1988）.
26) 本水昌二，米田直生，岩知道正，分析化学, **37**, 642（1988）.
27) 吉田　耕，本水昌二，分析化学, **40**, T 107（1991）.
28) S. Olsen, L. C. R. Pessenda, J. Ruzicka and E. H. Hansen, *Analyst*, **108**, 905（1983）.
29) 中川元吉，和田弘子, *J.Flow Injection Anal.*, **2**, 15（1985）.
30) H. Wada, Y. Deguchi and G. Nakagawa, *Mikrochim. Acta*, **1985 III**, 393.
31) E. M. Pedrazzi and R. E. Satelli, *Talanta*, **40**, 551（1993）.
32) S. Motomizu, H. Mikasa and K.Toei, *Anal.Chim.Acta*, **193**, 343（1987）.
33) 石成　瑞，本水昌二，桐栄恭二，分析化学, **36**, 207（1987）.
34) T. Sakai, Y. S. Chung, N. Ohno and S. Motomizu, *Anal. Chim. Acta*, **276**, 127（1993）.
35) R. Burakham, J. Jakmunee and K. Grudpan, *Anal. Sci.*, **22**, 137（2006）.
36) 真田昌宏，大島光子，本水昌二，分析化学, **42**, T 123（1993）.
37) S. Motomizu, K. Toei, T. Kuwaki and M.Oshima, *Anal.Chem.*, **59**, 2930（1987）.
38) 桑木　亨，秋庭正典，大島光子，本水昌二，分析化学, **36**, T 81（1987）.
39) 桑木　亨，桐栄恭二，秋庭正典，大島光子，本水昌二，分析化学, **36**, T 132（1987）.

40) 坪井知則，平野義男，柴田佳典，本水昌二, 分析化学, **51**, 47（2002）.
41) 樋口慶郎，井上亜希子，坪井知則，本水昌二, 分析化学, **48**, 253（1999）.
42) Y. Wei, M. Oshima and S. Motomizu, *Analyst*, **127**, 424（2002）.
43) 青木豊明, *J.Flow Injection Anal.*, **11**, 24（1994）.
44) 青木豊明，野坂俊勝，宗森　信, *J. Flow Injection Anal.*, **4**, 15（1987）.
45) K. Nagashima, M. Matsumoto and S. Suzuki, *Anal. Chem.*, **57**, 2065（1985）.
46) 山本　学，安田　誠，山本勇麓, *J. Flow Injection Anal.*, **2**, 134（1985）.
47) M. Yamamoto, K. Takada, T. Kumamaru, M. Yasuda, S. Yokoyama and Y. Yamamoto, *Anal. Chem.*, **59**, 2446（1987）.
48) N. Choengchan, T. Mantim, P. Wilairat, P.K. Dasgupta, S. Motomizu and D. Nacapricha, *Anal. Chim. Acta*, **579**, 33（2006）.
49) U. Prinzing, I. Ogbomo, C. Lehn and H.-L. Schmidt, *Sensors and Actuators*, B **1**, 542（1990）.
50) P. K. Dasgupta, *Atmos. Environ.*, **18**, 1593（1984）.
51) K. Toda, *Anal. Sci.*, **20**, 19（2004）.
52) L. N. Moskvin, *J. Chromatogr. A*, **669**, 81（1994）.
53) H. Erxleben, J. Simon, L. N. Moskvin, L. O. Vladimirovna and T. G. Nikitina, *Fresenius J. Anal. Chem.*, **366**, 332（2000）.
54) Y. Wei, M. Oshima, J. Simon, L. N. Moskvin, S. Motomizu, *Talanta*, **57**, 355（2002）.
55) P. Sritharathikhun, M. Oshima and S. Motomizu, *Talanta*, **67**, 1014（2005）.
56) Y. L. Wei, M. Oshima, J. Simon, L. N. Moskvin and S. Motomizu, *Talanta*, **57**, 1342（2002）.
57) P. Sritharathikhun, M. Oshima, Y. Wei, J. Simon and S. Motomizu, *Anal. Sci.*, **20**, 113（2004）.

Chapter 4

FCAにおける検出法：特徴，利点及び実際例

　　FCAの大きな特徴は，我々が日常的に用いてきた化学反応をそのまま利用し，あるい多少改良することでFCA測定に利用可能となることである．可視吸光検出法では，反応コイル中で進行する試薬と分析対象物質の反応に伴って生成する有色化合物を測定に利用することができる．紫外吸光検出法も同様である．このような発色反応では分散度Dを中分散の3〜10程度に保ち，コイル中を流れている間に反応させる．蛍光誘導体化反応，化学発光反応でも同様に利用可能である．化学反応を必要としない原子吸光光度法，ICP-AES，電気化学検出法などでは試料の希釈ができるだけ生じないようにするために，Dが1〜3の小分散が好ましい．最近では，分析対象物の検出濃度レベルが下がり，数ppb〜sub-ppb濃度の検出が要求されている．これら微量分析目的には固相抽出法によるオンライン濃縮法を前処理としてFCAに組み込めばよい．

4.1 紫外・可視吸光光度法を用いる測定

4.1.1 単一成分の定量

　紫外吸収を利用する直接定量では，試料中に共存する有機化合物など，紫外吸収をもつ化合物・イオンの妨害の可能性があり，注意深く試料を調製し，pHなどの条件を調整しなければならない．紫外・可視吸光検出法による実際試料分析では，妨害が想定される場合が多いので，その除去の工夫が必要となる．

(1) 紫外吸光検出法によるアスコルビン酸の定量

　たとえば，アスコルビン酸（ビタミンC）の測定では，二流路系FIAで0.02 M NaOHとアスコルビン酸含有試料を同時に注入し25 cmのコイル中で混合，6秒間検出器内に滞留させる．この間にアスコルビン酸は分解するため，245 nmでの吸光度の減少を利用すれば，測定が可能となる．清涼飲料水中のアスコルビン酸が直接定量できる[1]．

(2) 紫外吸光検出法による鉄の定量

　ケイ酸塩中の全鉄が紫外吸光検出法により測定された．1 M塩酸溶液中で335 nmに吸収極大をもつFe^{3+}-クロロ錯体（モル吸光係数：1.84×10^3 L/mol・cm）の生成を利用し，Fe^{3+}が定量される[2]．

　前処理装置を組み込まない紫外吸光検出法の例はあまり多くはないが，硝酸，亜硝酸イオンの測定（220 nm付近）など実用分析的に有用な方法があり，公定法（JIS K 0102 : 2013）にも採用されている．

(3) 可視吸光検出法による Pd^{2+} の定量

可視吸光検出法には汎用的で多くの測定例がある．可視吸光光度法を利用する代表的な例として Pd^{2+} について説明する．

この測定に用いる FIA システムを図 4.1 に示す[3]．5-Br-PSAA（2-(5-bromo-2-pyridylazo)-5-[N-n-propyl-N-(3-sulfopropyl)amino] aniline sodium salt）は pH 3.2 で Pd^{2+} と 1:1 の錯体を形成し，その吸収極大波長は 612 nm に存在する．キャリヤー液には 0.1 M 塩酸を用い，試薬液として pH 3.7 の緩衝液に溶解した 1.5×10^{-4} M 5-Br-PSAA を用い，0.85 mL/min で送液する．試料 100 μL を 6 方注入バルブでキャリヤー流路に注入する．反応コイルは内径 0.5 mm，長さ 2 m を用い，検出器の出口には内径 0.25 mm，長さ 5 m の背圧コイルを接続する．検出器は容積 8 μL のフローセルを装着した吸光検出器を用いる（測定波長：612 nm）．100 ppb Pd^{2+}（$n=10$）に対する相対標準偏差（RSD）は 0.7 %であり，試料処理数は 1 時間当たり 50 試料である．

(4) 可視吸光検出法による鉄の定量：全鉄および Fe^{2+}

FIA による吸光検出法では単一成分を高感度・迅速・高精度に定量するこ

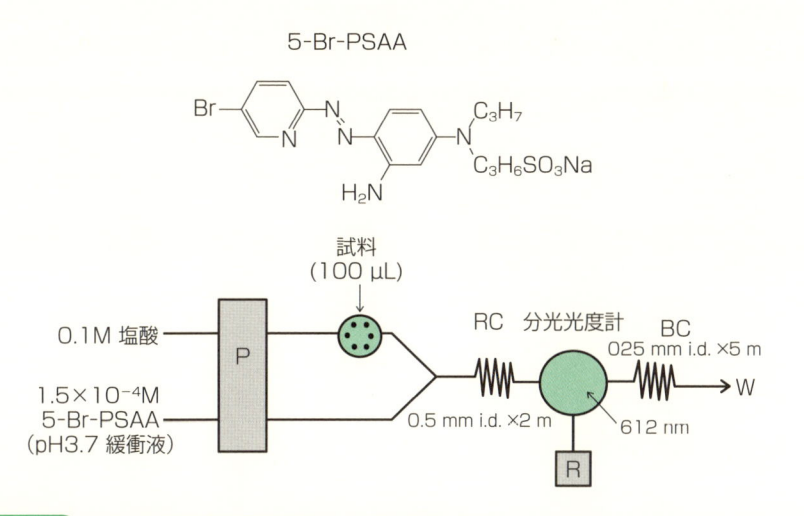

図 4.1 二流路系 FIA によるパラジウムの定量

RC：反応コイル，BC：背圧コイル，R：記録計，W：廃液

とができるが，金属イオンの酸化還元反応を併用すれば，化学形態別分析（スペシエーション，speciation）も可能となる．

図 4.2 は Fe^{2+} と全鉄を測定するシステムである[4]．キャリヤーには 0.1 M 塩酸を用い，それに試料を注入する．注入された試料は a と b に 2 分割される．b 側の試料は 1,10-フェナントロリン（phen）および pH 5.2 のクエン酸緩衝液と合流し，Fe^{2+}-phen 錯体が生成し，赤色（吸収極大波長：510 nm）に発色する（Fe^{3+} 錯体も生成するが，510 nm には吸収を示さない）．一方 a 側の試料中の Fe^{3+} は還元カラムを通り，Fe^{2+} に変換される．210 cm の遅延コイル（delayed coil）により b 側より遅れて（試薬＋緩衝液）と合流し，赤色に発色する．したがって第一ピークは試料に含まれる Fe^{2+} に相当するシグナルが，また第二ピークは還元された Fe^{3+} と元来含まれている Fe^{2+} との合量に相当するシグナルが得られ，Fe^{2+} と全鉄が定量されることになる．

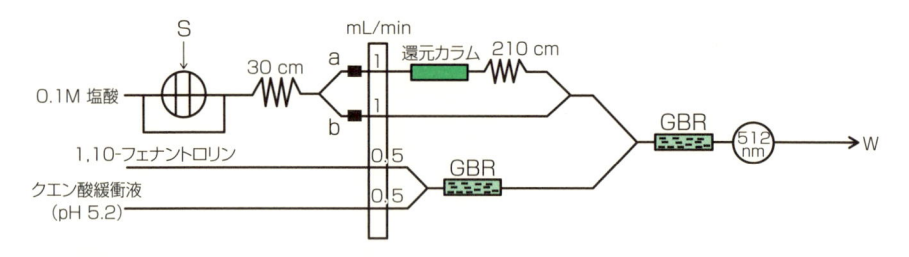

図 4.2 鉄(II) と全鉄量の同時定量システム

GBR：ガラスビーズ入りカラム

4.1.2
吸光検出法による多成分同時測定システム

FIA を用いる分析法の多くは単一成分を高感度かつ選択的に定量することが多い．しかし反応速度差や酸化還元反応を利用すれば二成分あるいは三成分を同時に定量することができる．以下に例を示す．

(1) チタン及び鉄の定量

タイロン（Tiron）は Ti^{4+} および Fe^{3+} と黄色の錯体を形成することが知られ

ている．対応する FIA 流路を**図 4.3**[5]に示す．二成分を含む試料を S_1 から 96 µL，S_2 から 128 µL 注入する．S_1 から注入された Ti^{4+} および Fe^{3+} のいずれも錯体を生成するので，430 nm で合量に対応する吸光度が測定される．一方 S_2 中の Fe^{3+} は銀カラムを通過すると Fe^{2+} となるため，錯生成せず，Ti^{4+} のみが発色する．この場合 S_2 と S_1 のキャリーオーバー（ピークの重なり）が起こらないように 4 m の遅延コイルを用いて，検出に時間差を持たせている．この場合には同じ試料を 2 回注入する．

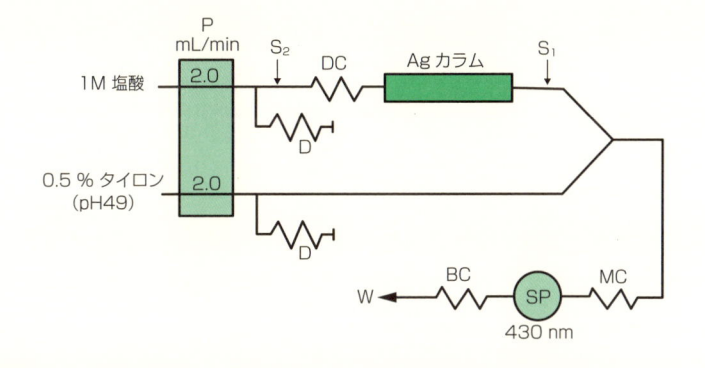

図 4.3 タイロンを用いる Ti(IV) と Fe(III) 定量用 FIA マニホールド

P：ダブルプランジャーポンプ，D：ダンパーコイル（500 cm，内径 1 mm），S_1 and S_2，試料注入（S_1：96 µL，S_2：128 µL），SP：分光光度計（フローセル：31 µL），DC：遅延コイル（内径 0.5 mm，400 cm），MC：混合コイル（内径 0.5 mm，300 cm），Ag カラム（長さ：30 cm，内径：1.0 mm），W：廃液，BC：背圧コイル（内径 0.5 mm，200 cm）

（2）銅と鉄の定量

5-Br-PSAA（2-(5-bromo-2-pyridylazo)-5-(*N*-sulfopropylamino) aniline）は Cu^{2+}，Fe^{2+} と錯体を形成するが，Cu^+ や Fe^{3+} とは錯体を形成しない．したがって，銅，鉄イオンの酸化還元反応と錯生成反応を利用することで Cu^{2+} と Fe^{2+} の同時定量が可能となる．フローダイアグラムを**図 4.4**[6]に示す．

この方法では，過ヨウ素酸ナトリウムを含む 0.01 M HCl キャリヤー溶液に二成分を含む試料 200 µL を注入すると，pH 4.5 に調整された 5-Br-PSAA 溶液と合流し Cu^{2+} のみが錯体を生成する．鉄は酸化剤共存により Fe^{3+} として存在するため，錯形成は起こらない．Cu^{2+} との錯形成は速く，反応コイル（RC

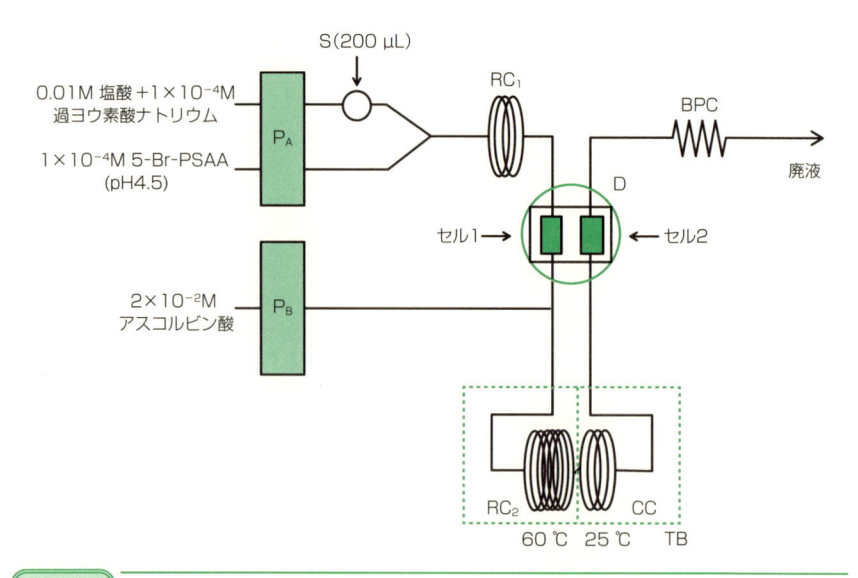

図 4.4　銅及び鉄の同時定量システム

RC₁：反応コイル（0.5 mm i.d.×0.2 m），RC₂：反応コイル（0.5 mm i.d.×9 m），BPC：背圧コイル（0.5 mm i.d.×2 m），D：ダブルビーム分光光度計，TB：反応システム，CC：冷却コイル（0.5 mm i.d.×3 m），PA：ダブルプランジャーポンプ（0.45 mL/min），PB：ダブルプランジャーポンプ（0.2 mL/min）

1）は20 cmである．測定後の溶液に還元剤（アスコルビン酸）を合流させるとCu^{2+}はCu^{+}に還元され，また還元されたFe^{2+}が新たに錯形成し，発色する．この場合は錯形成を促進するために反応コイル（RC 2）を60 ℃に加温し，その後冷却して検出器に導入する．検出器には**図 4.5**に示す直列型（シリアル（a），並列型（ダブル（b）），二波長型セル（c）を装着することができる．**図 4.6**は並列型セルを用いたときのフローシグナルを示す．このシステムでは試料の1回注入で二成分が同時測定できる．

Chapter 4　FCAにおける検出法：特徴，利点及び実際例

(a) シリアルフローセル

(b) ダブルフローセル

(c) 二波長ツインフローセル

図 4.5　二成分同時測定用フローセルの配置および流路

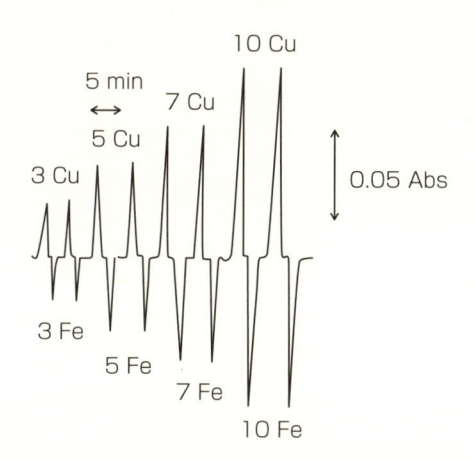

図 4.6　ダブルフローセル使用による Cu^{2+} および Fe^{2+} の同時測定のピークプロファイル例

4.2 蛍光検出法，化学発光検出法および光散乱検出法を用いる FCA 測定

4.2.1 蛍光検出法

蛍光検出法の利点は，

① 一般に紫外，可視吸光検出法よりも 10～100 倍程度高感度検出できること
② 励起光に対して直角方向から蛍光を測定するために屈折率の影響（Schlieren 効果）を受けにくく，海水分析への適用が容易なこと

である．しかし，自然界には自ら蛍光特性を持つ分析対象物質はあまり多いとはいえない．そこで，何らかの誘導体化法を用いて分析対象物質を発蛍光性物質に変換する必要がある．

FCA では，感度とともに高選択性が重要であり，しかも穏やかな反応条件下で迅速な誘導体化が求められる．このような条件を満足させる高感度定量法の例について説明する．

装置的には，通常の FCA 装置に蛍光検出用フローセル（容量 10～20 μL，石英製）付き蛍光検出器を接続すればよい．蛍光検出器は，HPLC で用いられるセル容量 18 μL 程度のフローセル付き装置が利用できる．ただし，HPLC 用はステンレス配管のものがあるので，PEEK や PTFE 製チューブに交換したほうが安全である．また，検出感度は装置性能に大きく左右されるので，分析目的に合ったものを選ぶ必要がある．

4.2.2
蛍光検出／FCA の応用例

(1) アンモニアの蛍光検出／FIA

アンモニアは 2-メルカプトエタノール（ME）の存在下，o-フタルアルデヒド（OPA）と反応し，発蛍光性物質を生成する．この反応では，アミノ酸も一部反応するので，この影響を除くために試料注入器の下流に陰イオン交換カラムを設置する．励起および蛍光波長は極大波長の 350 nm，486 nm を用いる[7]．図 4.7 に示す流路で，河川水中のアンモニア体窒素の数 ppb～数百 ppb が定量できる．なお，反応試薬液用チューブや反応コイルには黒色 PTFE 管を用いるほうがよい（通常の乳白色管に比べ精度が向上する）．検出限界は sub-ppb レベルであり，通常の環境水分析には十分な感度である．

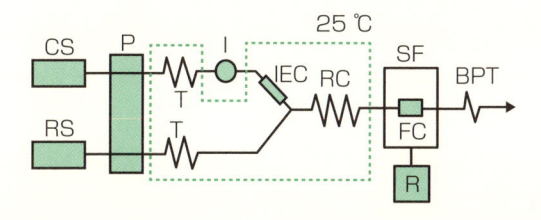

| 図 4.7 | 蛍光検出／FIA によるアンモニア定量用フローダイヤグラム |

CS：キャリヤー（水），RS：試薬液，o-フタルアルデヒド＋2-メルカプトエタノール，P：ダブルプランジャーポンプ（各 0.6 mL/min），T：PTFE チューブ（0.5 mm i.d.×3 m），I：試料注入バルブ，IEC：陰イオン交換カラム，RC：反応コイル（0.5 mm i.d.×3 m），SF：蛍光検出器（18 μL フローセル，λ_{ex}＝350 nm，λ_{em}＝486 nm），BPT：背圧コイル（0.3 mm×30 cm），点線内は恒温槽（25℃）を示す．
【出典】三笠博司，本水昌二，桐栄恭二，分析化学，**34**，518（1985）．Ref. 7 より引用．

(2) 亜硝酸，硝酸イオンの蛍光検出／FIA

亜硝酸イオンは酸性下で，ある種の芳香族アミン（R-NH$_2$）と反応しジアゾニウムイオンを生成する．生成したジアゾニウムイオンはアルカリ性で加水分解し，出発物質に比べかなり強い蛍光性物質となる．たとえば，C 酸（3-アミノナフタレン-1,5-ジスルホン酸）やアミノ G 酸（7-アミノナフタレン-1,3-ジスルホン酸）では，励起波長（λ_{ex}）365 nm，蛍光波長（λ_{em}）470 nm の生成物を与え，亜硝酸イオンの超高感度定量に利用できる[8]．

$$\underset{\text{R-NH}_2}{} \xrightarrow[+\text{NO}_2^-]{\text{酸性}} \underset{\text{R-N}^+\equiv\text{N}}{} \xrightarrow[+\text{OH}^-]{\text{アルカリ性}} \underset{\substack{\text{R-N}=\text{N-O}^- \\ \text{強い蛍光}}}{}$$

検出限界（S/N=3に相当）は1×10^{-9}M（NO_2^--N:14 ppt）である．本法は，河川水のみならず海水中の$10^{-7}\sim10^{-6}$M程度の亜硝酸イオン定量に応用できる．

硝酸イオンの定量では，試料注入バルブの下流にCd/Cu還元カラムを装着し，亜硝酸イオンに還元すれば，同様な反応が利用でき，河川水，海水への応用も可能である[9]．

(3) ホウ素（ホウ酸）の蛍光検出／FIA および SIA

ホウ素は水溶液中では主にホウ酸の形で存在し，マンニットのようなポリフェノール化合物とよく反応することが知られている．しかし，室温で反応性に優れた検出試薬は数少ない．クロモトロープ酸（1,8-ジヒドロキシナフタレン-3,6-ジスルホン酸：$R(OH)_2$）はホウ酸と室温で反応し強い蛍光性物質を生成する．

$$\underset{\text{弱い蛍光}}{R(OH)_2} + H_3BO_3 \longrightarrow \underset{\text{強い蛍光}}{RO_2BOH} + 2H_2O$$

$$\lambda_{ex}=313\text{ nm},\ \lambda_{em}=360\text{ nm}$$

この反応を用いる高感度ホウ酸定量用 FIA では図4.8に示すように三流路を用いる．蛍光検出器の手前で塩基（アンモニアあるいは水酸化ナトリウム水溶液）を混合することにより，クロモトロープ酸自身の蛍光を低下させ，ブランクを小さくしている．検量線は$10^{-9}\sim10^{-6}$Mで直線性を示し，検出限界（S/N=3に相当）は5×10^{-10}M（5 ppt）である[10,11]．

本法は河川水中，水道水中及び超純水中のホウ酸（3.6×10^{-10}M）の定量に応用できる．また，高感度を要しない場合には，一流路系（試薬流れに試料を注入），あるいは塩基溶液流れを省いた二流路系を用いることができ，水質汚

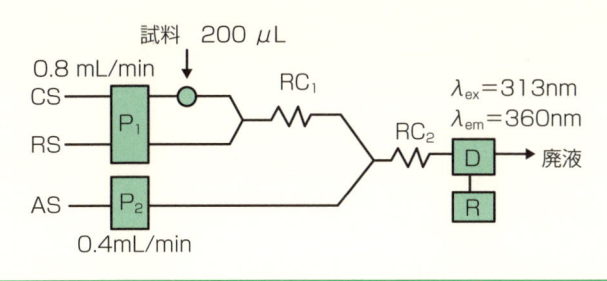

図 4.8　蛍光検出／FIA によるホウ素（ホウ酸）定量用フローダイヤグラム

RS：試薬液，2.0×10^{-4} M クロモトロープ酸＋0.01 M EDTA＋0.1 M 酢酸緩衝液（pH＝6.0），CS：キャリヤー液，超純水，AS：アルカリ溶液，アンモニア（0.1 M），RC_1：反応コイル（0.5 mm i.d.×2 m），RC_2：反応コイル（0.5 mm i.d.×1 m），P_1：ダブルプランジャーポンプ（0.8 mL/min），P_2：シングルプランジャーポンプ（0.4 mL/min），D：蛍光検出器，R：記録計

濁に関する環境基準（$1\text{ mg/L}=10^{-4}$ M）以下の定量にも応用できる．SIA にも適用でき，LOD は 4×10^{-5} M である．

(4) その他

リン（オルトリン酸イオン）やケイ素（ケイ酸）はモリブデン酸と酸性下でヘテロポリ酸を生成する．これらのヘテロポリ酸は蛍光性陽イオン試薬のローダミン B（または 6 G）とイオン会合体を形成し，蛍光強度が減少する．この現象を利用することで高感度な定量が可能となる（$\lambda_{ex}=560$ nm，$\lambda_{em}=580$ nm；リンの検出限界：1×10^{-9} M，ケイ素の検出限界：2×10^{-9} M）[12-14]．海水は 5 倍に希釈後，リンの定量に用いる．

アセチルアセトン（$\lambda_{ex}=420$ nm，$\lambda_{em}=505$ nm），アセトアセトアニリド（$\lambda_{ex}=370$ nm，$\lambda_{em}=470$ nm；検出限界：2×10^{-8} M），5,5-ジメチル-シクロヘキサン-1,3-ジオン（ジメドン；$\lambda_{ex}=395$ nm，$\lambda_{em}=463$ nm；検出限界：0.9 ppb）は酢酸アンモニウムの共存下，アルデヒド類と反応し環状ルチジン化合物を生成し（Hantzsch 反応という），それぞれ（　）に示すような蛍光を発する．この反応を二流路系 FIA に用いれば，排ガス，雨水中の低級脂肪族アルデヒドが定量できる[15,16]．

4.2.3
化学発光を用いるFCA検出法の応用例（Chemiluminescence detection/FIA）

化学発光検出法は，蛍光検出法に比べ選択性に劣り，また分析対象も限られるが，検出感度で優っている．発光反応は短時間で終了するので，開始から発光強度測定までの時間を正確に同一にする必要がある．そのため，バッチ式用手法では再現性が期待できないが，FIAや他のFCAに適用することで，高感度で再現性のよい分析手法となる．化学発光検出法の基本的反応は，主に次の4種に分けられる．

(1) ルミノール，イソルミノールを用いる方法

自身が反応し，その生成物が発光するルミノールやイソルミノールを用いる方法である．たとえばルミノールはアルカリ性水溶液中で図4.9のように反応し発光する．

したがって，これらの反応にかかわる物質（過酸化水素，金属イオン）を分析対象とすることができる．

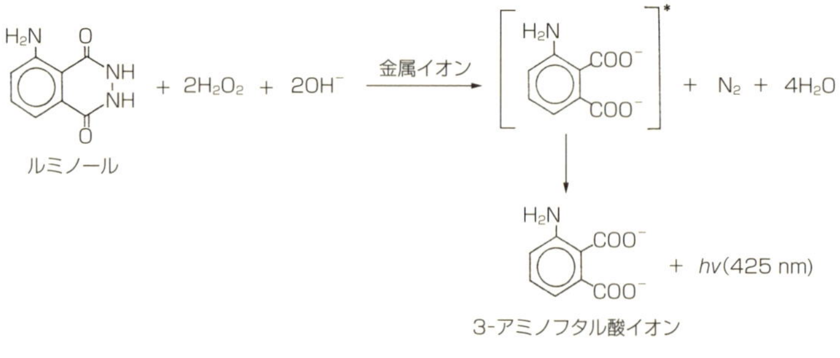

ルミノール + $2H_2O_2$ + $2OH^-$ →（金属イオン）→ [3-アミノフタル酸イオン]* + N_2 + $4H_2O$

→ 3-アミノフタル酸イオン + $h\nu$ (425 nm)

図4.9 ルミノールの化学発光検出反応

【出典】日本分析化学会編，黒田六郎，小熊幸一，中村　洋：『フローインジェクション分析法』p.151，共立出版（1990）．

(2) ルシゲニンを用いる方法

アルカリ性でルシゲニンは過酸化水素と図4.10のように反応し青色（470 nm）に発光する．過酸化水素の代わりに，アスコルビン酸（ビタミンC），ク

レアチニン，尿素，還元糖などの還元性化合物とも反応し，発光する．

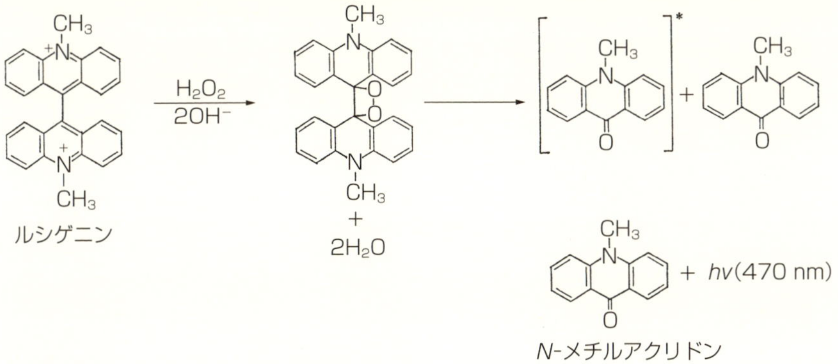

図 4.10 ルシゲニンの化学発光検出反応

【出典】日本分析化学会編，黒田六郎，小熊幸一，中村 洋：『フローインジェクション分析法』p.152，共立出版（1990）．

(3) シュウ酸ジエステル類を用いる方法

たとえば，図 4.11 に示すように，ビス(2,4,6-トリクロロフェニル)オキザレート（TCPO）が過酸化水素と反応する発光系を用いる．この方法では，反応に関与する過酸化水素や蛍光性物質を分析対象にすることができる．

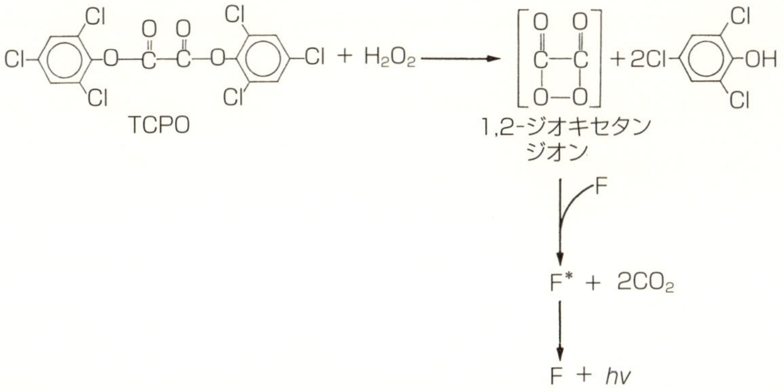

図 4.11 シュウ酸ジエステル類を用いる化学発光検出反応

F：蛍光物質，F*：励起状態の蛍光物質．
【出典】日本分析化学会編，黒田六郎，小熊幸一，中村 洋：『フローインジェクション分析法』p.152，共立出版（1990）．

(4) その他の化学発光系反応

a. 1,10-フェナントロリン(phen)-過酸化水素-銅(II) 反応系

アルカリ溶液中で過酸化水素による phen の酸化反応において，Cu(II) イオンが触媒作用を示し，化学発光を生じる．この発光は界面活性剤ミセルの共存で著しく増強される[17,18]．検量線の直線範囲は 10^3 以上であり，銅の検出限界は 2×10^{-10} M である．

b. β-ニトロスチレン-フルオレセイン反応系を用いる循環式 FIA

β-ニトロスチレンはアルカリ性溶液中，銅(II) イオン存在下，酸素酸化され，発光する．本反応は，図 4.12 に示す FIA に応用され，Cu^{2+} の検出下限は 0.1 ng である．本 FIA 法では，試薬は循環され，100 mL の試薬液で 500 回（海水試料）〜750 回（標準液）の注入に対しても応答に変化は見られない[19]．

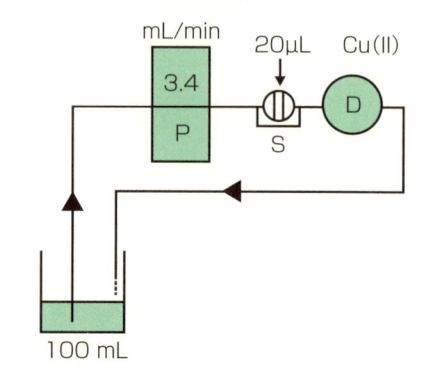

図 4.12　β-ニトロスチレンフルオレセイン化学発光反応系を用いる循環式 FIA

c. トリス(2,2'-ビピリジル)ルテニウム(II) $(Ru(bipy)_3^{2+})$-過酸化水素反応系

本反応系は芳香族第3級アミン，アミノ酸，NADH，有機酸，アルカロイドや医薬品など多くの応用がある．図 4.13 に示すように，酸性溶液中で $Ru(bipy)_3^{2+}$ は酸化され，生成物は分析対象物を酸化し，オレンジ色に発光する ($\lambda_{max}=610\sim620$ nm)[20]．

4.2.4 光散乱を用いる FIA 検出法 (Light-scattering/FIA)

フローセル付き蛍光検出器を用いれば，光散乱を測定することができる．バッチ法では測定は困難であり，特殊な装置が必要となるが，FIA では図

図 4.13 トリス（2,2′-ビピリジル）ルテニウム(II)（$Ru(bipy)_3^{2+}$）-過酸化水素化学発光検出反応の例

4.14のように，励起側と蛍光側の波長を同じにして測定すればよい．

たとえば，リンのヘテロポリ酸はかさ高い陽イオンとイオン会合体を生成し，さらに集合体となり，光を散乱する．かさ高い陽イオンとして，ローダミンBやクロロマラカイトグリーン（Cl-MG）などが用いられる．Cl-MGを用いたとき，検量線は$2\times10^{-7}\sim1\times10^{-6}$ Mの範囲で直線性を示し，検出限界は5×10^{-8} Mである．8×10^{-7} Mのリン酸イオン溶液の繰返し実験の相対標準偏差は1.1 %である[21]．

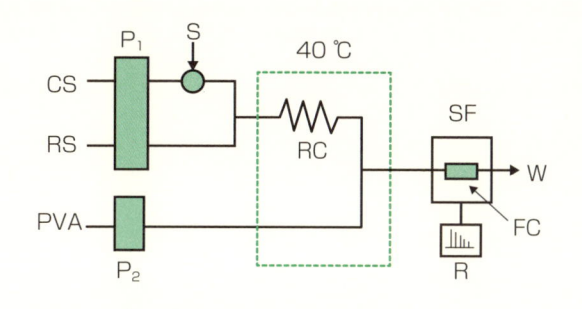

図 4.14 FIAを利用した光散乱測定（蛍光検出器使用）

CS：キャリヤー（H_2O），RS：試薬液，0.11 M Mo+0.8 M H_2SO_4+6.3×10^{-6} M クロロマラカイトグリーン（またはローダミンB），PVA：0.04% ポリビニルアルコール水溶液，P_1：ダブルプランジャーポンプ，0.08 mL/min，P_2：シングルプランジャーポンプ，0.08 mL/min，S：試料注入バルブ，200 μL，RC：反応コイル，0.8 mm i.d.×0.8 m，SF：蛍光検出器（λ_{ex}=460 nm, λ_{em}=580 nm），FC：フローセル，R：記録計，W：廃液

4.3 原子スペクトル法を用いる FCA 測定

　原子吸光光度法（AAS），ICP 発光分光分析法（ICP-AES），ICP 質量分析法（ICP-MS）などの原子スペクトル法は，元素選択性が高く，前処理操作が比較的簡単であるために，FCA の検出系に用いられる例が増加している．特に，ICP-AES または ICP-MS による検出は多元素同時定量ができるため，多数の試料について元素間の相関をみる環境化学あるいは地球化学の研究に関連した分析を行う場合に適している．ただし，これらの方法は装置の購入費用や維持費がかさむため，前述の紫外・可視吸光検出法，蛍光検出法，化学発光法の検出系に占める割合は依然として高いといえる．

4.3.1 原子吸光光度法を用いる検出系

　AAS は，フレーム AAS（FAAS）と電気加熱 AAS（ETAAS）に大別される．FIA の検出系として FAAS を用いる場合は，試料溶液をネブライザーに直接導入すればよい．したがって，FI システムと FAAS との接続は簡単であり，操作がしやすい．しかし，検出感度の点では ETAAS のほうが FAAS よりも桁違いに優れた元素が多いため，超微量元素を定量する場合は，後述するように，流路系に工夫をこらして ETAAS により測定を行うほうが好都合である．

(1) FAAS を用いる検出系

　この検出系に属する最も単純な例は，図 4.15 に示すようにキャリヤーを送液するポンプ，試料注入バルブ，FAAS 装置から構成される．ここで気をつけねばならないことは，キャリヤーの流量と FAAS 自体のネブライザーの吸

Chapter 4　FCA における検出法：特徴，利点及び実際例

図 4.15　FAAS を検出系とする基本流路の例

引量との関係である．一般には，ネブライザーの吸引量よりもキャリヤーの流量をわずかに大きくすると再現性のよい分析値が得られる．

　試料注入バルブとネブライザーとの距離は短いほど試料の分散（希釈）が抑えられるので，感度が高くなる．本法では，試料溶液の前後にもキャリヤーがネブライザーに導入されているため，バックグラウンドが安定している．さらにバーナーヘッドが自動的に洗浄されるため，塩濃度の高い試料溶液を繰り返し注入してもバーナースロットに塩が析出しないという利点がある．

　FAAS でカルシウムあるいはマグネシウムを定量する際，アルミニウム，ケイ酸，リン酸などによる化学干渉を抑制するためにランタンを添加することがある．その際，個々の試料溶液に一定量のランタン溶液を加えるのが一般的であるが，**図 4.16** に示す "マージングゾーン法"[22] を用いて，試料の注入とランタン溶液の注入とを同期させて FIA システムに注入すれば，実験の手間が省け，ランタンの使用量を必要最小量に減らすことができ，分析コストの削

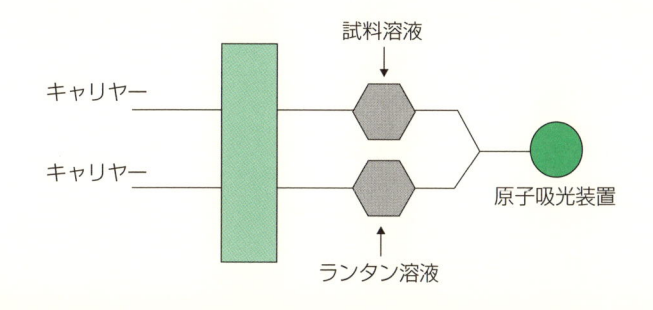

図 4.16　FIA/FAAS におけるマージングゾーン法の例

減につながる．

　感度が不足する場合は，他の検出器と同様に前濃縮が有効であり，妨害成分が共存する場合は分離が必要である．この濃縮・分離は，図 4.17 に例を示すように，適当な吸着剤を充塡した小型カラムを六方切替えバルブに装着し，FIA システムに組み入れることによって容易に実行できる．まず試料中の分析成分をカラムに捕集し，次いでバルブを切り替えて，試料注入の際とは逆の方向から溶離液をカラムに流す．分析成分を含む溶出液を直接ネブライザーに導入して測定する．溶離液を流す方向を逆にする理由は，試料注入の段階で分析成分がカラムの入口付近に吸着されるため，出口方向から溶離液を流すほうが分析成分を効率よく溶離できるからである．

　水素化合物発生法は，適用できる元素がヒ素，アンチモン，ビスマス，ゲルマニウム，スズ（以上水素化物），セレン，テルルなどに限られるが，水溶液をそのままネブライザーに導入するよりも高感度である．図 4.18 はセレンの水素化合物発生法に用いられたシステムの例である[23]．キャリヤーである 1 M HCl 溶液に試料を導入し，0.4 % KBH_4（水素化ホウ素カリウム）溶液と混合してセレン化水素を発生させ，これをアルゴンガスとともに気−液分離器で水溶液から分離して T 字形のアトマイザーに導入してセレンを測定する．

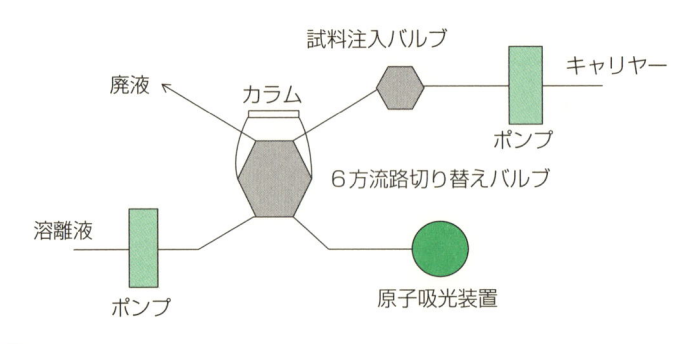

図 4.17 小型分離カラムを組み入れた FIA/FAAS システムの例

（2）ETAAS を用いる検出系

　ETAAS は FAAS より 1 桁から 2 桁高感度であるが，試料溶液を黒鉛炉に注入する操作に工夫が必要である．

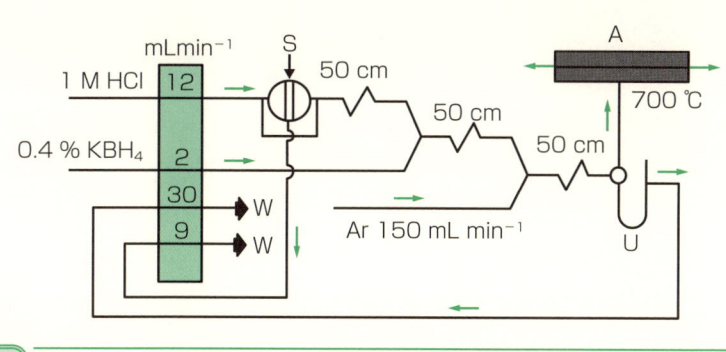

図4.18 セレンの水素化合物発生／原子吸光測定システム

S：試料，400 µL，A：電気加熱式T字形アトマイザー，U：気−液分離器，W：廃液

図4.19 (a)〜(e) に示す分析システムでは，鉛を選択的に吸着するクラウンエーテル化合物（商品名 Pb-02 macrocycle）を固定化したシリカゲルを充

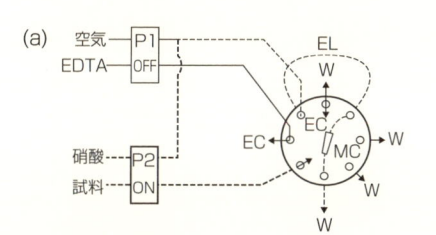

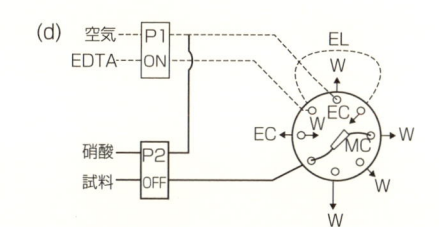

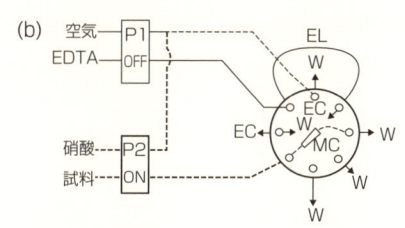

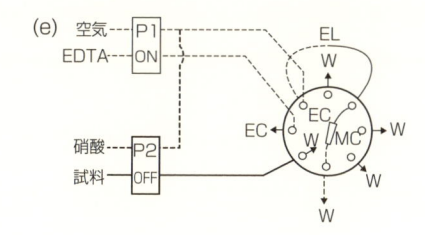

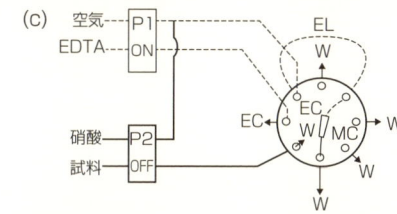

図4.19 鉛のオンライン分離・濃縮−電気加熱原子吸光測定システムとその操作

P1，P2：ペリスタポンプ，MC：Pb-02を詰めたカラム（50 µL），W：廃液，EL：溶離液ループ（36 µL），EC：溶離液容器，GF：黒鉛炉

てんしたカラムを図のように装着する．このカラムに捕集した鉛を 36 μL の EDTA 溶液で溶離し，カラム溶出液の全量を黒鉛炉に導入している[24]．まず，0.15 M 硝酸でカラムを洗浄してから（a），試料溶液をカラムに流して鉛をカラムに捕集する（b）．次いで，0.15 M 硝酸でカラムを洗浄してカラム中の鉛以外の成分を除いてから（a），カラムに空気を送ってカラム中の溶液を除く（c）．次に，溶離液ループ（EL）に 0.035 M EDTA（pH 10.5）溶液を充てん（d），この EDTA 溶液を空気で押し出してカラムに送り鉛を溶離する．鉛を含む溶出液の全量を黒鉛炉に受けた後（e），ETAAS の加熱プログラムを開始する．

図 4.20 のシステムは，キレート樹脂を詰めたカラムに捕集したカドミウムを溶離し，溶出液のカドミウム濃度が最も高い部分を分取して黒鉛炉に注入する方式である[25]．まず，（a）に示すように試料溶液と緩衝液を合流させ，試料溶液の pH をカドミウムがキレート樹脂に吸着する pH に調整した後，試料溶液をカラムに通す．このとき，同時に溶離液ループ（EL）に硝酸を満たす．次に，（b）に示すようにバルブを切り替え，EL 中の硝酸を緩衝液で押し出しカラムに吸着しているカドミウムを溶離する．溶出液はバルブ V_7 経由でオートサンプラーのサンプリングノズルに送られるが，ごく一部はシリンジポンプに吸引される．カドミウム濃度が最も高い溶出液ゾーンがノズル先端に到達した時点で V_7 を廃液のほうに切り替え，同時にシリンジポンプの吸引動作を停止する．次いでノズル先端を黒鉛炉に挿入してオートサンプラーを通常どおり作動させる．このときノズル先端部分の溶出液 20 μL を黒鉛炉に注入してカドミウムを測定する．

なお，溶離を開始してからカドミウム濃度の最も高い溶出液ゾーンがノズル先端に到達するまでの時間は，あらかじめ実験により測定しておく必要がある．

4.3.2
ICP 発光分光分析法を用いる検出系

ICP 発光分光分析法（ICP-AES）を検出に用いる場合，基本的なことは前述の FAAS を検出に用いる場合に準じるが，多元素同時定量ができるという優

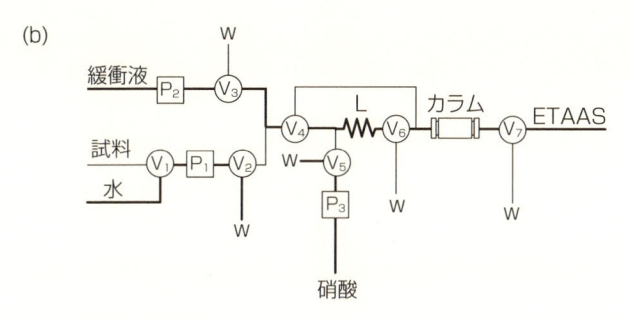

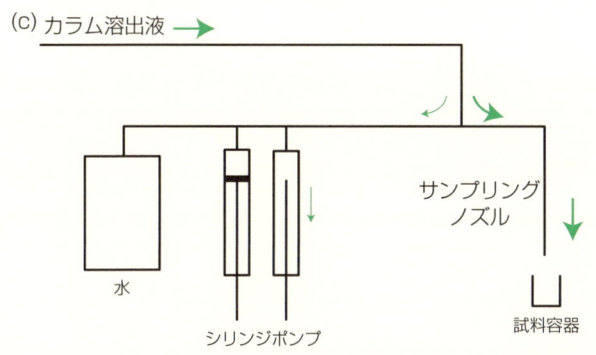

図 4.20 オンライン前濃縮–電気加熱原子吸光検出によるカドミウムの測定システム

れた特長をもつ．ただし，ICP-AES は装置が比較的高価であり，アルゴンガスを使用することから分析経費がかさむため，簡便で経費のあまりかからない代わりの方法が好まれる．

図 4.21 に河川水中のニッケル定量システムを示す[26]．前濃縮に用いる活性炭は，10 %（v/v）塩酸，続いて 10 %（v/v）硝酸で加熱処理してから脱イオン水で中性になるまで洗浄した後，長さ 40 mm，上端内径 4.5 mm，下端内径

103

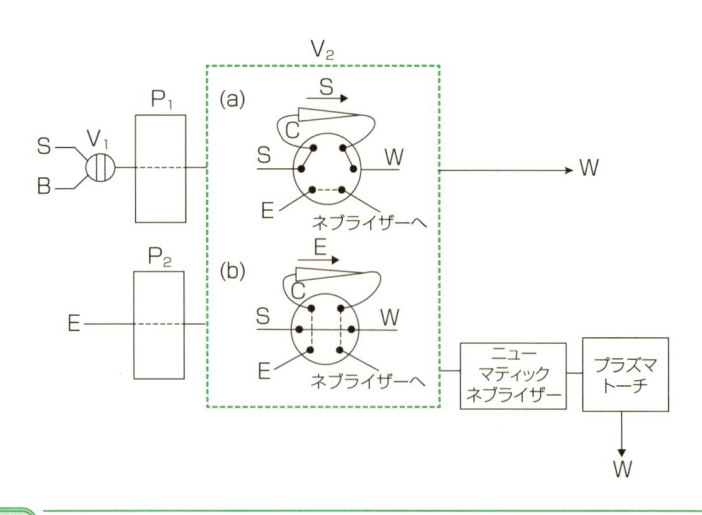

図 4.21 天然水中ニッケルのオンライン前濃縮-ICP 発光分光分析測定システム

S：試料（17 mL/min），B：酢酸緩衝液（pH 5.0），E：溶離液（1.5 mL/min），W：廃液，P：ペリスタポンプ，C：活性炭充てんカラム，V_1：注入バルブ，V_2：6方バルブ，(a) 試料注入（負荷），(b) 溶離

1.5 mm の円錐型カラムに充てんする．天然水試料は，採取直後に孔径 0.45 μm のメンブランフィルターでろ過し，酢酸で pH 5.0 に調整してからびんに入れて 4 ℃ で保存する．測定の際は，まず，V_1 を B の位置にして pH 5.0 の酢酸緩衝液で円錐型カラムをコンディショニングする．次いで，V_1 を S の位置に，V_2 を負荷位置（a）にして試料溶液をカラム C に通す．次に V_1 を再び B の位置にして希釈した緩衝液でカラムを洗浄する．最後にペリスタポンプを停止して V_2 を溶離位置（b）にし，カラムに捕捉されたニッケルを 20 %（v/v）硝酸で溶離し，直接ネブライザーに導入して測定する．50 mL の試料を用いた場合，濃縮係数は 80，検出下限は 82 ng/L である．

高表面積の酸化ジルコニウムを調製し，これを充てんしたカラムを前濃縮に用いて天然水中の 18 元素を同時定量する例も報告されている[27]．

市販のイミノ二酢酸型キレート樹脂（ME-3：GL サイエンス）を詰めたミニカラム（内径 2 mm，長さ 40 mm）を Auto-Pret に装着し，オンライン濃縮捕集／ICP-AES 測定すると，試料液 10 mL を用いた場合，24 金属元素について濃縮倍率は 40 倍（Pb, Cu）から 68 倍（Ni, Eu, Lu）である．茶葉の溶出

金属の定量に応用できる[28]．充填剤及び各種カラム処理法については総説にまとめられている[29]．

4.3.3
ICP 質量分析法を用いる検出系

　ICP 質量分析法（ICP-MS）を検出に用いると，pg レベルの超高感度定量ができる．ただし，高濃度の主成分を含んだ試料溶液を直接測定すると装置を著しく汚染し，検出器に重大な障害を与えるので，主成分（マトリックス）を除いた微量成分のみをネブライザーに導入する必要がある．したがって，オンライン前分離を組み入れた FCA システムが用いられることが多い．

　図 4.22 の FIA システムでは，天然水中の鉛を Pb-Spec™ 樹脂に選択的に捕集し，硫酸で溶離して溶出液を直接 ICP-MS に導入して鉛を定量する[30]．Pb-Spec™ 樹脂は，鉛イオンと選択的に反応するクラウンエーテル化合物を疎水性樹脂に担持したものの商品名である．C2 を通して鉛を除去した 1 M 硝酸で C1 をコンディショニングし，この C1 に 1 M 硝酸溶液とした試料を通して鉛を捕集する．次に，V1 と V2 を切替えて 0.1 M 硫酸を C1 に流し，鉛を回収すると同時に ICP-MS で定量する．この方法の検出限界（バックグランド

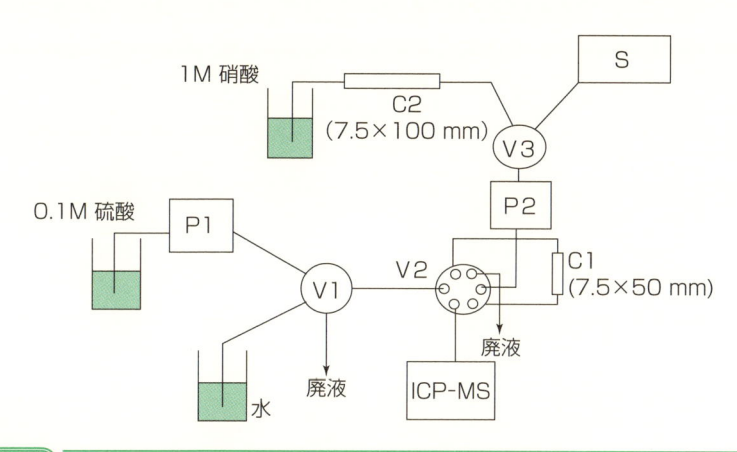

図 4.22　ICP-MS 検出法を用いた天然水中の鉛の測定システム

P1：HPLC 用ポンプ，P2：ペリスタポンプ，V1, V2, V3：6方バルブ，C1, C2：Pb-Spec™ 樹脂充てんカラム，S：試料

ノイズの3σ)は0.02 ng である.

ICP-AES におけるカラム前処理と同様に,Auto-Pret が使用できる.ICP-MS では,感度は十分であるので,主に高濃度で共存するアルカリ金属,アルカリ土類金属などを除去する目的が重要である.イミノ二酢酸型キレート樹脂の ME-3 や Muromac A-1 などが使用できる.溶離液には 0.1 M 程度の希硝酸(微量重金属測定用など)を用い,希塩酸,希硫酸は用いてはならない(各種分子イオン,同重体が生成する).

4.4 電気化学検出による FCA 測定

電気化学的検出法は,電気エネルギーと物質との相互作用に基づいている.電気化学的方法の長所の一つは,測定される信号が電気信号であって,これを使って直接データ処理ができ,変換過程が不要であることである.流れ分析における測定は,少なくとも二つの電極を含む流通型電気化学セルを用いて行われる.キャリヤーはセルを通って連続的に送液され,分析成分がセルを通過するときに過渡的な(ピーク状の)シグナルが記録される.また,分析成分の全部あるいは一部がセル内に存在するときにキャリヤーの流れを停止することもできる.

FCA における電気化学検出系では,非接触の伝導度測定を除き,キャリヤー流れは電極と物理的に接触している.そのため,キャリヤーの流れパターンは,再現性のよい測定には層流であることが望ましい.

流れ分析での電気化学的測定には関連したいくつかの問題がある.まず,細管のつなぎ目からのもれ,あるいは溶存気体に起因する気泡は,FCA 全般において,特に電気化学的な測定においては電気測定回路を切断するために,主要な問題の一つとなる.とりわけボルタンメトリーおよびアンペロメトリーに

よる測定では，気泡によってもたらされた開回路状態からの回復には相当長時間を要する．また，フローセルに静電気が生じると信号に余分なノイズを与える可能性があり注意が必要である．

4.4.1
伝導度測定を用いる検出系

伝導度検出は電解質濃度の変化を追跡する簡便な方法である．分析成分が試料中に存在する唯一のイオン性化合物である場合，または試料のイオン濃度が分析反応に依存する場合には定量に用いることができる．伝導度測定には，キャリヤーが電極に物理的に接触する方法（接触型）と接触しない方法（非接触型）とがある．非接触型では，キャリヤーが流れる細管の外周に二つの金属電極をとりつけ，一方の電極（作用電極）に交流電圧をかけ，二つの電極間の検出領域を高周波電磁波で励起し，それに対応して減衰する交流波を他方の電極（ピックアップ電極）で捉える．イオンが検出領域を通過すると，それに特有の相対的な伝導度を示すようになり，この伝導度シグナルを連続的にモニターするとピーク群が生じ，ピークの面積（または高さ）は検体イオンの濃度に比例する．

図4.23に示すシステムは，血清および尿中の尿素をウレアーゼで加水分解し，生じたNH_4^+およびHCO_3^-を伝導度測定により定量する際に用いられる[31]．二つのセルが使われているのは，キャリヤーに塩化ナトリウムを含む中性のリ

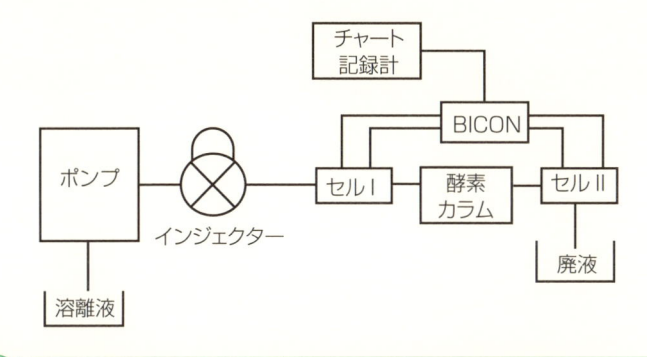

図 4.23 酵素反応のバイポーラー伝導度検出を用いる尿素の定量システム

BICON：コンピュータ制御バイポーラーパルス伝導度測定装置

ン酸緩衝液を用いているため，これらの電解質に基づくバックグランド伝導度をセルⅠで測定し，これをセルⅡで測定した伝導度から差し引くためである．

　非接触型伝導度測定は，元来，キャピラリー電気泳動法や液体クロマトグラフィーに適用されてきた．図 4.24 に示すシステムはキャピラリーフローインジェクションとキャピラリー電気泳動の双方に利用されたものである[32]．このシステムは，植物代謝物としての鉄化学種をシステム内で水銀ランプを用いた光照射により分解できるように構成されている．また，透明被覆処理したキャピラリー（内径50 μm，外径360 μm）の全長は85 cm，UV検出器まで56 cm，非接触伝導度検出器まで 65 cm に設定されている．試料は加圧法（40 mbar，6秒間）で注入し，キャピラリーフローインジェクションの場合は，高電圧の代わりに，500 mbar の一定圧力をかけて試料を検出器の方向へ移動させる（23 cm/min（＝0.45 μL/min）の流量に相当）．光照射は，長さ14 cm の光照射窓から約 0.6 分間行った．明らかに，このフローインジェクション法では分離はできないが，スクリーニングの目的には適している．

4.4.2
電位差測定を用いる検出系

　単一電極の電位は測定不可能であり，二つの電極間の電位差が測定される．したがって，すべての電位差測定には参照電極を用いなければならない．参照

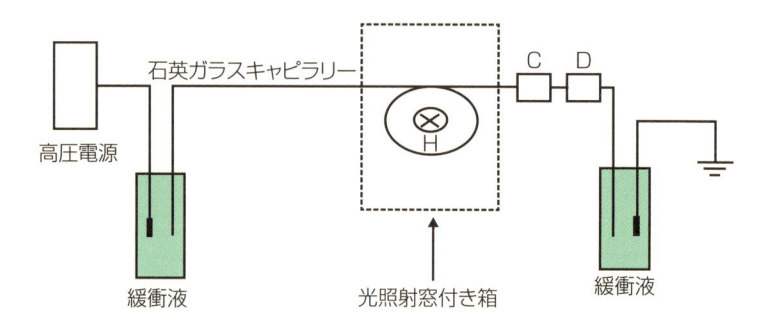

図 4.24 植物代謝物（鉄化学種）のキャピラリーフローインジェクション分析システム

H：水銀ランプ，C：UV検出器（205 nm），D：伝導度検出器

電極は一定電位を示すように作られている．最も一般的な参照電極は銀－塩化銀（Ag/AgCl）電極とカロメル（Hg/Hg$_2$Cl$_2$）電極である．FIA では指示（作用）電極と参照電極の両方を分析成分が通る流れに浸す．その際，参照電極の内部電解質が徐々に漏れ出て指示電極を妨害するのを避けるため，参照電極は指示電極の下流に設置しなければならない．

電位差測定を FIA の検出に初めて応用した例の一つは，カルシウムイオン選択性電極を用いた血清中のカルシウムの定量である[33]．図 4.25 に示す FIA システムは，血清透析液中のカルシウムを電位差法で，マグネシウムを FAAS で定量するためのものである．図中 TE で示す管状のカルシウムイオン選択性電極は，ビス-ジ-[4-(1,1,3,3-テトラメチルブチル)フェニル]リン酸カルシウムをポリ塩化ビニルに固定化して製作した．参照電極には，ダブルジャンクション型の電極を採用し，外側の内部液には硝酸カリウム溶液を用いている．キャリヤーに 0.1 M 硝酸カリウム－10^{-5} M Ca^{2+} 溶液を用いることにより安定したベースラインが得られ，分析値は通常の EDTA 滴定の結果とよく一致する．なお，FAAS は低濃度のマグネシウムにのみ適用可能なため，透析器を用いて試料の分散を促進し，さらに水で希釈している．

4.4.3
ボルタンメトリー及びアンペロメトリーを用いる検出系

ボルタンメトリーに利用される電気化学セルは，作用電極，参照電極，対極

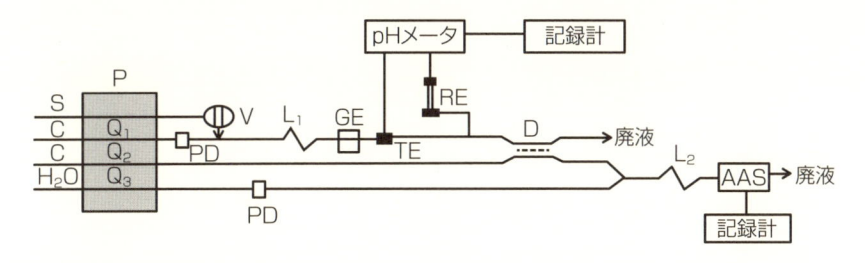

図 4.25 血液透析液中のカルシウムとマグネシウムのフローインジェクション分析システム

S：試料，C：キャリヤー（0.1 M KNO$_3$＋10^{-5} M Ca^{2+}），Q$_1$＝Q$_2$＝Q$_3$＝3.0 mL/min, V：インジェクションバルブ，PD：脈流ダンパー，L$_1$，L$_2$：混合コイル，GE：接地電極，TE：管状カルシウム電極，RE：参照電極，D：透析器，AAS：原子吸光装置

（補助電極）の三つの電極から構成されている（図 4.26 参照）．電気化学反応は作用電極の表面で進行し，生じる電流は作用電極と補助電極の間を流れる．二つの電極を用いる場合もある．流れ分析における作用電極の最も一般的な材質は，白金，金，グラッシーカーボン（GCE），水銀薄膜である．ホウ素をドープしたダイヤモンド電極（BDDE）やカーボンペースト電極，カーボンインク塗布電極なども使用できる．

ボルタンメトリーの測定は，作用電極に印加する電位を走査し，流れた電流を測定することにより行う．その電流は，外部電源から過電圧を印加して目的の電気化学反応を強制的に一方向に進行させて発生させる．電流は，通常，溶液中の電気活性化合物の濃度に比例する．

なお，電位を固定し，電流を測定する場合をアンペロメトリーとよぶ．

図 4.27 に示すシステムは，ボルタンメトリーの一形式である陽極溶出ボルタンメトリー（anodic stripping voltammetry：ASV）を利用して金属の同時

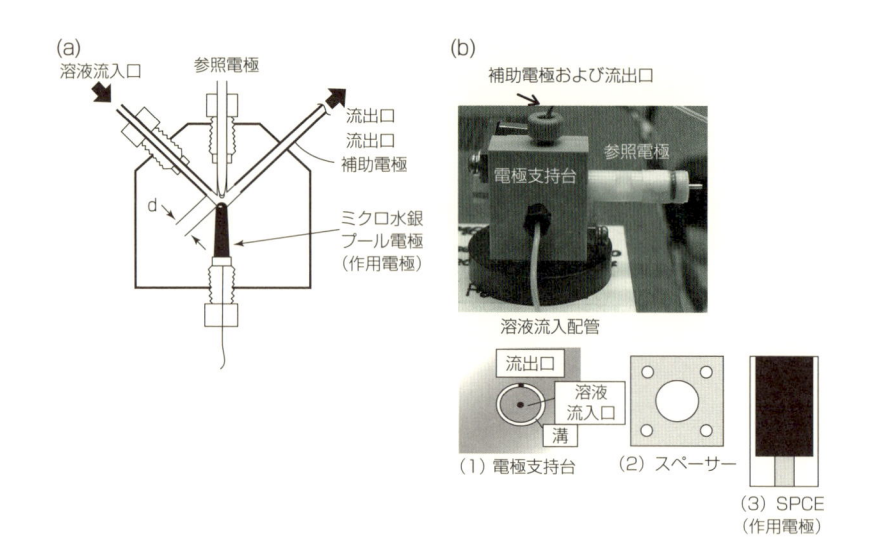

図 4.26　三電極ボルタンメトリー用フローセルの例

(a) ミクロ水銀電極用セル，d：溶液入口と作用電極表面との間の距離（約 3 mm），
(b) スクリーン・プリント炭素電極（SPCE）用フローセル．
(1) に (2) のスペーサー（厚さ：0.5 mm）を乗せ，その上に (3) をセットし，液漏れしないように固定する（写真参照）．

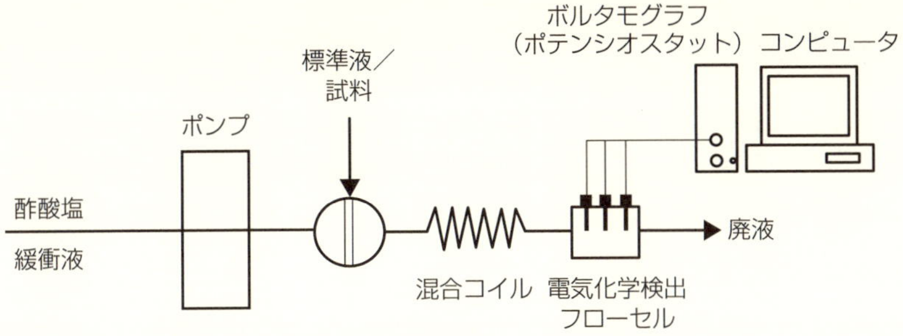

図 4.27 フローインジェクション／陽極溶出ボルタンメトリー（FIA/ASV）による金属の同時測定システム

三電極（RE, MFE, AE）方式フローセル使用

定量を行うために考案されたものである[34]．この分析システムは，ペリスタポンプ，6方バルブ，混合コイル，電気化学フローセルのついたボルタモグラフから構成されている．フローセルは，グラッシーカーボン作用電極（GCE），Ag/AgCl 参照電極（RE），ステンレス鋼補助電極（AE）から構成される．GCE 上に水銀膜を塗布して水銀膜電極（MFE）を調製し，脱気した酢酸塩溶液（pH 4.6）を混合コイルとフローセルに流す．脱気した標準溶液または試料溶液を注入バルブによりキャリヤー流れに注入する．試料ゾーンがフローセルに到達したとき，Ag/AgCl（RE）に対して $-1.1\,V$ の電位を印加して MFE 上に金属を電解析出させる．その後，キャリヤーの流れを短時間停止し，電位を $0.25\,V$ まで正方向に走査して MFE から金属を溶出させ，電位と電流との関係（ボルタモグラム）を得る．MFE は，次の分析を行う前に $0\,V$ の電位を印加して20秒間浄化する．図 4.28 に金属標準液で測定されたボルタモグラムを示す．ピーク高さが金属イオン濃度と比例関係にあることを定量に用いる．このシステムの検出限界は，Cd：$1\,\mu g/L$，Cu：$18\,\mu g/L$，Pb：$2\,\mu g/L$，Zn：$17\,\mu g/L$ である．

ASV には，GCE や BDDE に比べ比較的安価に作製できるカーボンペースト電極（CPE）あるいはスクリーン・プリント・カーボン電極（SPCE）が用いられる．前述の方法では，水銀膜電極を用いたが，ビスマスコーティング電極でも高感度検出が可能なことが知られている．水銀やビスマスのフィルム作

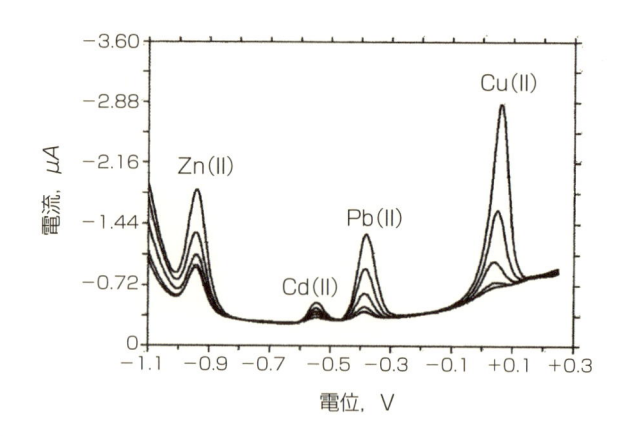

図 4.28 金属標準液の陽極溶出ボルタモグラム

Zn(II), Pb(II), Cu(II) の濃度：10, 20, 50, 100, 200 μg/L, Cd(II) の濃度：5, 10, 15, 20, 30 μg/L

成には，繰返し精度が保証される SIA や Auto-Pret を用いて Bi と金属イオンを電極上に電解析出させ，ボルタモグラムを測定する．Auto-Pret を用いる場合には，SIA/ASV 測定法のほかにカラム前処理濃縮した後，溶出液を用いることで，感度の向上が期待できる[35]．

4.4.4 クーロメトリーを用いる検出系

クーロメトリーでは，電気化学反応で消費された電気量を測定する．その際，対象の反応は完結していなければならない．測定される電気量は，分析成分との反応で消費された物質の量または分析成分との反応完結のために生成された試薬の量の尺度となる．すなわち，クーロメトリーは次式で表されるファラデーの法則を基礎としている．

$$N = \frac{Q}{nF} \tag{4.1}$$

ここで N は電気量 Q で生成または消費される物質量，n は電極反応に関与する電子数，F はファラデー定数である．

クーロメトリー分析では，作用電極においてただ一種類の反応が起き，その

Chapter 4　FCAにおける検出法：特徴，利点及び実際例

反応は 100 % の電流効率で進行することが基本的必要条件である．クーロメトリーの実験においては，電位または電流が一定に保たれる方法（ポテンシオスタットまたはガルバノスタット）が用いられる．一般には電流 i を実験時間 t にわたって積分し電気量 Q を求める．

$$Q = \int_{t=0}^{t} i\,dt \tag{4.2}$$

クーロメトリーによる検出は，多くの問題を伴うにもかかわらず，FIA の研究の初期のころから利用されている．さまざまなデザインの流通型クーロメトリーセルが考案され，電流効率の改善が何年にもわたって行われてきた[36,37]．また，クーロメトリー滴定も流れ分析の方法論により実行され，試薬をクーロメトリーの手法で発生させて酸化還元および酸−塩基滴定を流通型反応器内で行った報告がある[38,39]．

ASV では，どうして数 μg/L というすごく低濃度の Cd^{2+} や Pb^{2+} が検出できるの？

それはね，溶液に含まれる Cd^{2+} や Pb^{2+} を還元して，小さな体積の水銀電極にアマルガムとして集めた（濃縮した）後，金属を再びイオンに酸化して溶かし出すときに流れる電流をはかるからよ．最近は水銀よりも安全で取り扱いやすいカーボンインクを塗布した電極（p.110, SPCE）も用いられているよ．

4.5 接触反応を利用する FCA 測定

　金属イオンの触媒作用を利用する反応（接触反応）は数多く知られており，FCA にも導入されている．接触反応の原理を図 4.29 に示す．微量元素による接触反応は酸化されて発色する有機化合物のカップリング反応においてしばしばみられる．有機化合物（Org）が酸化剤である過酸化水素（H_2O_2）により酸化され，生成物 P を生じる．この反応は遅いが，ここに金属イオン，たとえば銅イオンが存在すると，触媒反応が起こり，(1) と同じ生成物が瞬時につくられる．通常の反応ではここで停止するが，酸化剤が存在するため，Cu^+ は酸化再生される．そして再び，この反応に関与するので，化学量論的な反応より高感度な分析が可能となる．ここで $V_3 \gg V_2 > V_1$ が成り立つと触媒は酸化再生され，還元性物質を酸化し続けることになる．そのことから還元生成物の減少速度あるいは P の生成速度を測定することにより，触媒の金属イオンを定量することが可能となる．これらの反応中では還元剤として酸化されることにより発色する有機化合物が用いられ，酸化剤や触媒にはたとえば過酸化水素や銅イオンが用いられる．具体的な指示反応を図 4.30 に示す．

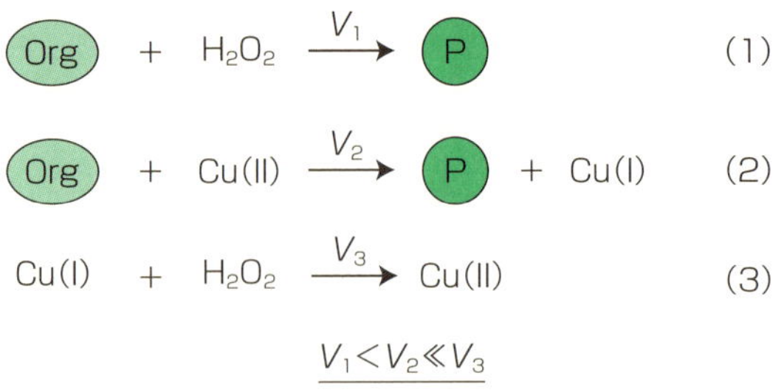

$$\text{Org} + H_2O_2 \xrightarrow{V_1} P \qquad (1)$$

$$\text{Org} + Cu(II) \xrightarrow{V_2} P + Cu(I) \qquad (2)$$

$$Cu(I) + H_2O_2 \xrightarrow{V_3} Cu(II) \qquad (3)$$

$$\underline{V_1 < V_2 \ll V_3}$$

図 4.29 触媒反応（接触反応）の原理

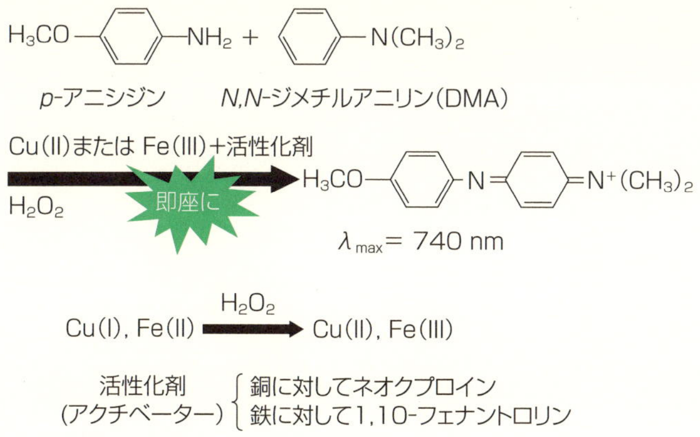

Chapter 4　FCA における検出法：特徴，利点及び実際例

$$H_3CO-\langle\bigcirc\rangle-NH_2 + \langle\bigcirc\rangle-N(CH_3)_2$$

p-アニシジン　　　　*N,N*-ジメチルアニリン（DMA）

Cu(II)または Fe(III)＋活性化剤
H_2O_2　即座に　→　$H_3CO-\langle\bigcirc\rangle-N=\langle\bigcirc\rangle=N^+(CH_3)_2$

$\lambda_{max} = 740$ nm

$$Cu(I), Fe(II) \xrightarrow{H_2O_2} Cu(II), Fe(III)$$

活性化剤　　銅に対してネオクプロイン
（アクチベーター）　鉄に対して1,10-フェナントロリン

図 4.30　触媒作用と指示反応

　p-アニシジンは過酸化水素共存下で *N, N*-ジメチルアニリン（DMA）と反応して有色化合物を生成するが，この反応は極めて遅い．しかしこの反応系にCu^{2+}あるいはFe^{3+}が共存するとその反応が促進され，有色化合物の生成量は銅あるいは鉄の濃度に比例するので，それぞれの定量が可能となる．還元されたCu^+とFe^{2+}は存在している過酸化水素により酸化されるので，循環的な反応となる．この場合活性化剤（アクチベーター）が存在するとさらに反応が促進されることが明らかにされている．銅に対してはネオクプロインが，鉄に対しては1,10-フェナントロリンが活性化剤として働く．この反応系を銅と鉄の高感度同時定量に応用する FIA システムが **図 4.31** である[40]．

　二成分を同時検出するため，直列型（シリアル）フローセル（光路長5 mm，セル容積4 μL）を用いる．この一つの検出器には Cu 定量システム（a）と Fe 定量システム（b）が含まれるのが特徴である．それぞれのキャリヤーは pH 2 に調整した過酸化水素を用い，Cu 検出試薬には *p*-アニシジン，DMA，pH 3.1 の酢酸緩衝液，二リン酸塩の混合溶液，Fe 検出試薬として Cu 定量用と同じ溶液組成とし，それに活性化剤として phen を加える．この FIA システムでは，Cu に対してネオクプロインは活性化剤として作用しない．反応コイルは 90 ℃ に保った 8 m　PTFE チューブを用い，その後には 1 m の冷却コイルを使用した．サンプルの充填には自動化を図るためペリスタポンプを用い

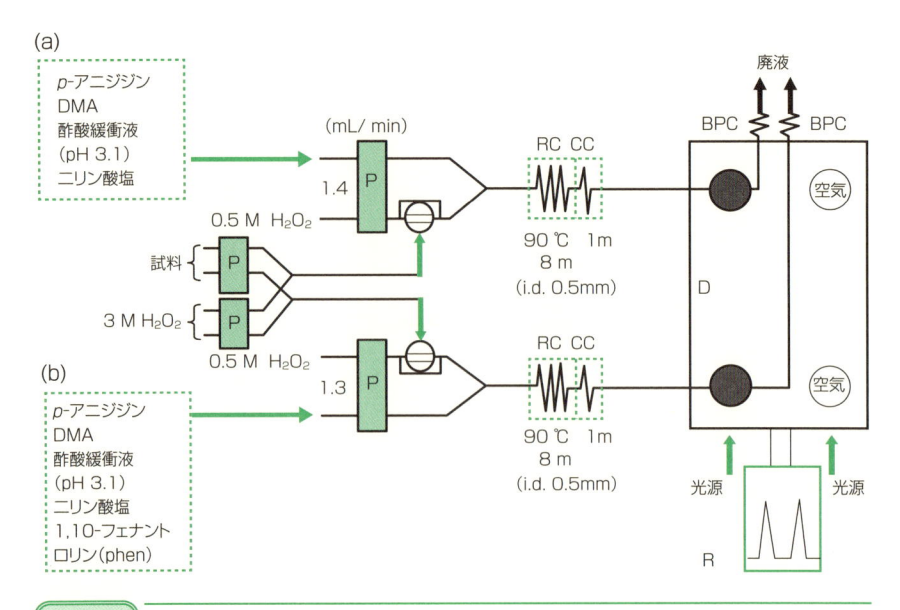

図 4.31 接触反応を利用する直列型フローセル装着 FIA システム

RC：反応コイル，CC：冷却コイル，BPC：背圧コイル，D：フローセル付き吸光検出器計，R：記録計

て注入した．システム（a）に Cu(II) を含む試料を注入し，90 ℃に加温すると有色化合物が生成する．二リン酸塩は鉄をマスクするために加える．システム（b）には Fe(III) を含む試料を注入し，90 ℃に加温する．この溶液には活性化剤として 1,10-フェナントロリンを添加する．シグナルは銅，鉄とも同一方向に出現する．

また他の反応系を以下に示す．

N,N-ジメチル-p-フェニレンジアミン（DPD）と m-フェニレンジアミン（PDA）の反応をマンガン(II) が触媒的に促進することから，この反応を利用するマンガン(II) 定量のための FIA 定量システムが構築された．フローシステムと反応系を図 4.32 と図 4.33 に示す．マンガン(II) は過酸化水素存在下で N,N-ジメチル-p-フェニレンジアミン（DPD）と m-フェニレンジアミンとの酸化カップリング反応の触媒として作用することから 0.05～1.0 ng/mL Mn(II) の定量が可能である．触媒作用をさらに促進する活性化剤としてトリエチレンテトラミン（Trien）とタイロン（Tiron）が利用されている[41]．

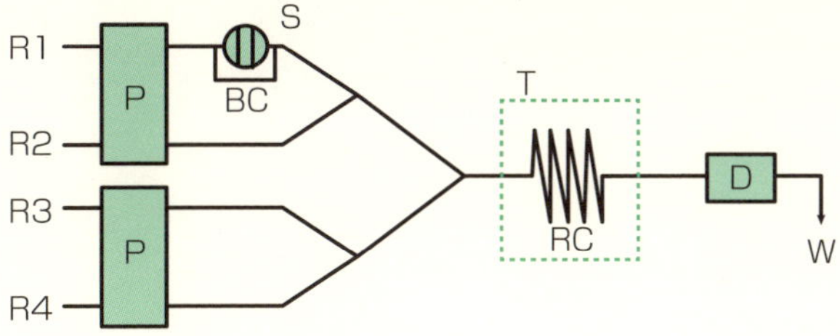

Chapter 4　FCAにおける検出法：特徴，利点及び実際例

図 4.32　マンガンの接触分析用フローシステム

R 1：HCl（0.1 M），R 2：H$_2$O$_2$（0.5 M），R 3：DPD（6.0×10^{-3}M）＋Tiron＋L-システイン，R 4：PDA（3.0×10^{-3}M）＋Trien＋NH$_3$，P：ポンプ，S：試料注入バルブ（183 μL），BC：バイパスコイル（3 m），RC：反応コイル（8 m），T：恒温槽（35℃），D：分光光度計（650 nm），W：廃液．
DPD：N,N-ジメチル-p-フェニレンジアミン，PDA：m-フェニレンジアミン

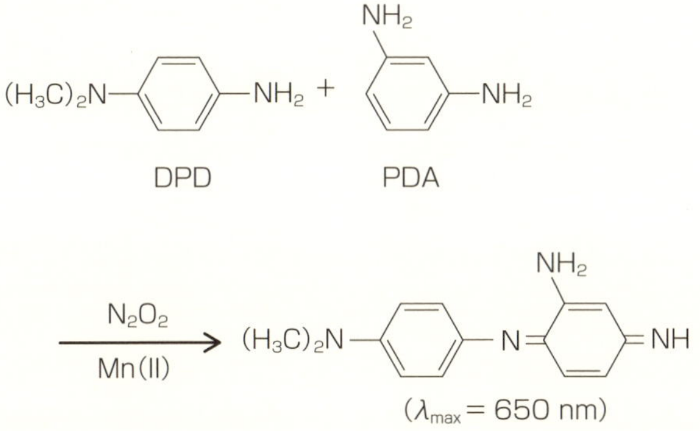

図 4.33　Mn(II) による接触反応

　また鉄(II) および (III) は過酸化水素存在下で N-フェニル-p-フェニレンジアミン（PPDA）と m-フェニレンジアミン（PDA）の反応を促進する．反応式を**図 4.34**に示すが，λ_{max} が 620 nm に存在する有色化合物が生成され，この吸光度を測定することにより，微量鉄（0.5〜30 ng/mL）の定量が可能である[42]．

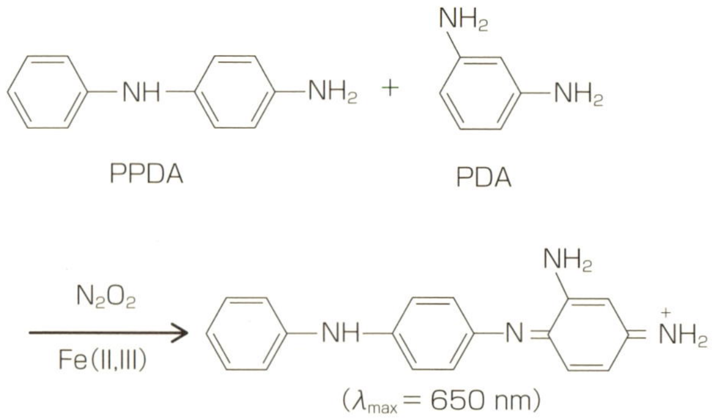

図 4.34 Fe(II), Fe(III) による接触反応

4.6 循環式検出法

　反応試薬溶液流れを循環させて数十〜数百試料を分析する FIA である．試薬液の希釈をできるだけ避けるために，一流路系とし，試料注入量も必要最小限とする．石井らにより，化学発光 FIA で提案されたが，その後善木らによりサイクリック FIA としてさまざまな例が提案されている[43,44]．

　サイクリック FIA では，非平衡状態（過渡状態）を積極的に利用し，この状態で反応生成物を検出し，その後，平衡状態に達した溶液を循環使用するものであり，通常のバッチ式マニュアル法では不可能な手法である．たとえば，**図 4.35** のフローダイアグラムを用い，PAR と EDTA をそれぞれ 1×10^{-5} M とした試薬液（pH 6.5）100 mL を循環させ，これに試料液（Cu^{2+}：10^{-6} M オーダー）10 μL を注入する．反応コイル長は，10〜20 cm 程度とすると，試料注入後 Cu-PAR キレートが生成し発色するが，その後分散・混合により Cu-PAR キレートは安定な Cu-EDTA キレートになり，PAR が遊離する．この溶液を

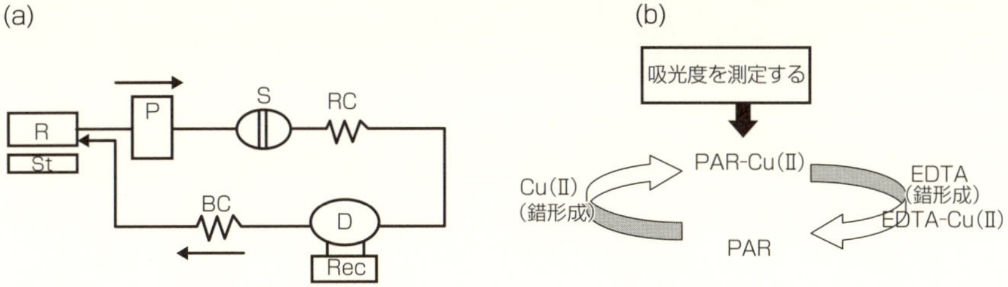

Chapter 4　FCA における検出法：特徴，利点及び実際例

図 4.35　過渡状態を利用するサイクリック FIA による銅の測定

（a）サイクリックフローシステム
R：試薬溶液，St：かく拌器，P：ポンプ，S：サンプルインジェクター，RC：反応コイル，D：検出器，Rec：記録計，BC：背圧コイル
（b）サイクリックフローシステムの原理（銅–PAR–EDTA 系）
PAR：ピリジルアゾレゾルシノール，PAR-Cu（Ⅱ）：PAR の銅キレート，Cu（Ⅱ）（錯形成）：キレート生成，EDTA（錯形成）：キレート生成，EDTA-Cu（Ⅱ）：EDTA の銅キレート．
【出典】M. Zenki, *J. Flow Injection Anal.*, **22**, 5（2005）. Ref.44 より引用.

循環すると，遊離した PAR は Cu^{2+} と反応する．この試薬液は，EDTA が消耗するまで繰り返し使用でき，数百回の試料注入測定が可能である[44,45]．

このような非平衡状態の吸光検出を利用するサイクリック FIA を用い，銀アンミン錯体を利用する塩化物イオンの定量（非平衡状態：AgCl の沈殿生成），メチルオレンジ指示薬を含む酢酸緩衝液を試薬液に用いる強酸，強塩基の定量（非平衡状態：メチルオレンジの変色）などの方法が開発されている[46]．

4.7 pH 緩衝液を利用する強酸・強塩基の FCA 測定

　pH 緩衝液は少量の酸や塩基を加えても pH にはほとんど変動がない機能を持つ溶液である．しかし pH ガラス電極と FIA を組み合わせることにより，わずかな pH 変化を捉えることができ，電位の変化と試料濃度との関係から酸・塩基の直接定量が可能である．Imato らは濃厚な硫酸あるいは水酸化ナトリウムを定量する FIA を提案している[47]．

　図 4.36 に示すように，2×10^{-5} M メチルレッドを含む 3 M　CH_3COOH–3 M CH_3COONa 緩衝液流れ（0.8 mL/min）と純水流れ（0.8 mL/min）の二流路を用いる．純水流れに 20 μL の試料を注入すると緩衝液と混合し，メチルレッドによる 520 nm における吸光度変化およびガラス電極の電位変化が見られ，ピークが現れる．この現象は強酸や強塩基が緩衝物質と反応し，緩衝液の pH に変化が見られることに起因している．その変化が試料の酸や塩基の濃度に依存することから定量が可能となる．同じ原理と流路を用いて 1.5 M～10 M のリン酸の定量を行うことができる[48]．試料を注入しないときのガラス電極の電位は酢酸と酢酸ナトリウム緩衝液で定まりベースラインの電位となる．

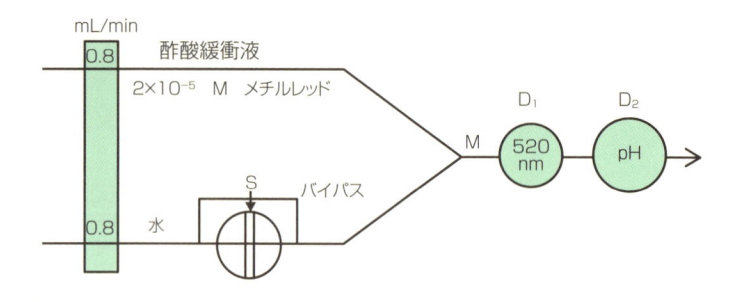

図 4.36 pH 緩衝液を利用する強酸・強塩基の定量システム

試料（S）：H_2SO_4, NaOH（20 μL）

4.8 おわりに

　FIA をはじめとするさまざまな FCA に用いられる検出法について説明した．小はカーボンペースト電極を用いるボルタンメトリーから大は誘導結合プラズマ質量分析法（ICP-MS）まで幅広い検出法を FCA に用いることができる．分析目的を把握し，適切な検出法を用いることで，分析の質向上を含めた化学分析の高度化と操作性の向上が同時に達成できる．FCA の実用分析への応用は無限の可能性を秘め，今後の研究に期待される．

参考文献

1）A. Jain, A. Chaurasia and K. K. Verma, *Talanta*, **42**, 779 （1995）．
2）T. Mochizuki, Y. Toda and R. Kuroda, *Talanta*, **29**, 659 （1982）．
3）T. Sakai and N. Ohno, *Anal. Chim. Acta*, **214**, 271 （1988）．
4）A. T. Faizullah and A. Townshend, *Anal. Chim. Acta*, **167**, 225 （1985）．
5）S. Kozuka, K. Saito, K. Oguma and R. Kuroda, *Analyst*, **115**, 431 （1990）．
6）T. Sakai, Y. Maeda and N. Ura, *Talanta*, **49**, 989 （1999）．
7）三笠博司，本水昌二，桐栄恭二，分析化学，**34**, 518 （1985）．
8）S. Motomizu, H. Mikasa and K. Toei, *Talanta*, **33**, 729 （1986）．
9）S. Motomizu, H. Mikasa and K. Toei, *Anal. Chim. Acta*, **193**, 343 （1987）．
10）S. Motomizu, M. Oshima and Z. Jun, *Anal. Chim. Acta*, **251**, 269 （1991）．
11）李貞海，大島光子，本水昌二，分析化学，**53**, 345 （2004）．
12）本水昌二，三笠博司，大島光子，桐栄恭二，分析化学，**33**, 116 （1984）．
13）Z. Li, M. Oshima, A. Sabarudin and S. Motomizu, *Anal. Sci.*, **21**, 263 （2005）．
14）A. Sabarudin, M. Oshima, N.Ishii and S. Motomizu, *Talanta*, **60**, 1277 （2003）．
15）Q. Li, P. Sritharathikhum and S. Motomizu, *Anal. Sci.* **23**, 413 （2007）．
16）T. Sakai, S. Tanaka, N. Teshima, S. Yasuda and N. Ura, *Talanta*, **58**, 1271 （2002）．
17）M.Yamada and S. Suzuki, *Anal. Lett.*, **17**, 251 （1984）．

18) 石井幹太，山田正昭，鈴木繁喬，分析化学, **35**, 379（1986）.
19) X.-Z. Wu, M. Yamada, T. Hobo and S. Suzuki, *Anal. Chem.*, **61**, 1505（1989）.
20) R. D. Gerardi, N. W. Barnett and S. W. Lewis, *Anal. Chim. Acta*, **378**, 1（1999）.
21) M.Oshima, N.Goto, J.P. Susanto and S. Motomizu, *Analyst*, **121**, 1085（1996）.
22) H. Bergamin F°, E. A. G. Zagatto, F. J. Krug and B. F. Reis, *Anal. Chim. Acta*, **101**, 17（1978）.
23) Z. Fang, S. Xu, X. Wang and S. Zhang, *Anal. Chim. Acta*, **179**, 325（1986）.
24) M. Sperling, X.-P. Yan and B. Welz, *Spectrochim. Acta*, **B 51**, 1875（1996）.
25) Y. Hirano, J. Nakajima, K. Oguma and Y. Terui, *Anal. Sci.*, **17**, 1073（2001）.
26) N. Yunes, S. Moyano, S. Cerutti, J. A. Gásquez and L. D. Martinez, *Talanta*, **59**, 943（2003）.
27) E. Vassileva and N. Furuta, *Fresenius' J. Anal. Chem.*, **370**, 52（2001）.
28) 金華, A. Sabarudin, 大島光子, 本水昌二, 分析化学, **58**, 699（2009）.
29) 大下浩司，本水昌二，分析化学, **57**, 291（2008）.
30) T. Seki, Y. Hirano and K. Oguma, *Anal. Sci.*, **18**, 351（2002）.
31) D. Taylor and T. A. Nieman, *Anal. Chim. Acta*, **186**, 91.（1986）.
32) Y. Xuan, G. Weber and A. Manz, *J. Chromatogr. A*, **1130**, 212（2006）.
33) E. H. Hansen, J. Růžička and A. K. Ghose, *Anal. Chim. Acta*, **100**, 151（1978）.
34) S. Suteerapataranon, J. Jakmunee, Y. Vaneesorn and K. Grudpan, *Talanta*, **58**, 1235（2002）.
35) S. Chuanuwatanakul, E. Punrat, J. Panchompoo, O. Chailapakul and S. Motomizu, *J. Flow Injection Anal.*, **25**, 49（2008）.
36) D. J. Curra and T. P. Tougas, *Anal. Chem.*, **56**, 672（1984）.
37) L. Ilcheva and A. Dakashev, *Analyst*, **115**, 1247（1990）.
38) R. H.Taylor, J. Růžička and G. D. Christian, *Talanta*, **39**, 285（1992）.
39) R. H.Taylor, J. Rotermund, G. D. Christian and J. Růžička, *Talanta*, **41**, 31（1994）.
40) S. Ohno, M. Tanaka, N. Teshima and T. Sakai, *Anal. Sci.*, **20**, 171（2004）.
41) S. Nakano, M. Nozawa, M. Yanagawa and T. Kawashima, *Anal. Chim. Acta*, **261**, 183（1992）.
42) S. Nakano, K. Tsuji and T. Kawashima, *Talanta*, **42**, 1051（1995）.
43) 善木道雄, 分析化学, **53**, 245（2004）.
44) M. Zenki, *J. Flow Injection Anal.*, **22**, 5（2005）.
45) M. Zenki, Y. Iwadou and T. Yokoyama, *Anal. Sci.*, **18**, 1077（2002）.
46) M. Zenki and Y. Iwadou, *Talanta*, **58**, 1055（2002）.
47) T. Imato, N. Ishibashi, *Anal.Sci.*, **1**, 481（1985）.
48) 今任稔彦, *J. Flow Injection Anal.*, **12**, 145（1995）.

Chapter 5

FCA で用いられる化学分析の前処理および前処理装置と技術

　　FIA やその他の FCA における大きな利点の一つは，Chapter1 で述べたように，"多様な前処理操作のオンライン化"である．FCA では，基本的に反応の終結（定常状態）あるいは定量的反応（たとえば，反応率 99 ％以上）を必ずしも要求せず，一定の反応収率で再現性よく反応する条件に設定することが必須要件である．たとえば，加熱操作や紫外線照射あるいは分離・濃縮などの前処理では，必ずしも定量的反応収率に到達するまで待つことなく，ある一定時間経過後あるいはある一定の操作後に測定するので，バッチ法に比べ短時間で再現性よく行われる．これは，結果的に分析時間の短縮，精度の向上につながる．

　　以下では，試料の採取から FCA にかける前に行う溶液調製と調整及び FCA の流路に組み込まれる前処理装置・技術における主要なものについて例をあげて説明する．

5.1 試料採取から溶解まで

5.1.1 試料採取

試料の採取は，分析操作の原点であり，出発点である．目的に合った試料採取が行われなければ，どんなに高性能な分析機器を用いて高感度に，また精確に測定でき，定量できたとしても，得られた分析値は何の意味ももたない．

分析対象となる固体試料としては，鉱業や工場における原料や製品，たとえば鉱石や金属，非金属，塩類，セラミックス類，プラスチック類など，環境試料としての岩石，土壌，底質，産業廃棄物，生体などがある．また，液体試料としては，海水，湖沼水，河川水，地下水，雨水，上水，排水などの水試料，血液や尿などの臨床関連試料などがある．これらの液体試料は時々刻々状況により変化するため，対象試料の状況を事前によく調査し，目的に合った試料を採取しなければならない．気体試料には，大気，排ガス，室内・外大気などがある．気体試料はその種類によって採取方法が異なり，ガス成分濃度は試料の採取条件（時間，場所）や採取方法によって大差が生じるので注意が必要である．

適切な試料採取には多くの知識と経験が必要であり，不慣れな段階では経験者に相談したり，関連の参考書[1-3]を十分に調べたりすることが望ましい．

5.1.2 試料の溶解

FCAは原則的に液体試料を対象とするため，固体の試料はあらかじめ溶液にしておくことが必要である．試料前処理としての溶解は，固体試料を測定に適した溶液に作りあげる作業ということができる．

固体試料を溶液化する主な方法には，酸や塩基による湿式分解法，融剤を用いる融解法，空気中あるいは酸素気流中などで試料を燃やす燃焼法がある[4-11]．一般に，無機試料には湿式分解法と融解法，有機試料には湿式分解法と燃焼法が適用される．

5.1.3
無機試料の溶液化

(1) 湿式分解法

湿式分解は湿式灰化ともいわれ，古くからビーカーを用いる開放系が多用されているが，最近では専用の高圧分解容器が開発され密閉系でも利用できるようになっている．密閉系は，通常加熱（電気炉，恒温槽などを使用）とマイクロ波加熱とに区別される．マイクロ波加熱は，用いる装置によって操作条件が異なるため割愛するが，以下に紹介する試料と酸の組み合わせは，マイクロ波分解の際に参考となる．

a. 塩酸による溶解

"イオン化列で水素よりもイオン化しやすい金属は，酸化性のない塩酸に水素を発生して溶解する"，といわれているが，実際の溶解現象は多くの因子によって影響され，必ずしもイオン化列のみから予測することはできない[12]．炭酸塩，酸化物，水酸化物，リン酸塩，ホウ酸塩，硫化物の大半のものは塩酸水溶液に溶解する．塩酸に溶解しない主なものは次のとおりである：$AgCl$，$HgCl$，$TlCl$，さまざまなケイ酸塩，Al，Be，Cr，Fe，Ti，ZrおよびThの強熱した酸化物，SnO_2，Sb_2O_5，Nb_2O_5，Ta_2O_5，リン酸ジルコニウム，モナズ石，ゼノタイムなど．しかし，これらの化合物の多くのもの，特にケイ酸塩類は，図5.1に示すような容器を用いて高圧・高温下で塩酸を作用させると溶解する（表5.1参照）．

塩酸は相手によっては還元性を示す．たとえばMnO_2を$Mn(II)$に還元して溶解し，Cl_2ガスを発生する．加熱時には$V(V)$，$Se(VI)$，$Te(VI)$をそれぞれ$V(IV)$，$Se(IV)$，$Te(IV)$に還元する．また，塩酸の溶解力は錯生成剤の添加によって改善できる場合がある．たとえば，ホウ酸を加えるとCaF_2

単位 mm

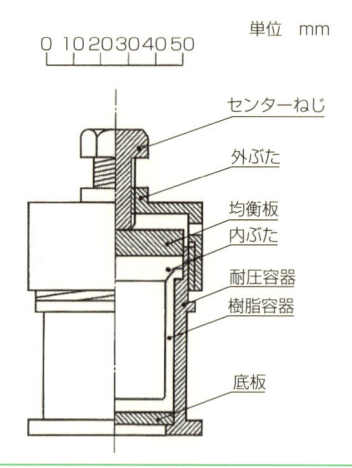

- センターねじ
- 外ぶた
- 均衡板
- 内ぶた
- 耐圧容器
- 樹脂容器
- 底板

図 5.1 加圧酸分解容器の例

【出典】JIS R 1603：2007, p.7.

表 5.1 加圧下での塩酸による溶解の例[a]

試料，量	酸の量	条 件
ケイ酸塩	15 mL HCl (4+1)[b]	190〜210℃；10〜12 h
クロム鉄鉱，ざくろ石	10 mL HCl (4+1)	275〜290℃；8〜10 h
角閃石，セライト；1 g	+2 g NH$_4$Cl	
ケイ酸塩；0.1 g	1 mL HCl（濃）	300℃；48 h
Al$_2$O$_3$, BeO；0.1 g	1 mL HCl（濃）	260℃；15 h
SnO$_2$；0.1 g	1 mL HCl（濃）	250℃；24 h
Al$_2$O$_3$；0.1 g	約 2 mL HCl（濃）	270℃；15 h
AlN；0.1 g	7 mL 5 M HCl	230℃；12 h
フェライト；0.025〜0.15 g	5 mL HCl（約 2%）	150〜200℃；2 h

a：R. Bock, "*A Handbook of Decomposition Methods in Analytical Chemistry*", p.70, International Textbook, Glasgow (1979). (Ref.4)
b：4+1 とは，4 体積の濃塩酸と 1 体積の水を混合したもの

（HBF$_4$ の生成），酒石酸を加えると Sb$_2$O$_3$ 精鉱（アンチモン酒石酸錯体の生成）が溶けやすくなる．

　As(III)，Sb(III)，Ge(IV) および Se(IV) の塩化物は，塩酸溶液から，特

に加熱時に，容易に揮散する．また，Hg(II)，Sn(IV) および Re(VII) は，塩酸溶液の蒸発の終盤で失われやすくなるので注意が必要である．

b. 硝酸による溶解

金属および合金は硝酸で酸化されて硝酸塩になる．一般に硝酸塩は水によく溶ける．金と白金属元素は例外で，硝酸には冒されない．また，次の金属は硝酸によって酸化物の保護被覆層を形成するため溶けない：Al，B，Fe，Cr，Ga，In，Nb，Ta，Th，Ti，Zr，Hf．

多くの硫化物は硝酸で分解できるが，完全に硫化物を酸化できるとは限らない．温度と硝酸の濃度によって複分解し，H_2S が発生する．HgS は硝酸によってほとんど分解されず，PbS は濃硝酸で S^{2-} が酸化され SO_4^{2-} になり，難溶性の硫酸塩になる．

硝酸イオンと錯形成する金属はきわめて少ないため，硝酸溶液中で多くの金属が加水分解する傾向を示し，スズとアンチモンは 65 % 硝酸中でさえ水和酸化物として沈殿する．この挙動を利用してスズを他の金属から分離することができるが，沈殿に他の多くの金属イオンが吸着するため状況は複雑である．

一般に，硝酸水溶液に錯形成剤を加えると，酸のみでは溶けない金属を溶解するのに有効である．塩酸とフッ化水素酸はこの目的に最も重要な錯生成剤であるが（表 5.2，表 5.3 参照），ときにはクエン酸などの有機酸も利用される．

(2) 融解法

酸またはアルカリで分解することが困難な試料は，融剤とよばれる試薬と十分に混合し，高温で加熱して分解する．この操作は融解と呼ばれ，液体溶剤で溶解困難な塩に用いられる．融解法では，次式のように炭酸ナトリウムを融剤に用い，高温処理により可溶性塩に変換する．

ケイ酸塩：$MeSiO_3$（酸に不溶）＋ $Na_2CO_3 \rightarrow MeCO_3$（酸に可溶）＋ Na_2SiO_3（水に可溶）

硫酸塩：$BaSO_4$（酸に不溶）＋ $Na_2CO_3 \rightarrow BaCO_3$（酸に可溶）＋ Na_2SO_4（水に可溶）

表 5.2　硝酸–塩酸混合物による溶解の例[a]

試料，量	酸混合物[b]
Cr/Ni 鋼；0.5 g	5 mL HNO_3＋5 mL HCl
鋼；0.05 g	2 mL HNO_3＋3 mL HCl
鋼；0.5 g	2.5 mL HNO_3＋5 mL HCl＋3 mL H_2O
Fe/Ni 高温合金；0.1 g	10 mL HNO_3＋HCl＋H_2O（1：1：1）
Ni 合金；0.1 g	30 mL HNO_3＋HCl＋H_2O（1：1：1）
フェロモリブデン；0.1 g	0.2 mL HNO_3＋2.5 mL HCl
Cu 合金；0.25 g	2.5 mL HNO_3＋2.5 mL HCl＋5 mL H_2O
黄鉄鉱；0.5 g	10〜20 mL HNO_3＋HCl（3：1）
硫化銅鉱石；0.15〜0.3 g	43 mL HNO_3＋HCl（40：3）

a：R. Bock, "*A Handbook of Decomposition Methods in Analytical Chemistry*", p.198, International Textbook, Glasgow（1979）．(Ref.4)
b：HNO_3 および HCl は，濃硝酸（約 68 %）および濃塩酸（約 38 %）を示す．

　融解の原則として，酸性試料（非金属酸化物など）には塩基性融剤を使い，逆に塩基性試料（金属酸化物など）には酸性融剤を使う．また，融点の低い融剤を用いることが望ましい．理由は，操作が容易なだけではなく，融解に使う容器からの汚染を低減できるためである．一般に用いられている融剤と融解法の例は以下のとおりである．

a. 塩基性融剤と融解法

　塩基性融剤には炭酸アルカリ塩（Na_2CO_3，K_2CO_3，Na_2CO_3＋K_2CO_3，Na_2CO_3＋H_3BO_3），水酸化アルカリ（NaOH，KOH），過酸化ナトリウム（Na_2O_2，Na_2O_2＋Na_2CO_3），ホウ酸塩（$LiBO_2$，$Na_2B_4O_7$，$Li_2B_4O_7$），炭酸アルカリ塩＋酸化剤（$KClO_3$，KNO_3，Na_2O_2）などがある．

　炭酸アルカリ塩による融解には，白金，金パラジウム合金，鉄，ニッケル，ジルコニウムなどのルツボが使われる．Na_2CO_3（mp 800 ℃），K_2CO_3（mp 896 ℃），Na_2CO_3＋K_2CO_3（mp 712 ℃）が従来よく用いられているが，最近では Na_2CO_3＋H_3BO_3 がよく用いられている．H_3BO_3 の融点（184 ℃）と Na_2CO_3 の融点との間の融点で融解でき，塩酸可溶性の融成物が得られる．炭酸アルカリ

Chapter 5 FCAで用いられる化学分析の前処理および前処理装置と技術

表 5.3 硝酸＋フッ化水素酸，硝酸＋フッ化水素酸＋硫酸または硝酸＋フッ化水素酸＋塩酸による溶解の例[a]

試料；量	酸混合物[b]
Si（高純度）；1 g	30 mL HNO_3/HF/H_2O（1：1：1）
フェロシリコン；0.2 g	40 mL HNO_3（d=1.4）＋10 mL HF(40%)
Si/Al 合金；0.5 g	20 mL HNO_3（d=1.4）＋2〜10 mL HF(40%)
ケイ化物；0.1 g	3 mL HNO_3（濃）＋10 滴 HF
Ti；5 g	5 mL HNO_3（d=1.4）＋30 mL HF(40%)＋50 mL H_2O
Ta；1 g	2 mL HNO_3(1＋1)＋8 mL HF(1＋1)
Ta 鋼；1 g	30 mL 王水＋6 mL HF(46%)
Zr；0.01〜0.1 g	20 mL HNO_3(8 M)＋1〜2 mL HF(7 M)
Zr 鋼；0.1〜0.5 g	20 mL HNO_3＋HCl(1：1)＋5 mL HF(40%)
W 合金；1 g	数 mL HNO_3＋10 mL HF＋2〜3 mL H_2SO_4（濃）
フェロモリブデン；0.6 g	3 mL HNO_3（濃）＋2 mL HF（濃）＋5 mL H_2SO_4(1＋2)
白金精鉱；0.25〜1 g	王水＋HF
Pb/Sn 合金；1 g	10 mL HNO_3（d=1.52）＋2 mL HF(50%)
軸受合金；10 g（主成分：Pb）または 5 g（主成分：Sn）	15 mL HNO_3（d=1.33）＋15 mL HF（d=1.11）＋15 mL H_2O
高温合金(Fe/Co/Cr/Ti/Al/Mo/Ta/Hf)；1 g	30 mL HNO_3＋HF＋H_2O（1：1：1）
ボーキサイト；0.5 g	1 mL HNO_3＋12.5 mL HF
黄鉄鉱，黄銅鉱；0.2 g	2 mL HNO_3＋2.5 mL HF(40%)＋2 mL HCl

a：R. Bock, "*A Handbook of Decomposition Methods in Analytical Chemistry*", p.199〜200, International Textbook, Glasgow（1979）．(Ref.4)
b：濃度の記載されていないものは通常の市販品と推測される．
d は密度を示す．ただし，温度は不明．

塩による融解は，酸性酸化物，塩基性酸化物，高原子価金属酸化物およびそれらの塩類などの融解に幅広く使用できる．例：SiO_2，Al_2O_3，SnO_2，TiO_2，Nb_2O_5，Ta_2O_5．

b. 酸性融剤と融解法

酸性融剤としては二硫酸塩（$Na_2S_2O_7$，$K_2S_2O_7$），硫酸水素塩（$NaHSO_4$，

KHSO$_4$）が一般に用いられている．

　酸性融剤による融解には，白金，石英などのルツボが用いられる．高温で発生するSO$_3$が発生しなくなると融解が進まなくなるので，少量の濃硫酸を加えるとよい．この方法は，塩基性酸化物の融解に適し，たとえば，Al$_2$O$_3$＋3SO$_3$→Al$_2$(SO$_4$)$_3$のように可溶性塩が生成する．このほか，Fe，Ti，Zr，Cr，Cu，Sb，Co，Mn，Ni，Ta，Ce，Th，Wなどの酸化物，鉱物などに適用できる．

5.1.4
有機試料の溶液化
（1）湿式分解法

　試料によって，単一の試薬を用いる場合と複数の試薬を組み合わせて用いる場合とがある．

a．単一試薬の利用
a−1　硝酸

　硝酸のみで有機物を分解するのは一般に困難であるが，有機金属化合物では濃硝酸を加えて発煙するまで加熱すると分解できることがある．肝臓や血清は，硝酸で繰り返し発煙処理をすると分解できる．前もって325℃に加熱した木材は，70％硝酸で溶液化できる．

　硝酸のみによる有機物質の分解は，さまざまな改良にもかかわらず依然として不十分なため，まれにしか使われない．

a−2　硫酸

　濃硫酸を用いた有機物質の加熱分解は，反応が遅く，分解困難な炭状の残留物が生じやすいにもかかわらず，非常に広く実施されている．よく知られているケルダール法（Kjeldahl's method）は，次のような窒素定量法である：生物試料を濃硫酸中で煮沸して窒素を硫酸アンモニウムに変え，次いで試料溶液に過剰の水酸化ナトリウム溶液を加えてアルカリ性にした後，アンモニアを水蒸気蒸留して吸収液に捕集し，中和滴定により定量する．ケルダール法の試料分

解は，首の長いケルダールフラスコを用いる．このケルダールフラスコを用いる分解法は，窒素の定量以外でもしばしば利用される．なお，分解反応を促進したい場合は，$CuSO_4$，SeO_2 あるいは $HgSO_4$ を単独あるいは組み合せて触媒として使用する．また，ケルダールフラスコを用いる分解はドラフト中で行い，フラスコの口を実験者のいない方向に向けておく．

b. 複数試薬の利用

b-1 硝酸＋硫酸

　硝酸と硫酸の混合物は，有機物質の分解に非常に有効であり，いわゆる湿式酸化に用いる混合物の中で最も重要かつ用途の広いものである．この酸混合物では，扱いやすさから，通常の濃硝酸（65〜70％）がよく利用される．多くの場合，二つの酸の混合物に試料を加え，溶液が澄んだ状態になるまで加熱する．しかし，分解が困難な試料もある．そのような場合には，たとえば酸の混合比を変える必要がある．

　煮沸の段階で強く熱しすぎると，特に反応が激しい場合に，分析成分がしぶきとして飛散し失われる．このような場合，分解容器の上に適当な跳ねよけあるいはトラップを取り付けることが望ましい．

b-2 硝酸＋過塩素酸，硫酸＋過塩素酸

　過塩素酸は有機物と激しく反応するので，取扱いに注意が必要である．

　硝酸と過塩素酸，硫酸と過塩素酸は，あらかじめ両酸を混合したものを試料に加えることができるが，初めに硝酸あるいは硫酸で試料を加熱処理し，続いて過塩素酸を加えて十分に分解するのが一般的である．後者のように，試料を最初に硝酸あるいは硫酸で加熱処理して酸化されやすい成分を分解しておくと，爆発の危険を最小限にすることができる．たとえば，ケルダールフラスコに1〜2 g の生物試料をはかりとり，12 mL の硝酸（比重：1.5）を加え，窒素酸化物の発生が終わるまで注意深く加熱する．次いで，7 mL の過塩素酸（比重：1.7）を加え，過塩素酸の煙が発生するまで加熱する．試料溶液が透明でない場合は，さらに過塩素酸を加えて加熱する[4]．

(2) 燃焼法

燃焼による分解法は，これまでに多数提案されているが，試料の特性と定量方法を考慮して選択する．本法は，下記の3種類に大別できる．

- 開放容器での燃焼
- 密閉容器での燃焼
- 酸素あるいは空気の気流中での燃焼

a. 開放容器での燃焼

ふたのついていない皿やルツボ中で試料を加熱する方法は"乾式灰化"として知られ，特に生物物質や食品などの研究において，有機物質の燃焼に一般に採用されている．ルツボをマッフル炉中でしばしば加熱するが，これは温度制御がしやすく，試料上に空気を一定量流すことができ，結果的に燃焼を促進することができるためである．本法は

① 灰分の定量
② 非揮発性成分，特に微量元素

の定量に有効である．全灰分（total ash）の定量に利用された灰化温度の例を**表**5.4に示す．

b. 密閉容器での燃焼

これまでにさまざまな容器が提案されているが，ここではSchöniger酸素フラスコを用いる方法（**図**5.2参照）を解説する．まず，(a)に示すように，はかりとった試料をろ紙に包む（左から右へ）．次に，分解に用いる三角フラスコに所定量の吸収液を入れてから，フラスコ内の空気を酸素ガスで置換する（(b)参照）．試料をフラスコに導入する部品の「かご」に，試料を包んだろ紙を取り付けて着火し，直ちにフラスコ内に挿入する（(c)参照）．(d)に示すように栓をして，(ろ紙＋試料)を燃焼させる．燃焼が終わったらフラスコを振って燃焼生成物を吸収液に捕集し，適当な分析法により目的成分を定量す

表 5.4　全灰分定量の際の灰化温度例[a]

試料：量	灰化温度（℃）
小麦粉，小麦粉製品：3〜5 g	550
ジャム，果物ジュース：25 g	525
ココア製品：2〜5 g	600
チーズ：1 g	550
ナッツ：5〜10 g	525

a：R. Bock, "*A Handbook of Decomposition Methods in Analytical Chemistry*", p.126, International Textbook, Glasgow（1979）．（Ref.4）

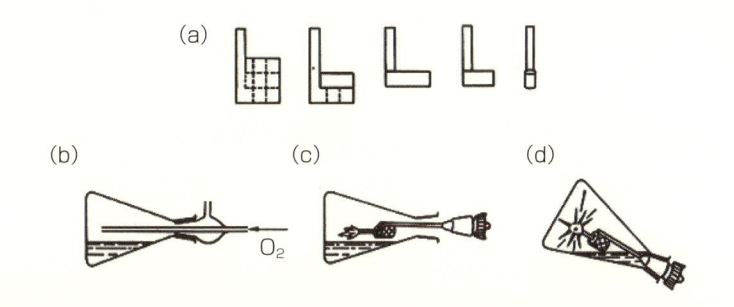

図 5.2　Schöniger 酸素フラスコ

【出典】R. Bock, "*A Handbook of Decomposition Methods in Analytical Chemistry*", p.156, International Textbook, Glasgow（1979）．（Ref.4）

る．

c. 酸素あるいは空気の気流中での燃焼

　本法は，揮発性の燃焼生成物の定量に適用されるのが普通である．試料は，石英，磁製，あるいは白金のボートにはかりとり，通常，溶融シリカ製の燃焼管（水平に設置）に挿入する．燃焼管の端に吸収容器をとりつけて揮発性生成物を捕集する．燃焼管は，一般的な電気管状炉を用いると 1000〜1200 ℃ に加熱でき，特殊な電気炉を用いると 2500 ℃ 付近まで加熱できる．吸収液に捕集した成分は，FCA をはじめ，イオンクロマトグラフィーその他の分析法で測定される．

5.2 試料液のオンライン前処理

　FCAでは化学分析に必要なさまざまな前処理をオンラインで行うことができる．恒温，高温加熱などの基本的前処理に加え，紫外線照射，沈殿生成・ろ過，溶媒抽出，透析，ガス拡散，固体カラム反応，カラム濃縮・分離などがオンラインで自動的に行うことができる．これらのオンライン前処理は必ずしも定量的（99.9 %以上）である必要はない．再現性よく一定の割合で前処理が行われればよい．以下に主なオンライン前処理法を説明する．

5.2.1
恒温，加熱による前処理

　FCAでは，原理的に反応の過渡状態を測定に利用する．したがって，反応温度は反応収率に大きな影響を及ぼすので，反応コイルなどは恒温に保つことが再現性・精度向上に寄与する．一般に温度が上昇すると反応速度は増すことが知られており，10 ℃上昇すると速度は約2倍になる．接触反応では，50～70 ℃にすることで反応が促進され感度は大幅に向上する．恒温，加熱の前処理操作は，一般的には反応コイルをガラス棒に巻きつけ，恒温水槽に浸け，加熱の温度制御を行う．亜硝酸を定量するとき，キャリヤー（蒸留水）に試料を注入し，試薬（スルファニルアミド＋N-1-ナフチルエチレンジアミン）と35 ℃で反応させ，反応生成物の吸光度を540 nmで測定することで，反応促進と再現精度の向上が図られる．温度制御は通常化学実験に用いるサーモスタット付き恒温槽でよい．恒温水槽は室温～90 ℃程度で用いられるが，水蒸気発生が好ましくない場合にはエチレングリコールなども使用できる．あるいは，図3.14に示すような金属ブロック加熱（ドライバス）が安価，簡便で使い勝手がよく，室温～150 ℃程度で使用できる．約80 ℃以上に加熱した場合には，

Chapter 5　FCAで用いられる化学分析の前処理および前処理装置と技術

検出器に導入する前に水冷，空冷などの方法で室温付近まで冷却したほうがバックグラウンドのノイズレベルが向上する（3.3.2項参照）．

ホルムアルデヒドの微量定量には以下の蛍光性誘導体化反応が用いられる（図5.3）[5]．

ホルムアルデヒドはジメドンと酢酸アンモニウム共存下（pH 5.5）で反応し蛍光性誘導体を生成する．しかしこの誘導体化反応は極めて遅いので，90℃に加温し，反応させる．加熱，反応後はペルチェ素子で冷却し，気泡の発生を抑制する．フローシステムを図5.4に示す．加熱，冷却を行う反応システムは市販されている（相馬光学，S-3850）．

またアルミニウムブロック内にフローセルを装着し，ヒーターとサーミスターを埋め込み，セル自体を温度制御するフローセルも考案されている（図5.5）．

λ_{ex} : 395 nm
λ_{em} : 463 nm

図 5.3　ジメドンによるホルムアルデヒド蛍光誘導体化反応

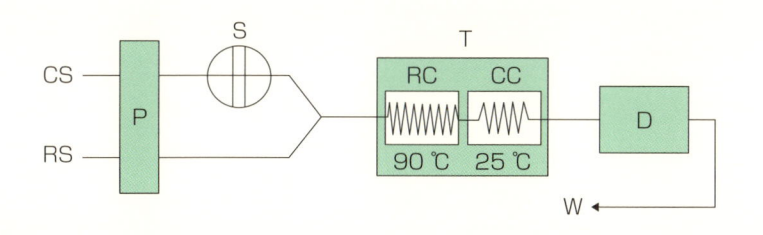

図 5.4　蛍光誘導体化反応を用いるホルムアルデヒド測定用フローシステム

CS：キャリヤー溶液（脱イオン水），RS：0.2% ジメドン，10% CH_3COONH_4–CH_3COOH，P：ポンプ，S：試料注入，T：反応システム，RC：反応コイル（0.5 mm i.d.×7 m），CC：冷却コイル（0.5 mm i.d.×2 m），D：蛍光検出器，W：廃液，流量：0.7 mL/min

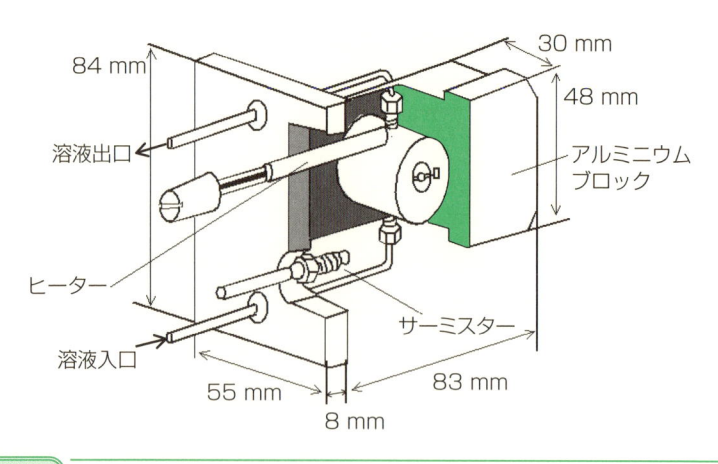

図 5.5 温度制御付きフローセル

　陰イオン性イオン会合試薬であるテトラブロモフェノールフタレインエチルエステル（TBPE）は有機溶媒（1,2-ジクロロエタンなど）中で第4級アンモニウム塩と青色会合体（λ：610 nm）を形成する．またアミンとは赤色会合体（λ：550～580 nm）を形成する．反応式を以下に示す．

$$TBPE^- + R_4N^+ \rightleftarrows TBPE^- \cdot R_4N^+$$
　　青色　　　　　　　　青色（有機溶媒中）
$$TBPE^- + HR_3N^+ \rightleftarrows TBPE \cdot H \cdot R_3N$$
　　青色　　　　　　　　赤色（有機溶媒中）

しかし $TBPE \cdot H \cdot R_3N$ は温度上昇により，吸光度が減少し，60～70 ℃で消滅する．

$$TBPE \cdot H \cdot R_3N \underset{冷却}{\overset{昇温}{\rightleftarrows}} TBPE \cdot H + R_3N$$
　　　　　　　　　　　　　　　黄色

　この現象を利用すれば，$TBPE \cdot H \cdot R_3N$ の妨害を受けることなく $TBPE^- \cdot$

R_4N^+ を選択的に定量することができる．図 5.6 に温度変化に伴うピーク高さの変化の様子を示す．25 ℃ では第 4 級アンモニウム塩はアミンによるプラスの妨害を受けているが（B と C），45 ℃ ではアミンの吸光度は消滅し，第 4 級アンモニウム塩のピーク高さのみが測定される（A'）[6]．

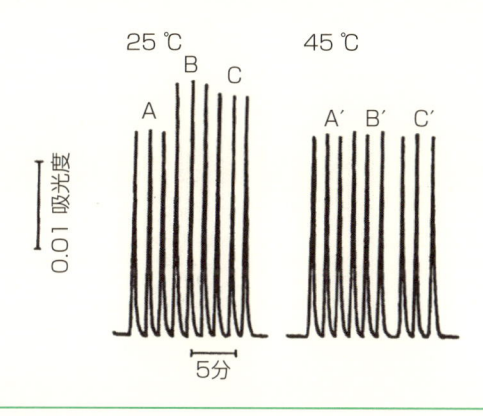

図 5.6 TBPE を用いる第 4 級アンモニウムイオンおよびアミンの会合体の吸光度の温度依存性

B, C：$(R_4N^+ + R_3N)$ のピーク高さ

5.2.2
紫外線照射によるオンライン前処理

　紫外線（UV）によるオンライン前処理は，主として試料の分解や分析成分の酸化・還元に用いられる．図 5.7 は，モリブデン青法による天然水中の溶存反応性リン酸塩（DRP）と溶存有機リン酸塩（DOP）の FIA 測定用フローダイアグラムである[7]．UV 照射器は，U 字形の UV ランプ（40 W）に内径 0.3 mm，長さ 300 cm の PTFE チューブを 8 の字形に巻いたものを，換気扇付きで光がもれない箱に収納して用いる．DRP を定量するときには，試料溶液（標準溶液）のみをソレノイドバルブおよび注入バルブを経て注入する．DRP と DOP の合量を定量するときはソレノイドバルブを操作して試料溶液（標準溶液）（3 秒）と塩基性ペルオキソ二硫酸塩（1 秒）を計 25 秒間交互に注入バルブへ送り，そこから分析システムに注入し，UV 照射により有機物を分解した後，発色反応を行う．ソレノイドバルブ，注入バルブ，ポンプ 2 の運転サイ

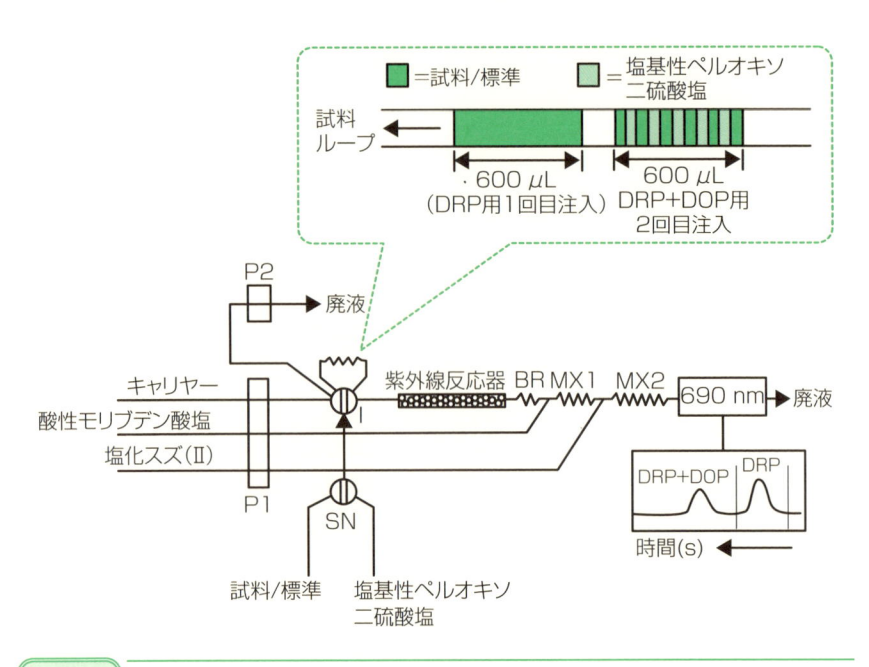

図 5.7 溶存反応性リン酸塩（DRP）および溶存有機リン酸塩（DOP）測定システム

P 1, P 2：ペリスタポンプ，I：注入バルブ，BR：脱泡チューブ，MX 1, MX 2：混合コイル，SN：ソレノイドバルブ

クルは LabView や Visual Basic Program などで制御する．

　低圧水銀ランプに透明性の高い樹脂性コイルを巻いたオンライン UV 照射による各種有機体リン化合物のオルトリン酸への分解効率について詳細な検討がなされている[8]．図 3.16 に示すフォトリアクター（ランプ：径 14 mm×長さ 134 mm，4 W；2 本使用）により，環境水中のリン化合物はほぼ定量的にオルトリン酸イオンに分解できる．

　医薬品を光誘起化学発光法によってスクリーニング試験をする際，酸性過マンガン酸カリウム溶液で酸化する前に，8 W の低圧水銀ランプに内径 0.5 mm，長さ 697 cm の PTFE チューブを巻き付けた光反応器によりオンライン光分解処理した例がある[9]．

　ヒドロキシアンモニウム塩を亜硝酸イオンに酸化した後に吸光光度定量する際，チタニア（TiO_2）を吸着させたガラスビーズを内径 1 mm，長さ 1 m の PTFE チューブに詰めて低圧水銀ランプに巻きつけ，まわりをアルミ箔で覆っ

Chapter 5　FCAで用いられる化学分析の前処理および前処理装置と技術

たUV照射器が有効である[10]．この光反応では，ヒドロキシアンモニウム塩が亜硝酸イオンに光酸化されるとき，チタニアが触媒として作用している．その他，天然水中の全溶存窒素[11]および淡水中の溶存有機炭素[12]の定量の際にもUV照射による分解が利用される．

　UV照射によって海水や河川水中の硝酸イオンを亜硝酸イオンに還元することもできる[13,14]．UV照射用低圧水銀ランプ（反応コイル付き）を図5.8に示す[14]．この水銀ランプは分光光度計の校正に一般に用いられるもので，5 Wのランプで，コイルの中心に取り付ける．これらのUV照射コイル（a）～（c）はいずれも石英製であるが，石英管の内径はB型とC型が1.5～2.0 mm，A型は2.5～3.0 mmであり，コイルの内容積はA型3.6 mL，B型2.5 mL，C型9.9 mLである．また，A型とB型は一重のコイルであるが，C型は試料溶液が長時間コイル内に留まるように三重に巻いてある．種々検討の結果，キャリヤーおよび発色試薬溶液の最適流量はコイルごとに異なるが，B型コイルが最も高

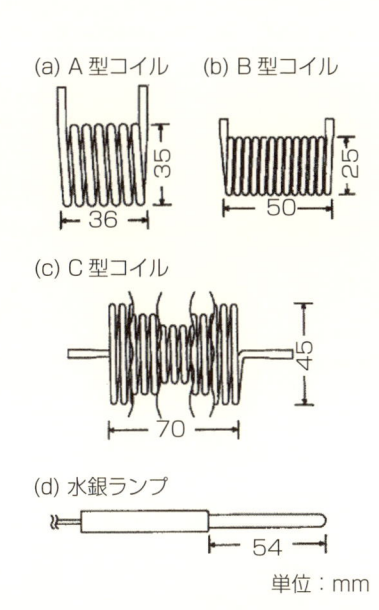

(a) A型コイル
(b) B型コイル
(c) C型コイル
(d) 水銀ランプ
単位：mm

図5.8　UV照射石英コイル（a）～（c）と低圧水銀ランプ（d）

A型コイル：内径2.5～3.0 mm，外径4.0 mm，B型コイル，C型コイル：内径1.5～2.0 mm，外径3.0 mm

感度である．

5.2.3 分離・濃縮を目的とした前処理

(1) 溶媒抽出法

a. メンブランフィルターを用いるオンライン溶媒抽出

溶媒抽出法は水相に溶解している疎水性化合物（分析対象物）を有機溶媒に抽出することで，測定に影響を与えるマトリックス除去，分析対象物の濃縮により選択性のよい高感度検出が可能となる．最近では有機溶媒を用いない固相抽出法が分離・濃縮に多用され，有用な方法が各種 FCA に応用されている．

しかし陰イオン界面活性剤や陽イオン界面活性剤（**図 5.9**）のような無色の物質を高感度に定量するためには，モル吸光係数の大きな有色のイオン会合性試薬（図 5.9）を用いるイオン会合体抽出を用いなければならない．バッチ式マニュアル操作では，多量の有機溶媒を開放系で用いるので，実験環境の汚染源となり好ましくない．これに対し，オンライン抽出 FCA では，測定は閉鎖系で行われ，廃液量も各段に少ないので利点も大きい．

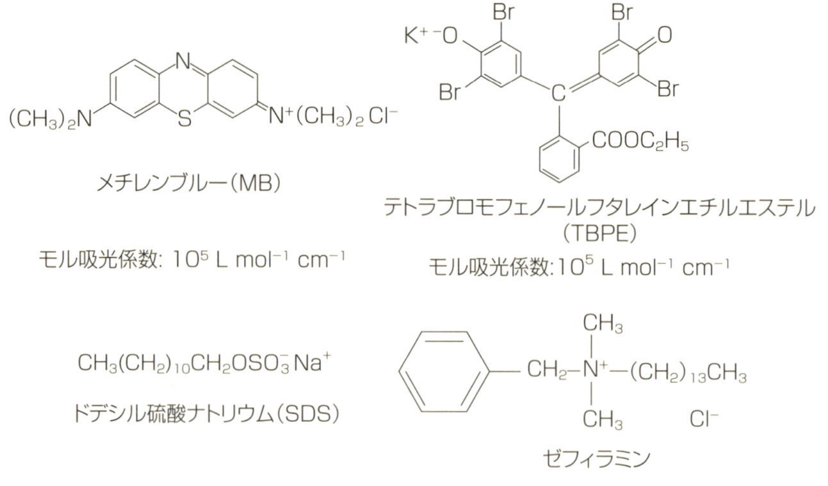
N
(CH3)2N
S
N+(CH3)2 Cl−
メチレンブルー（MB）
モル吸光係数: 10⁵ L mol⁻¹ cm⁻¹
Br
Br
K+ −O
O
Br
C
Br
COOC2H5
テトラブロモフェノールフタレインエチルエステル
（TBPE）
モル吸光係数:10⁵ L mol⁻¹ cm⁻¹
CH3(CH2)10CH2OSO3− Na+
ドデシル硫酸ナトリウム（SDS）
CH3
CH2–N+–(CH2)13CH3
CH3
Cl−
ゼフィラミン

図 5.9 イオン会合性試薬と陽・陰イオン界面活性剤

Chapter 5　FCA で用いられる化学分析の前処理および前処理装置と技術

オンライン溶媒抽出 FIA の基本流路を図 5.10 に示す．ポンプ 1 でキャリヤー（蒸留水）と緩衝液を送液し，キャリヤーに 6 方注入バルブで 100〜200 μL の試料を注入する．キャリヤーはセグメンター（Seg）で抽出試薬を溶解した有機溶媒と合流させると，水相と有機相の小さなセグメントが形成される．抽出コイル中（EC）で分析対象物は抽出試薬とイオン会合体を形成し，有機溶媒に抽出される．セグメントはポアサイズ 0.8 μm の疎水性メンブランフィルター付きの相分離器（PS）に入り，水相，有機相に分離され，イオン会合体を含む有機相のみが検出器のフローセルに導入される．検出には吸光検出法や蛍光検出法が用いられる．

相分離器以降の有機相，水相の流量調節による相分離の効率を制御するためにニードルバルブが有効である．抽出コイル中のセグメントの様子を図 5.11 に示す．分析対象物が第 4 級アンモニウムイオン（R_4N^+）のとき，対イオンには TBPE 陰イオンを用いるとよい．黄色の TBPEH は pH 11 の緩衝液と混合し，TBPE 陰イオン（青色）となり，イオン会合体 $R_4N^+ \cdot TBPE^-$（青色）を形成し有機相に抽出され，吸光度が測定される（λ_{max}：610 nm）．

陰イオン界面活性剤（ドデシル硫酸ナトリウム，$CH_3(CH_2)_{10}CH_2OSO_3Na$，SDS など）が分析対象物であるときには，メチレンブルー（MB^+）水溶液に

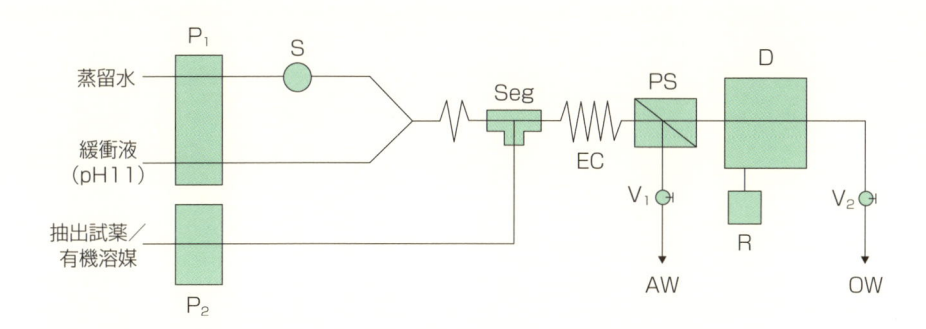

図 5.10　溶媒抽出の基本流路（TBPEH を用いる例）

試薬：1×10^{-5} mol/L TBPEH／ジクロロエタン，P_1, P_2：ポンプ（0.8 mL/min），S：試料注入バルブ，Seg：セグメンター，EC：抽出コイル（2 m×0.5 mm id），PS：相分離器，D：分光光度計，R：記録計，V_1, V_2：ニードルバルブ，AW：水相廃液，OW：有機相廃液

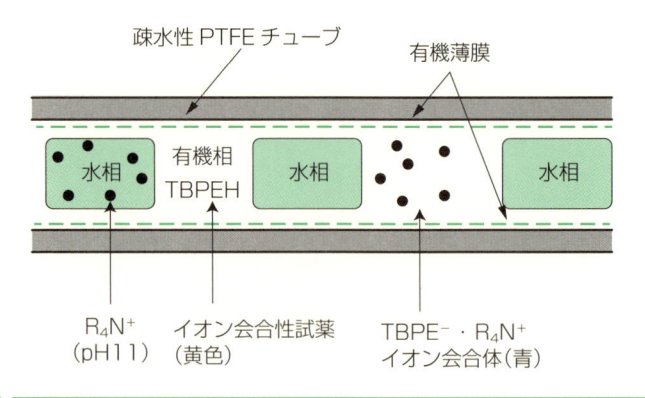

図 5.11 抽出コイル中のセグメントの模式図

例：第4級アンモニウムイオン（R_4N^+）-$TBPE^-$イオン会合体の1,2-ジクロロエタン抽出

試料を注入し，クロロホルムを抽出溶媒として用いる．クロロホルムに抽出された MB^+-SDS^- イオン会合体（λ_{max} 652 nm）の吸光度を測定する．汎用的相分離器と相分離フィルターの耐久性を向上させた相分離器の構造を図5.12 (a)[15]，(b)[16]に示す．

(a) は長さ1 cm, 深さ2 mmの傾斜のあるチャンバーが設けられ，水相と有機相の分離効率がよい．(b) は2箇所にチャンバーを形成できる1 cm幅の

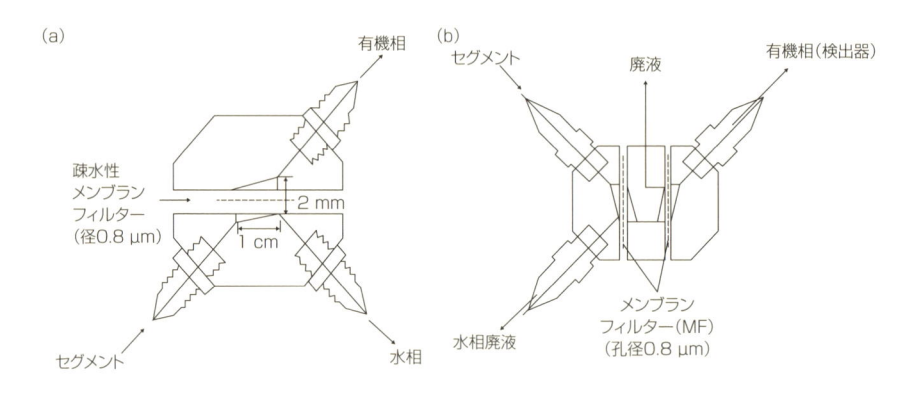

図 5.12 オンライン溶媒抽出用相分離器（セグメンター）

(a) 一段階相分離，(b) 二段階相分離

ブロックを装着し，2枚のメンブランフィルター（MF）を使用する．1枚目のMFを少量の水相が通過しても2枚目のMFで排出し，有機相のみを分光光度計に導く．これを用いると（a）よりも長時間連続測定が可能となり，安定性も向上する．

TBPEを陰イオン会合試薬として用いるとき，有機相にはイオン会合体（$R_4N^+ \cdot TBPE^-$）が存在し，水相廃液には$TBPE^-$が存在する．しかし水相をpH 3以下にしてかく拌すると$TBPE^-$はすべてプロトン付加体のTBPEHとなり有機相に移行する．したがって再生されたTBPEHを含む有機相は循環再利用することができる．そのシステムを図 5.13[17]に示す．循環再利用により試薬・有機溶媒を廃棄することなく100回程度の繰り返し利用が可能である．

b. 相分離器を用いないオンライン溶媒抽出

溶媒抽出操作に相分離器を用いない方法も利用できる．ジベンゾ-18-クラウン-6（DB18C6）／1,2-ジクロロエタン溶液をキャリヤー（1.23 mL/min）とし，対イオン（アニリノナフタレンスルホン酸，ANS）を含む試料溶液（K^+）を10 μL注入し300 cmの抽出コイル中で（DB18C6-K^+-ANS^-）イオ

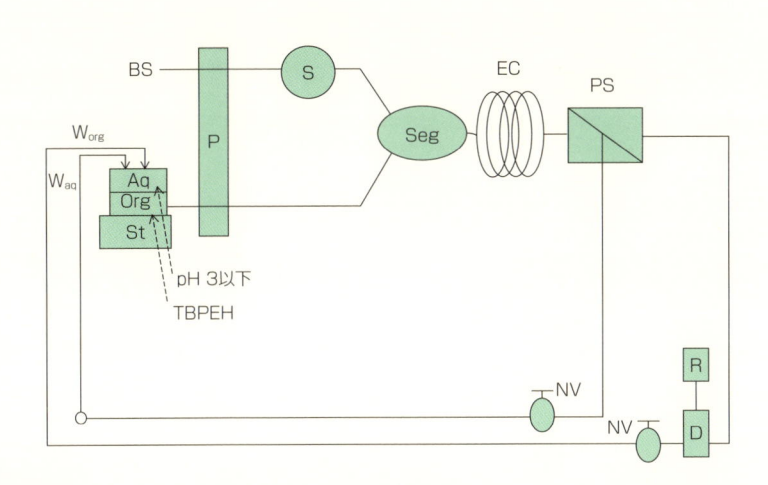

図 5.13 オンライン有機相循環／試薬再生型抽出 FIA システム

BS：緩衝液，P：ポンプ，S：試料注入，Seg：セグメンター，EC：抽出コイル，PS：相分離器，D：吸光検出器，R：記録計，W_{aq}：水相廃液，W_{org}：有機相廃液，Aq：水相，Org：TBPEH/DCE，St：マグネチックスターラー

ン会合体を抽出する[18]．ANS は水相では蛍光を示さないが，有機相では蛍光（$\lambda_{ex}=377$ nm，$\lambda_{em}=468$ nm）を示すので，蛍光検出ができる．この場合有機相の蛍光を直接測定するので相分離器は不要である．

　SIA による有機溶媒薄膜を用いる溶媒抽出法が提案されている．システムを図 5.14[19]に示す．水，トルエン／テトラヘプチルアンモニウムブロミド（THAB，$(C_7H_{15})_4NBr$），空気，試料，アセトンのリザーバーをそれぞれ設ける．メタノール／ジフェニルカルバゾン（DPC）をシリンジで吸引する．バルブを切り替え空気を送る．試料は Mo(VI)，アスコルビン酸（還元剤），EDTA，ポリエチレングリコール（マスキング剤），0.5 M 硫酸，チオシアン酸カリウムを混合液とする．まず水でシステム全体を洗浄し，吸光度をゼロとする．次にトルエン／THAB 溶液を 10 秒吸引し，PTFE チューブの表面に溶媒薄膜を形成させる．安定な薄膜を形成するために空気を 5 秒流す．サンプルは 2 分間流される．Mo(V) 錯イオンは溶媒中の $THAB^+$ とイオン会合体を形成し，溶媒薄膜に抽出される．シリンジで 50 μL のメタノール／DPC が注入されるとイオン会合体はメタノールに溶解するとともに，チオシアン酸イオンと DPC が置換反応を起こし，Mo(V)-DPC 錯体が生成する．メタノール溶液の吸光度を 546 nm で測定する．最後にアセトンで洗浄する．このシステムでは相分離器を必要としないこと，抽出溶媒を連続的に流す必要がないこと，溶

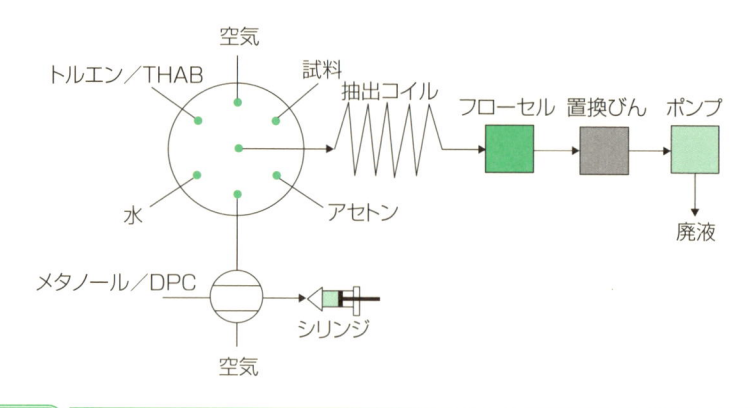

図 5.14 有機溶媒薄膜を用いるシーケンシャルインジェクション溶媒抽出

THAB：臭化テトラヘプチルアンモニウム，DPC：ジフェニルカルバゾン

離液が 50 μL と極めて少量であることなどが利点である．

(2) オンライン固相抽出（solid phase extraction, SPE）
a. 疎水性カラム

排水基準におけるフェノール類の許容限界濃度は 5 μg/mL であり，水道法では 5 ng/mL 以下である．JIS K 0102 には 4-アミノアンチピリン（4-AA）吸光光度法が定められているが，25〜500 ng/mL の低濃度に対してはクロロホルムを用いる溶媒抽出法が規定されている．しかしクロロホルムの使用は好ましくないことからオンライン固相抽出濃縮法が用いられる．4-AA 法の発色反応を図 5.15 に，オンライン濃縮システムを図 5.16 に示す．pH 4 に調整した試料溶液は 2 mL/min で SPE（たとえば OASIS HLB：ウォーターズ）を充填したミニカラム（2.1×20 mm）に 20 分間通液する．濃縮されたフェノールはメタノールで溶離し反応コイル RC_2 でフェリシアン化カリウム共存下で 4-AA と反応（pH 10）させると赤色化合物を生成する．この化合物の吸光度を λ_{max} =505 nm で測定する．このシステムを用いると 0.25〜10 ng/mL のフェノールが RSD＜1 ％ で測定できる．ここで用いた三つのバルブは自動制御バルブで流路の切替えはあらかじめ決められた順序で行われる（コンピュータ制御）[20]．

b. クロマトメンブランセル

通常，疎水性化合物に対する固相抽出剤としては疎水性-疎水性相互作用を利用している．しかしミクロポア（微小細孔）とマクロポア（大きい細孔）を

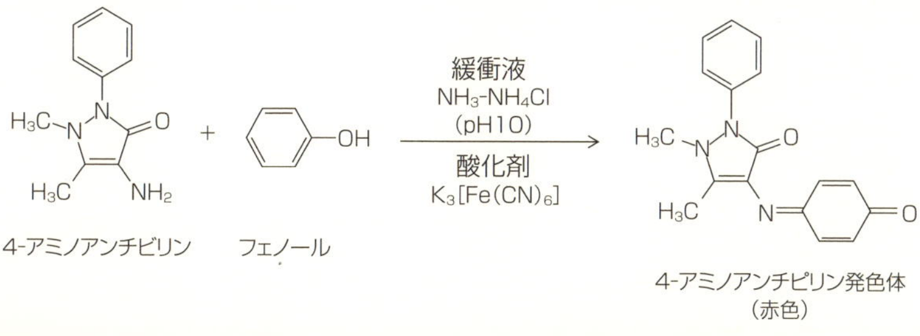

図 5.15 4-アミノアンチピリンとフェノールの発色反応

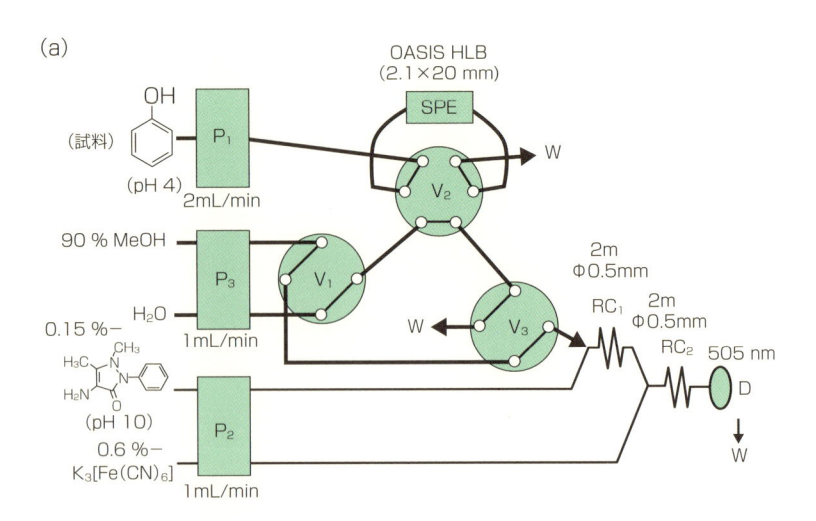

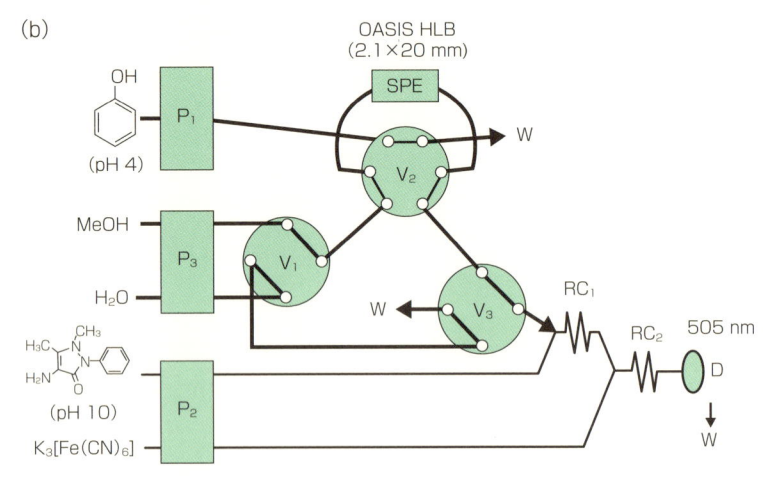

図 5.16 フェノールのオンライン濃縮 FIA システム

(a) オンライン濃縮，(b) FIA 測定
MeOH：メタノール，P：ポンプ；P_1 (2 mL/min)，P_2 (1 mL/min)，P_3 (1 mL/min)，RC：反応コイル；RC_1 (0.5 mm i.d.×2 m)，RC_2 (0.5 mm i.d.×2 m)，V：バルブ，D：吸光検出器

もつ PTFE ブロックからなるクロマトメンブランセル（CMC，**図 5.17**）がフェノール定量に利用されている[21]．CMC を用いるフローシステムを**図 5.18**に示す．

クロロホルムはルート 1 を通り，吸光検出器のフローセルに導入される．試

Chapter 5　FCAで用いられる化学分析の前処理および前処理装置と技術

図 5.17　クロマトメンブランセルを用いる溶媒抽出の概念図

クロロホルムは入口側のミクロポーラスメンブレン（PTFE 膜）をとおり，ミクロポア，そして出口側ミクロポーラスメンブランを通り出ていく．水相は入口側の親水性メンブラン（ろ紙など）をとおりマクロポア，そして出口側親水性メンブランを通り出ていく．

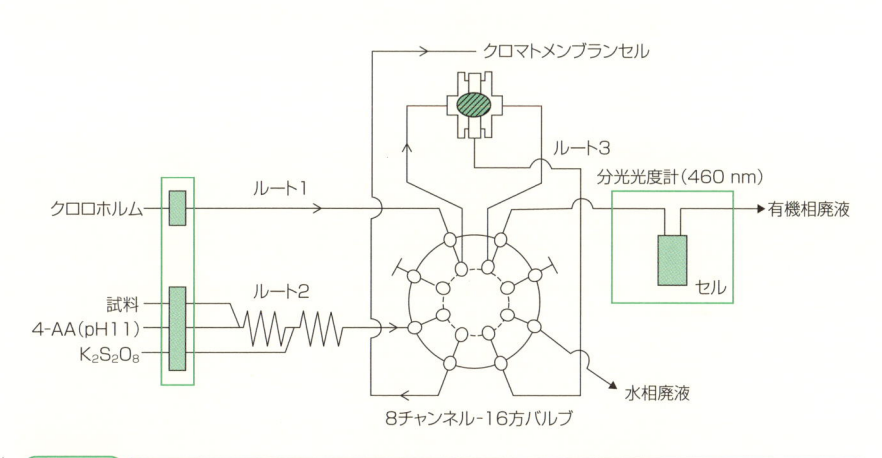

図 5.18　クロマトメンブランセルを用いるフェノールの溶媒抽出

料は 4-AA（pH 11）および酸化剤 $K_2S_2O_8$ と合流（ルート 2）し，4-AA 誘導体が生成され，CMC に導入され，クロロホルム相に抽出・濃縮される．抽出された誘導体は 460 nm で測定される．20～200 µg/L の範囲で検量線が得られる．

CMC は大気中の有害物質（NO_2，SO_2，HCHO など）の水溶液への捕集・

濃縮にも用いられる（3.3節参照）．

c. ガス拡散装置とイオン交換カラムを用いるオンライン前処理法

アンモニアは主に生物活動において発生するが，その濃度測定は生物活性・環境汚染指標としても重要である．高濃度のアンモニアはインドフェノール法で容易に測定できるが，外洋海水や深層海水中のアンモニア濃度は $1\ \mu M$（14 ppb）と低く，通常法では検出が困難である．そこで図 5.19 の FIA システムが構築された．海水試料をポンプ 4 で 0.5 mL/min で送液する．同時に 1×10^{-3} M 水酸化ナトリウム流れと合流させ，5 m の反応コイル（RC_1）中でアンモニアを発生させる．このアンモニアガスを多孔質 PTFE チューブを装着したガス拡散装置（GD）で分離し，ポンプ 5 で送液している吸収液（水）に吸収させる．吸収されたアンモニアはアンモニウムイオン（NH_4^+）になるので，このイオンを弱酸性陽イオン交換樹脂カラム（内径 2 mm，外径 6 mm，長さ 15 cm）にポンプ 3 で送り，保持濃縮する．バルブ 1（V_1）より溶離液 0.5 M 塩酸 300 μL を注入してアンモニウムイオンを溶離し，サリチル酸を用いるインドフェノール誘導体化法（図 5.20）で発色させ，660 nm で吸光度を測定す

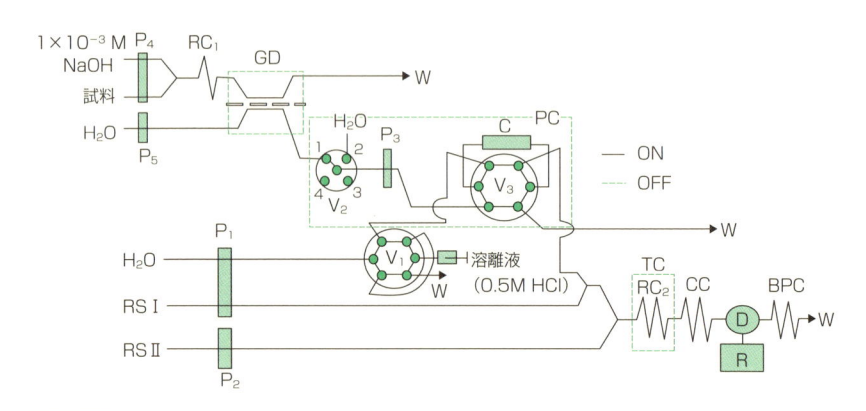

図 5.19 ガス拡散装置とイオン交換カラムを用いるアンモニア定量用 FIA システム

P：ポンプ，V：切替えバルブ，RC_1，RC_2：反応コイル（RC_1：0.5 mm i.d.×5 m，RC_2：0.5 mm i.d.×8 m），CC：冷却コイル（0.5 mm i.d.×1.5 m），TC：恒温槽（70 ℃），C：イオン交換カラム，GD：ガス拡散装置，D：分光光度計，PC：自動制御，RSI：(サリチル酸ナトリウム＋酒石酸ナトリウムカリウム) ＋ (ペンタシアノニトロシル鉄(Ⅲ)酸ナトリウム)) 混合液，RSⅡ：次亜塩素酸ナトリウム（アルカリ性）

$$NH_3 + ClO^- \longrightarrow NH_2Cl + OH^-$$

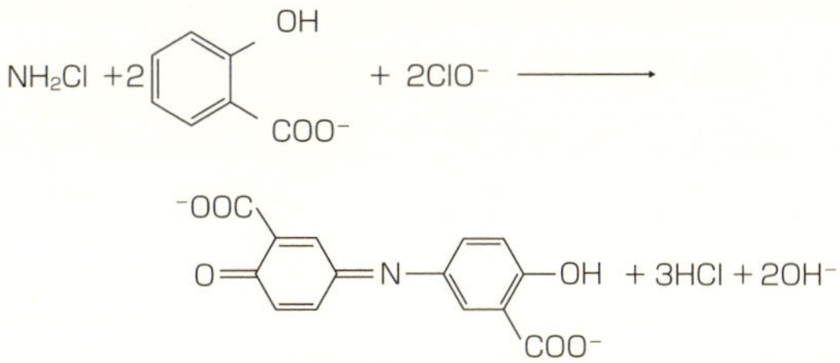

$$NH_2Cl + 2 \text{[2-hydroxybenzoate]} + 2ClO^- \longrightarrow \text{[indophenol product]} + 3HCl + 2OH^-$$

($\lambda_{max} = 660$ nm)

図 5.20　サリチル酸を用いるアンモニアのインドフェノール誘導体化反応

る．試薬Ⅰ（RSI）はサリチル酸ナトリウムと酒石酸ナトリウムカリウム混液とペンタシアノニトロシル鉄(Ⅲ)ナトリウム（ナトリウムニトロプルシド）液を混合したものを用いる．試薬Ⅱ（RSII）は水酸化ナトリウムに次亜塩素酸ナトリウムを加えたものである[22]．試料水を10分間ガス拡散装置に流したときの検出限界はN-NH_4^+として 0.5 ppb（3σ）である．1 ppbアンモニウム標準溶液を用いた相対標準偏差（$n=5$）は 0.7 % である．本法では，発色を促進するために 70 ℃ に加温している．

d. 修飾シリカゲルを用いるオンライン前処理

尿および血清中のサリチル酸塩を定量するための試料前処理に第4級アンモニウム基を化学修飾したシリカゲルを充填したカラム（2 mm i.d×10 cm）を用いる[23]．試料 40～500 μL を注入し，キャリヤー（蒸留水）でカラムに送液する．サリチル酸陰イオンは第4級アンモニウムイオンとイオン対を形成し保持されるが，試料中の他の成分は保持されないので妨害物質は除去される．濃縮されたサリチル酸イオンは 50 μL の溶離液（0.05 M 硝酸）で溶離され，硝酸第二鉄と反応し，有色化合物を生成し，$\lambda_{max} = 540$ nm で測定される．同様のシステムは，血圧降下剤のカプトプリルの定量にも応用できる．また人血漿中のヒスタミン拮抗剤であるシメチジンは，ODSカラム装着FIAでオンライン濃縮・クリーニングした後，キャピラリー電気泳動により選択的に定量する方法が報告されている[24]．

(3) 無機成分のカラム前処理（主に無機物，イオン交換，キレート，Cd/Cu，硫酸鉛などのカラムの利用を含む）

a. 固相抽出による濃縮・分離

　　FCA システムにおける溶媒抽出は，前述のようにこれまで多くの適用例が報告されているが，近年は固体吸着剤を用いる前濃縮法（固相抽出 SPE とよばれる）が急速な発展をとげている．最もよく利用される方法は，適当な吸着剤を詰めた小型カラムを利用するものであるが，細管の内壁への吸着を利用することもある．固相抽出法の本質的な長所は，原則的に有害な有機溶媒を使用しないことである．ただし，キレート化合物として目的成分を前濃縮したときには，吸着剤に保持された目的成分を溶離する際に少量の有機溶媒を用いることがある．もう一つの重要な長所は，溶媒抽出を用いる場合より FCA システムが単純であることである．さらに，固相抽出 FCA システムでは，決まった体積の試料を通液できることに加え，長時間にわたって試料をカラムに連続通液できるので，溶媒抽出におけるよりもはるかに高倍率の前濃縮ができる．重要なことは，前濃縮を行う段階でカラムを通過した廃液は検出器に入らずに廃液溜に向かうように流路を設計することである．

　　前濃縮を効率よく行ううえで非常に重要なことは，小型カラムを適切にデザインし，コンディショニング，濃縮，洗浄，再生などの操作を最適にすることである．その要点は，充てん剤（吸着剤）の分析成分に対する吸着容量，充てん剤（吸着剤）の粒径，試料溶液の流量および体積の最適化である．通常，カラム長さ／カラム内径の比が大きいほど高い濃縮係数が得られる[25]．しかし，カラムが長いと試料溶液を大流量で流した場合に高い背圧が生じるため，カラム長さには限界がある．FCA システムで用いられるカラムは，内径が 1.5～7.5 mm，長さが 2～10 cm が一般的である．

　　溶離された分析成分の分散を抑制するために円錐形のカラムを用いている[26]．カラム充てん剤の粒径を小さくすると吸着容量が増大し，溶出ピークの幅が狭くなるが，この場合も背圧の関係で利用できる充てん剤の粒径には限界がある．8～9 mL/min の流量では，150～200 μm の粒径が妥当である．カラムは PTFE チューブ，ジョイントなどを用いて好みのサイズのものが自作できる（図 5.21 参照）．他方，サイズが限られるが，HPLC 用の市販の空カラム

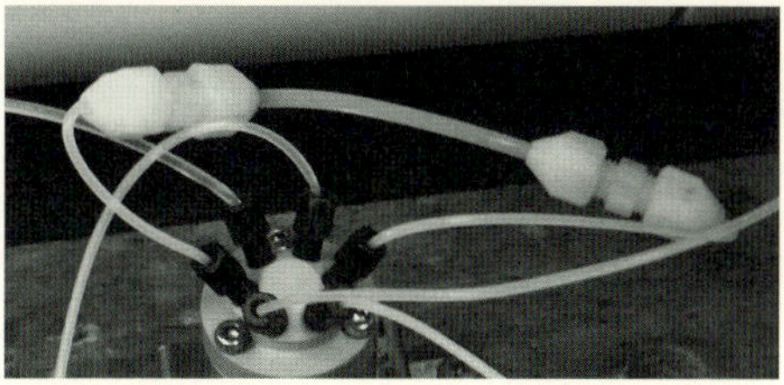

Chapter 5　FCA で用いられる化学分析の前処理および前処理装置と技術

図 5.21　自作のイオン交換樹脂カラムの例

を利用することもできる．

　前濃縮の際にもう一つ重要なことは，前濃縮した分析成分の溶離である．用いる溶離液は，できるだけ小体積で分析成分を迅速に溶離でき，カラム充てん剤を劣化させてはならない．金属および非金属のイオンの場合，溶離液として最もしばしば用いられるのは，酸および塩基の溶液あるいは錯生成試薬の溶液である．また，有機溶媒は，無極性の吸着剤に前濃縮された重金属錯体の溶離に用いられる．試料溶液の負荷と溶離段階における流れの方向を逆にすると，カラムが次第に固く詰まり溶液が流れにくくなるのを防ぐことができる．

　SPE によるオンライン前濃縮の効率を評価するために，濃縮係数（enrichment factor, EF）または濃縮効率（concentration efficiency, CE）の値を使用する．EF は前濃縮の結果として信号が増幅する程度を示すが，前濃縮の時間あるいは用いる試料体積は制限しない．したがって，EF は時折非常に高いことがある．しかしながら，実験操作の効率に関して適切な情報を与えるものではない．CE の値は，前濃縮前後のピーク高さを比較する[27]，あるいは前濃縮前後の検量線の直線部分の勾配を比較する[28]ことにより求められる．

　FCA におけるオンライン SPE 用のカラム充てん剤として，キレート樹脂，錯生成配位子を組み合わせた吸着剤，イオン交換樹脂，金属キレート用非極性吸着剤，錯生成配位子を負荷した吸着剤などがある．

　キレート樹脂の中で最もよく利用されているのはイミノ二酢酸基をもつ樹脂（Chelex–100, Muromac A–1, ME–1），および 8-キノリノールを官能基にもつ樹脂（Spheron Oxin 1000）である．Chelex–100 は，バッチ法および初期の FIA 法で広く用いられているが，この樹脂は膨潤収縮が著しいため使いにく

い．一方，Muromac A-1，ME-1は同じ官能基をもちながら膨潤収縮の程度が小さいために使いやすい[29-31]．

シリカゲル，制御された細孔をもつガラスビーズ（controlled-pore glass, CPG），高分子ゲルなどさまざまな担体に8-キノリノール（8-HQ）を固定化した吸着剤が，FCAに適用されている．シリカゲルに8-HQを固定化するにはジアゾカップリングが採用され[32]，ビニルポリマーに固定化する際はアゾ固定化法が利用されている[33]．黒鉛炉原子吸光検出を利用したFCAにおける鉛の前濃縮のため，8-HQをメタクリル酸ゲルに結合し，オートサンプラーのサンプリングアームの先端に詰めて用いた例もある[34]．

イオン交換樹脂は，錯生成官能基をもつ多くの吸着剤に比較して選択性に劣るが，FCAシステムに広く用いられている．中でも陰イオン交換樹脂は，陰イオンとして存在する微量元素あるいは負電荷錯体を生成する微量金属陽イオンの前濃縮にしばしば利用されている．また，活性アルミナのイオン交換特性は，活性の度合に依存して陰イオンまたは陽イオンのイオン交換体として作用するが，同様な目的に広く用いられている．たとえば，酸性のキャリヤーを用いるとCr(III)は吸着しないがCr(VI)は定量的に吸着する．この現象に基づき，アンモニア溶液でCr(VI)を溶離しICP-AESによって検出すれば両酸化状態のクロムを同時定量することができる[35]．

キレート試薬を疎水性相互作用または静電的相互作用により種々の担体に吸着させて調製した吸着剤は，キレート試薬が脱離することなくSPEに利用できる．担体としてはAmberlite XAD-2[36,37]およびODS[38]のような非極性吸着剤と，イオン交換樹脂[39]およびアルミナ[40]のような極性吸着剤の双方が利用されている．このような吸着剤の調製には適当な樹脂をわざわざ合成する必要もなく，担体と配位子を適切に組み合わせた吸着剤がFCAのオンラインSPEに用いられる．

FCAでの効率的なオンラインSPEの使用法は，前もって生成させたキレート化合物を非極性吸着剤に前濃縮し，次いで有機溶媒を用いて溶離することである．この方法の長所は，選択的な固定相を用いる必要がないことで，この目的にはHPLCで最も一般的な固定相であるオクタデシル基結合シリカ（ODS）が吸着剤として用いられ，それに保持されるキレートにはカルバミン酸錯体な

どが利用できる[41]．

上記のオンラインSPEの利用は，分析成分の濃縮を目的としたものである．他方，分析成分の検出を妨害するマトリックス成分を除去することもオンラインSPEの重要な役割である．この目的でのオンラインSPEを利用した研究も多数報告されている．たとえば，モリブデンを接触法で定量する際に，陽イオン交換樹脂カラムを用いて妨害イオンをオンラインで除去した例がある[42]．また，カドミウムをマラカイトグリーンで定量するときにChelex-100カラムを用いて妨害する陽イオンを除去することができる．なお，カドミウムはクロロ錯体を生成するためChelex-100カラムには吸着しない[43]．

b．流通型反応カラムを利用するオンライン前処理

吸着剤を詰めた小型カラムは，オンライン前濃縮および妨害成分の除去に最も頻繁に使用されている．しかし，分析成分と反応して検出に都合のよい化学形に変換する物質を充てんした小型カラムも多数利用されている．そのような流通型反応器は，分析成分と反応する難溶性塩，金属，鉱物，固定化イオン付きイオン交換樹脂などから製作することができる．この目的のために，種々のマトリックス中に試薬を物理的に閉じ込める，または吸着剤の表面に試薬を固定化することも行われる．反応器内で生じる反応は，間接定量法を開発するためにも用いられる．

流通型反応器の応用の最も簡単な例は，分析成分の酸化または還元である．銅を表面につけた金属カドミウムを詰めた反応器は，硝酸塩を定量するとき，それを亜硝酸塩に還元するためにしばしば用いられる．この反応器は，吸光光度法[44,45]，蛍光光度法[46]などの検出法と組み合わせてFCAに採用されている．同じ目的のために銅メッキしたカドミウムチューブが用いられている[47]．アマルガム化した亜鉛粒を詰めた小型カラム（ジョーンズ還元器）は，Fe(II)と全鉄を吸光光度法で同時定量するFIAシステム（図5.22参照）に用いられている[48]．

難溶性化合物を詰めた流通型反応器は間接定量に利用される．チオシアン酸水銀(II)とチオシアン酸銀を詰めた小型カラムは，塩化物および臭化物の間接吸光光度定量に利用され[49]，固体のクロラニル酸バリウム粒子を含むセル

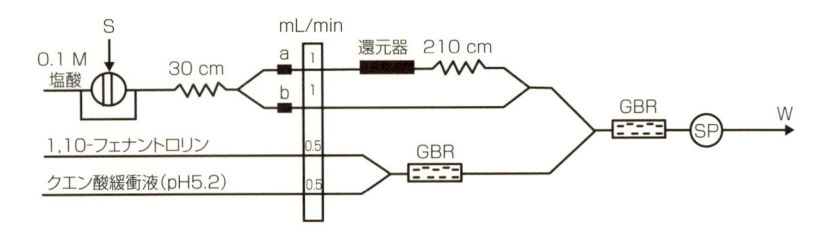

図 5.22 鉄（Ⅲ）と全鉄の同時定量システム

S：試料，a,b：脈流抑制器，GBR：ガラス球充てんカラム（溶液の混合促進），SP：分光光度検出器（512 nm）

ロースの球形粒を詰めた反応カラムは硫酸イオンの間接吸光光度定量[50]に利用される．また，固体硫酸鉛を充てんしたカラムと鉛イオン選択電極による検出法を用いて硫酸イオンを検出限界 1 μM で間接定量ができる[51]．

コラム　電子レンジで試料を溶かす

　家庭での調理やコンビニでの弁当の加温などに広く使われている電子レンジは，マイクロ波を利用しています．その加熱の原理を使うと固体の試料を酸で溶かすことができます．

　試料をガラスまたは石英で作った分解容器にはかりとり，適切な種類と量の酸を加えてから容器にふたをする．その容器をポリフルオロエチレン製またはセラミックス製の筒状容器に入れて密閉し，実験用のマイクロ波照射装置内に設置し，一定時間マイクロ波を照射します．

　この試料溶解法は，密閉容器を用いるため，マイクロ波を照射中に容器内の圧力が高まり，酸の沸点が上昇して試料の分解が促進されます．そのため，セラミックスを始めとして，解放状態では分解しにくい試料に効果的に適用されています．分解操作中に実験環境からの汚染が少ないことも利点の一つです．

5.3 その他のオンライン前処理法

5.3.1 オンライン沈殿を用いる分離

各種 FCA システムによる分析成分の前濃縮と間接定量にはオンライン沈殿を利用することもできる．この試料処理は溶媒抽出あるいは固相抽出ほど一般的ではないが，興味深い研究例があり，総説[52–54]もある．濁度検出のシステムとは異なり，分析成分の前濃縮または間接定量のために沈殿を利用する場合は，沈殿生成のためのコイルの他にフィルターが不可欠である．FIA システムで用いられるフィルターは種々のものが考案されているが，高速液体クロマトグラフィーで利用されているステンレス鋼製ろ過カートリッジ，使い捨てインラインフィルターカートリッジ，さまざまな球またはガラス繊維を充てんした小型カラムなどを用いることができる．定量操作は，沈殿を溶解しても，しなくても可能である．沈殿を溶解する FCA システムは主に分析成分の前濃縮に用いられ，間接定量には沈殿を溶解する，溶解しない，のいずれをも選択できる．沈殿前濃縮のシステムでは，試料と試薬とを連続的に送液し，次に生成した沈殿を洗浄の後，沈殿を溶解する溶液を注入する．

鉛は鉄(II)-ヘキサメチレンアンモニウムヘキサメチレンジチオカルバミン酸錯体を用いて共沈させてからメチルイソブチルケトンで溶解させる[55]のに対し，銀は 1,10-フェナントロリンの存在下で鉄(II)-ジエチルジチオカルバミン酸錯体を用いて共沈させたものをメチルイソブチルケトンに溶解させる[56]．これら二つの分析法では，沈殿の捕集にフィルターではなく Micro-Line チューブで作成したノッテッド（knotted）反応器を用い，FAAS によって検出している．

鉄鋼中のクロムの定量では，沈殿のろ過にガス分離に使用されている PTFE

製のフィルターチューブが利用されている．まず，主成分の鉄を水酸化鉄(Ⅲ)沈殿としてフィルターチューブで除去し，フィルターチューブを通過したCr(Ⅵ)を含む溶液の流れに共沈剤としてLa(Ⅲ)溶液を合流させ，生じた水酸化ランタンの沈殿にCr(Ⅵ)を共沈させてフィルターチューブに捕集する．この沈殿を塩酸で溶解して，Cr(Ⅵ)を1,5-ジフェニルカルボノヒドラジドで発色させ吸光検出する[57]．

オンライン沈殿法は間接定量に適用するにも都合がよい．たとえば，カリウムの定量にはカリウム-クラウンエーテル錯体とテトラフェニルホウ酸イオン(TPB^-)との難溶性会合体の沈殿の生成が用いられている（**図5.23**参照）．この分析法では，試薬溶液中に含まれるTPB^-が試料中のカリウムイオン濃度に比例して減少するため，TPB^-の250 nmまたは274 nmにおける吸光度（負のピーク）をモニターし，水試料中$2×10^{-5}$ Mレベルのカリウムを間接定量している[58]．

5.3.2
気体物質のオンライン分離および濃縮

(1) 気体透過ユニット（GDU：gas diffusion unit）/装置を用いる水中のアンモニア，二酸化炭素の測定

アンモニア，二酸化炭素，硫化水素などの揮発性気体成分を含む水溶液試料

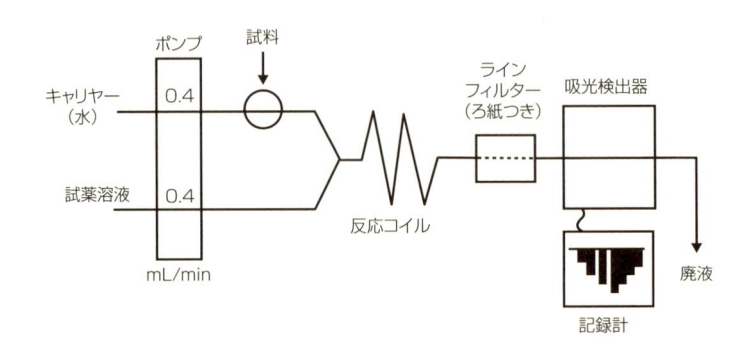

図5.23 カリウムの間接定量システム

試薬溶液：$3×10^{-4}$ M テトラフェニルホウ酸ナトリウム＋$3×10^{-3}$ M 18-クラウン-6＋$3×10^{-3}$ M EDTA-$2×10^{-5}$ M 塩化カリウム（pH 8.9）

の分析では，共存物質の影響を低減化するために気体透過装置が用いられる．本装置には，気体透過ユニット（GDU）が組み込まれている．気体状成分のみを透過しやすい膜を介して気体状成分を含む供給側とその受容（吸収）側の液を流し，受容側に吸収された成分を測定することで元の試料中の成分濃度を知ることができる．たとえば，図3.19（前出）に示すGDUをFIA流路に組み込むことでアンモニアや二酸化炭素がオンライン吸光検出法で測定できる（アンモニア測定の流路図，図5.19参照）．二重管構造のGDUでは，GDUの多孔質PTFE膜の透過性を良好な状態に維持するために，測定後PTFE膜の再生を手軽に行う流路が組み込まれている（図5.19参照）．

膜の再生は，基本的には膜の疎水性の回復である．PTFE膜は本来は疎水性であるが，長時間の使用により次第に親水性の部分が増えてくる．そのため気体状物質の透過性が低下し，逆に供給側の溶液が透過する恐れがある．たとえば，アンモニアの測定では，キャリヤー（供給側）はアルカリ性溶液（0.02 M NaOH）の流れが用いられ，受容側は酸塩基指示薬のクレゾールレッドを含むpH 7の緩衝液が用いられている．アンモニアを吸収することにより，指示薬の塩基型が増し，それに相当する吸光度の変化量を測定することで試料中のアンモニア量を測定する．そのため，アルカリ性の供給液がわずかでも透過するとバックグランドが変化し，正確な測定が阻害される．本再生装置を用いれば膜の寿命は大幅に改善され，多孔質膜の固形物による目づまりがなければ半永久的に使用できる[59]．

溶存二酸化炭素の測定では，キャリヤーに希硫酸（1.8×10^{-3} M），吸収液にクレゾールレッド（1.25×10^{-4} M）を含むpH 9の緩衝液（1×10^{-3} M炭酸緩衝液）が用いられ，410 nmの吸光度変化を測定する[60,61]．酸塩基指示薬としてアゾ染料も使用できる[62]．

（2）気体拡散浄化器（GDS：gas diffusion scrubber）捕集法を用いる大気中の過酸化水素の測定

多孔性の気体透過膜チューブを用いた二重管構造のGDSでは，吸収液中の成分が乾燥し固形物を生じ，孔を閉塞させることがある．一方，イオン交換膜チューブ（たとえば陽イオン交換膜のNafion膜）を用いたGDSでは基本的に

多孔性膜ではないのでこのような固形物の析出は起こらない[63]．**図 5.24** に示す GDS（ナフィオンメンブランスクラバー：NMDS）を組み込んだ一流路 FIA により大気中の過酸化水素が捕集され，蛍光検出される．検出限界は，5×10^{-12} atm H_2O_2（気体）である．

GDS を用いれば，多孔質膜あるいはナフィオン膜を透過する大気中の分析対象物質は吸収液に吸収捕集され，吸光検出，蛍光検出，伝導度検出などで測定できる[64]．

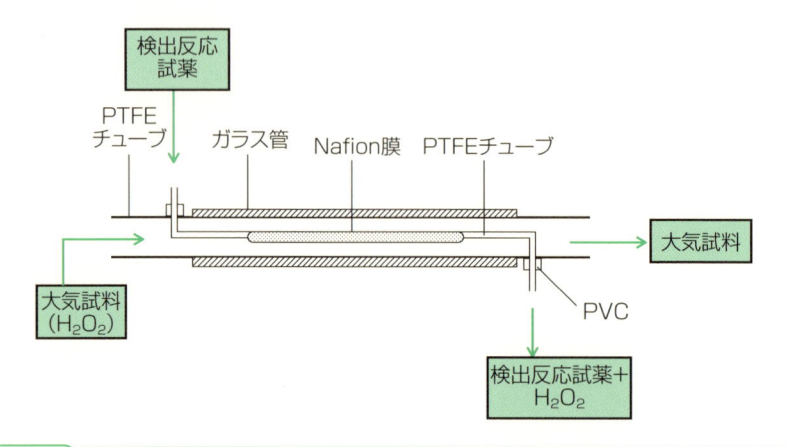

図 5.24　二重管構造の気体拡散浄化器（GDS）

大気中の過酸化水素測定に用いられるナフィオン（Nafion）メンブラン拡散スクラバー
【出典】G. Zhang, P. K. Dasgupta and A. Sigg, *Anal. Chim. Acta*, **260**, 57（1992）．（Ref. 63）

（3）クロマトメンブランセル（CMC）捕集法を用いる大気中の二酸化窒素の測定

CMC（図 3.22）を組み込んだ CMC 濃縮捕集装置と FCA をオンライン結合することで，大気中の気体状物質を高倍率で濃縮捕集することができる．**図 5.25** は CMC 濃縮捕集／FIA 装置を示す．CMC は 3 方型を用いた[65]．

大気中の NO_2 の測定操作の手順は次の①〜⑥である．

① 吸収液（トリエタノールアミン，TEA，2 g/L）をペリスタポンプ（P2）を用いて，CMC に充たす．

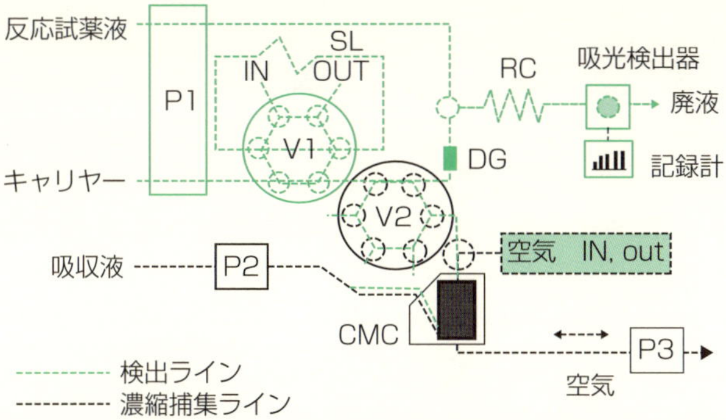

Chapter 5 FCA で用いられる化学分析の前処理および前処理装置と技術

図 5.25 CMC 捕集濃縮法を用いる大気中の二酸化窒素測定装置

CMC を組み込んだ大気中の二酸化窒素測定装置
反応試薬液：スルファニルアミド＋ナフチルエチレンジアミン＋HCl，キャリヤー：水，吸収液：トリエタノールアミン水溶液，SL：標準試料用ループ，RC：反応コイル，DG：デガッサー，P1：ダブルプランジャーポンプ，P2：ペリスターポンプ，P3：気体用シリンジポンプ，V1, V2：6方切替えバルブ，IN および OUT：亜硝酸イオン標準液の入，出口．

② シリンジポンプ（P3）で空気 20 mL を 7 mL/min で CMC を通して吸引する．
③ 6方バルブ（V2）を切替ることにより，FIA のキャリヤー液（AS：吸収液と同じ溶液）により CMC 中の吸収液を流路に流す．
④ 反応試薬液（RS：スルファニルアミド＋N-1-ナフチルエチレンジアミン＋HCl）と合流，反応させ，吸光検出する．
⑤ ピークを測定した後に，6方バルブを切り替える．
⑥ シリンジ（P3）中の空気は CMC を通して排出される．これにより，CMC は再生される．

以後，①から順次繰り返す．一サイクル当たり 5〜6 分間である．

なお，本 CMC 捕集法では，捕集効率はほぼ 100 % とみなしてよい．したがって，検量線作成用の標準液は通常の亜硝酸ナトリウム標準液を用い，6方切替えバルブ（V1）のループを用いてキャリヤー流路に導入し，測定する．ピーク面積を用いて検量線を作成する．

コラム　だれが最初に FIA を開発したか？

　Flow injection analysis および FIA というすばらしい命名は，Ruzicka, Hansen によって化学分析の自動化の新しい概念として提案されました（1975）．FIA 誕生にもその土台となる重要な研究がいくつかあります．当時臨床検査等で広く用いられていた Skeggs（1957 年発表）の空気分節流れ分析法の概念に基づくオートアナライザーは，その一つでしょう．また，残念ながら引用はされていないが，まさに FIA のはしりというべき研究が 1965 年頃から我が国の分析化学研究者・高田芳矩博士らにより行われ，金属イオンの液体クロマトグラフィー用フロークーロメトリー検出器が開発されています（分析化学，1965；1973 年）．

　次代を担う若い研究者には興味を持って実験に没頭していただきたいと思うが，頭を休めるために最新の情報にも触れてみて欲しいです．他人の論文を見ていると，ふと新しいアイディアが湧き上がってきた経験があるでしょう．また，10 年前の論文に多くのアイディアも埋まっています．日本語で気楽に読める「分析化学」誌は意外に宝の山です．ノーベル賞をもらったときに，……の論文に出会ったのは幸運であった，とかエピソードとして話せるように土台となった論文はきっちりとメモしておき，決して無視することなく，敬意を表して発表論文等に引用しましょう．それが自身の論文の質を高めることにもつながります．

5.4 おわりに

　本章では，流れを用いる化学分析で有用な前処理装置・技術について説明した．これらの前処理法には，定量的反応を基礎とするバッチ式マニュアル法では実施困難なもの，あるいは長時間を要するものも多いが，FCA では極めて有効に利用できる．また，これらの前処理法は，1 組または複数組の前処理装置をオンラインで FCA 流路に適宜組み込むことが可能で，選択性の向上，測定の感度・精度の向上により，質の高い分析を行うことができる．

　いかなる機器分析法に対しても該当することであるが，コンピュータ制御・データ処理装置も含め分析装置のブラックボックス化に常に注意しておくことが肝要である．FCA では，特に前処理装置の部分はブラックボックス化しがちである．たとえばカラム充填剤の劣化，捕集効率の変動，流量の変動などが予期せず起こっている場合もありうる．信頼性が確保された範囲内で使用し，常に良好で安定した性能維持に配慮することが信頼できる分析，質の高い分析結果につながる．

参考文献

1) 中村　洋監修，『分析試料前処理ハンドブック』，丸善（2003）.
2) 日本化学会編，『第 5 版　実験化学講座 20-1 分析化学』，丸善（2007）.
3) 高田芳矩，小熊幸一，平野義博，坂田　衛，『環境測定と分析機器』第 2 版，日本環境測定分析協会（2010）.
4) R. Bock, "*A Handbook of Decomposition Methods in Analytical Chemistry*" International Textbook, Glasgow（1979）.
5) T. Sakai, S. Tanaka, N. Teshima, S. Yasuda and N. Ura, *Talanta*, **58**, 1271（2002）.
6) 大野典子，酒井忠雄，分析化学，**47**，795（1998）.

7) O. Tue-Ngeun, P. Ellis, I. D. McKelvie, P. Worsfold, J. Jakmunee and K. Grudpan, *Talanta*, **66**, 453 (2005).
8) K Higuchi, H. Tamanouchi and S. Motomizu, *Anal. Sci.*, **14**, 941 (1998).
9) B. Gomez-Taylor, M. Palomeque, J. V. GarciaMateo and J. Martinez Calatayud, *J. Pharm. Biomed. Anal.*, **41**, 347 (2006).
10) 小寺孝佳, 大島光子, 本水昌二, *J. Flow Injection Anal.*, **13**, 25 (1996).
11) I. D. McKelvie, M. Mitri, B. T. Hart, I. C. Hamilton and A. D. Stuart, *Anal. Chim. Acta*, **293**, 155 (1994).
12) O. Tue-Ngeun, R. C. Sandford, J. Jakmunee, K. Grudpan, I. D. McKelvie and P. J. Worsfold, *Anal. Chim. Acta*, **554**, 17 (2005).
13) S. Motomizu and M. Sanada, *Anal. Chim. Acta*, **308**, 406 (1995).
14) K. Takeda, K. Fujiwara, *Anal. Chim. Acta*, **276**, 25 (1993).
15) S. Motomizu, M. Oshima, *Analyst*, **112**, 295 (1987).
16) T. Sakai, Y-S. Chung, N. Ohno and S. Motomizu, *Anal. Chim. Acta*, **276**, 127 (1993).
17) N. Teshima, N. Fukui, T. Sakai, *Talanta*, **68**, 253 (2005).
18) K. Kina, K. Shiraishi and N. Ishibashi, *Talanta*, **25**, 295 (1978).
19) S. Nakano, Y. Luo, D. Holman, J. Ruzicka and G. D. Christian, *Michrochem. J.*, **55**, 392 (1997).
20) 酒井忠雄, 藤本俊一, 樋口慶郎, 手嶋紀雄, 分析化学, **54**, 1183 (2005).
21) E. Hexleben, J. Simon, L. N. Moskvin and T. G. Nikitina, *J. Flow Injection Anal.*, **18**, 39 (2001).
22) 福井啓典, 大野慎介, 樋口慶郎, 手嶋紀雄, 酒井忠雄, 分析化学, **56**, 757 (2007).
23) R. Karlicek, M. Gargos and P. Solich, *J. Flow Injection Anal.*, **13**, 45 (1996).
24) J.-W. Luo, H.-W. Chen and Q.-H. He, *Chromatographia*, **53**, 295 (2001).
25) M. A. Marshall and H. A. Mottola, *Anal. Chem.*, **57**, 729 (1985).
26) Z. Fang, T. Guo and B. Welz, *Talanta*, **38**, 613 (1991).
27) Z. Fang and B. Welz, *J. Anal. At. Spectrom.*, **4**, 543 (1989).
28) J. Ruzicka and G. D. Christian, *Analyst*, **115**, 475 (1990).
29) T. Kumamaru, H. Matsuo, Y. Okamoto and M. Ikeda, *Anal. Chim. Acta*, **181**, 271 (1986).
30) S. Hirata, Y. Umezaki and M. Ikeda, *Anal. Chem.*, **58**, 2602 (1986).
31) S. Hirata and K. Honda, *Anal. Chim. Acta*, **221**, 65 (1989).
32) M. A. Marshall and H. A. Mottola, *Anal. Chem.*, **55**, 2089 (1983).
33) W. M. Landing, C. Haraldsen and N. Paxeus, *Anal. Chem.*, **58**, 3031 (1986).
34) E. Beinrohr, M. Cakrt, M. Rapta and P. Tarapei, *Fresenius' Z. Anal. Chem.*, **335**,

1005 (1989).
35) A. G. Cox, I. G. Cook and C. W. McLeod, *Analyst*, **110**, 331 (1985).
36) E. Olbrych-Sleszyňska, K. Brajter, W. Matuszewski, M. Trojanowicz, and W. Frenzel : *Talanta*, **39**, 779 (1992).
37) A. M. Naghmush, M. Trojanowicz and E. Olbrych-Sleszyňska, *J. Anal. At. Spectrom.*, **7**, 323 (1992).
38) S. Blain and P. Treguer, *Anal. Chim. Acta*, **308**, 425 (1995).
39) P. Hernandez, L. Hernandez and J. Losada, *Fresenius' Z. Anal. Chem.*, **325**, 300 (1986).
40) M. Trojanowicz and K. Pyrzyňska, *Anal. Chim. Acta*, **287**, 247 (1994).
41) Y. P. de Peña, M. Gallego and M. Valcarcel, *Talanta*, **42**, 211 (1995).
42) L. C. R. Pessenda, A. O. Jacintho and E. A. G. Zagatto, *Anal. Chim. Acta*, **214**, 239 (1988).
43) J. A. G. Neto, H. Bergamin F°, E. A. G. Zagatto and F. J. Krug, *Anal. Chim. Acta*, **308**, 439 (1995).
44) J. R. Clinch, P. J. Worsfold and H. Casey, *Anal. Chim. Acta*, **200**, 523 (1987).
45) A. Daniel, D. Birot, M. Lehaitre and J. Poncin, *Anal. Chim. Acta*, **308**, 413 (1995).
46) S. Motomizu, H. Mikasa and K. Toei, *Anal. Chim. Acta*, **193**, 343 (1987).
47) J. F. van Staden, A. E. Joubert and H. R. van Vliet, *Fresenius' Z. Anal. Chem.*, **325**, 150 (1986).
48) A. T. Faizullah and A Townshend, *Anal. Chim. Acta*, **167**, 225 (1985).
49) A. M. Almuaibed and A. Townshend, *Anal. Chim. Acta*, **245**, 115 (1991).
50) K. Ueno, F. Sagara, K. Higashi, K. Yakata, I. Yoshida and D. Ishii, *Anal. Chim. Acta*, **261**, 241 (1991).
51) T. C. Tang and H. J. Huang, *Anal. Chem.*, **67**, 2299 (1995).
52) V. Carbonell, A. Salvador and M. de la Guardia, *Fresenius' J. Anal. Chem.*, **342**, 529 (1992).
53) M. Valcarcel and M. Gallego, *Trends Anal. Chem.*, **8**, 34 (1989).
54) V. Kuban, *Fresenius' J. Anal. Chem.*, **346**, 873 (1993).
55) Z. Fang, M. Sperling and B. Welz, *J. Anal. At. Spectrom.*, **6**, 301 (1991).
56) S. Pei and Z. Fang, *Anal. Chim. Acta*, **294**, 185 (1994).
57) 渡辺邦洋, 秋山真理子, 四反田功, 板垣昌幸, 分析化学, **58**, 873 (2009).
58) S. Motomizu, K. Yoshida and K. Toei, *Anal. Chim. Acta*, **261**, 225 (1992).
59) 樋口慶郎, 井上亜希子, 坪井知則, 本水昌二, 分析化学, **48**, 253 (1999).
60) S. Motomizu, K. Toei, T. Kuwaki and M. Oshima, *Anal. Chem.*, **59**, 2930 (1987).
61) 真田昌宏, 大島光子, 本水昌二, 分析化学, **42**, T 123 (1993).

62) M. Oshima, Y. Wei, M. Yamamoto, H. Tanaka, T. Takayanagi and S.Motomizu, *Anal. Sci.*, **17**, 1285 (2001).
63) G. Zhang, P. K. Dasgupta and A. Sigg, *Anal. Chim. Acta*, **260**, 57 (1992).
64) K. Toda, *Anal.Sci.*, **20**, 19 (2004).
65) Y. L. Wei, M. Oshima, J. Simon and S. Motomizu, *Talanta*, **57**, 355 (2002).

Chapter 6

FCA 関連技術の化学分析への応用

　FIA をはじめとする FCA は，測定に供する分析試料液の調製，溶液調整を流れの中で自動的に行うことを目的とする化学分析法である．したがって，初心者でも短時間の訓練で再現性のよい分析値を得る技術を習得することができる．FCA の分析所要時間は試料溶液の注入体積や検出反応の種類などに依存するが，バッチ式用手法に比べてかなり短い．通常は 1 回の分析に 0.5 mL 未満の試料溶液を用い，分析所要時間は約 1 分以内である．また，カラム濃縮前処理を必要とする場合には，試料量は 1～5 mL 程度を用い，分析所要時間は約 5 分以内であり，バッチ法に比べかなり迅速である．
　FCA の特長は，多数の類似試料を対象として，同一のあるいは複数の成分を定量するのに適している．たとえば，環境水中の硝酸，亜硝酸あるいはリン酸の定量は比較的簡単な装置構成で行われ，FCA の適用対象としてふさわしく，古くから多くの研究が行われてきた．また，微量成分を分析するときには，分析システム内で目的成分を濃縮し，同時にマトリックス成分を分離除去して高感度測定する例が多く見られる．このようなオンライン濃縮分離は，実際試料の分析では欠かせない手法であり，FCA の役割は大きい．
　本章では，FIA および関連 FCA 技術の実際試料分析への適用例を分野別に紹介する．

6.1 環境分析への応用

環境分析への応用として，大気，水，土壌などについて，以下で代表例を説明する．

6.1.1 大気分析への応用

大気中に存在する有害物質には，固体状の浮遊粒子状物質やアンモニア，ベンゼンなどの揮発性物質がある．大気汚染に関する環境基準は，二酸化硫黄，一酸化炭素，二酸化窒素，過酸化水素，ベンゼン，トリクロロエチレン，浮遊粒子状物質などに対して決められている．以下では，アンモニア，二酸化窒素，二酸化硫黄，過酸化水素を中心に述べる．

大気中の分析対象物質は，まず水溶液に捕集し，以後は水溶液試料の分析法を利用して測定する．一般に大気試料はガス洗浄ビン中の吸収液に吸収させる方法が用いられる．しかし，FCAではごく少量（1~2 mL）の試料液で測定できるので，通常使用される洗浄ビン法では大量の試料液が不要となり，濃縮倍率も悪く，時間的にも不利である．

現場での簡便な試料採取法として，容積既知の分液ロートやプラスチックシリンジを用いることができる．また，少量の吸収液を用いた自動化捕集法やCMCを用いたクロマトメンブラン捕集法，気体拡散浄化器（GDS）法などが利用できる．

（1）大気中アンモニアの測定

大気中のアンモニアを図6.1に示すシリンジを用いて吸収液（ホウ酸水溶液）に捕集し，FIAで測定できる．捕集には，安価な50 mLプラスチックシ

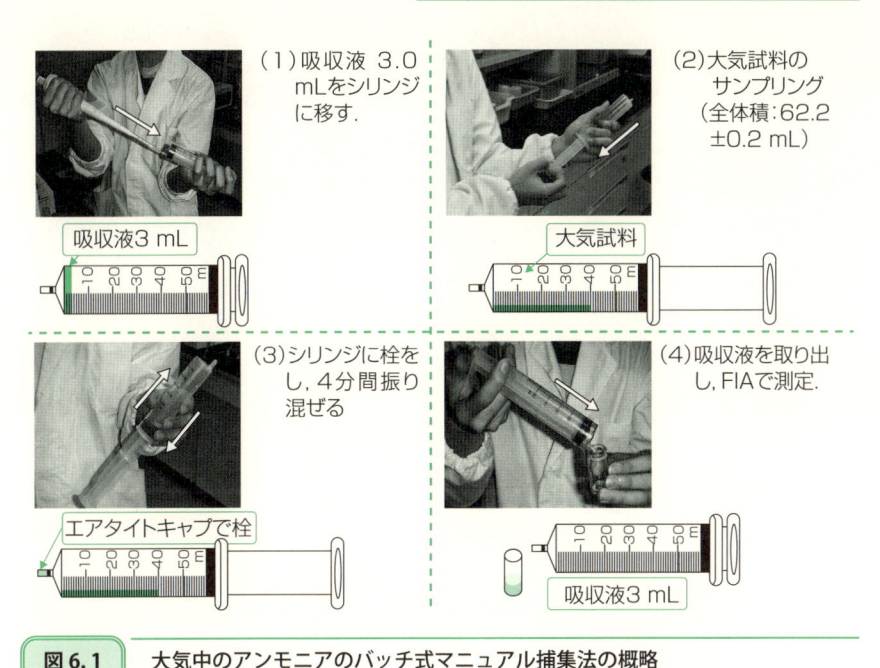

Chapter 6　FCA 関連技術の化学分析への応用

図 6.1　大気中のアンモニアのバッチ式マニュアル捕集法の概略

(1) 吸収液 3.0 mL をシリンジに移す．
(2) 大気試料のサンプリング（全体積：62.2 ± 0.2 mL）
(3) シリンジに栓をし，4 分間振り混ぜる
(4) 吸収液を取り出し，FIA で測定．

リンジを用いることができる．あらかじめ，シリンジの容積（シリンジをいっぱいに引いて，止まるところまでの容積：通常は約 60〜70 mL，同種のシリンジではばらつきは ±0.2 mL 程度）を測定しておく．アンモニアの FIA 測定は，水酸化ナトリウムアルカリ性下，次亜塩素酸ナトリウム，1-ナフトールと反応し生成するインドフェノール型色素の吸光度を測定する．アセトン 10 % を共存させると 5 倍の増感効果がある．本 FIA の検出限界は 9×10^{-7} M（水溶液）である．屋内大気中のアンモニアの捕集液中濃度（シリンジ容積 69.1 mL，吸収液 3 mL）は 1×10^{-6} M 以上であり，十分な感度である．実際の大気試料中のアンモニアの濃度は 1.24〜5.61 ppbv であった[1]．本捕集法で捕集されたアンモニアは通常のアンモニア測定用 FCA で測定できる濃度範囲にある．

気体拡散浄化器（GDS）を用いる FCA により，大気中のアンモニアが測定できる．図 3.21 に示すような GDS において，Nafion チューブを用いスクラバー液に 5 mM 希硫酸を用いた GDS では，0.44〜1.54 L/min のサンプリング速度でもほぼ 100 % の回収率が得られる．

(2) 大気中の二酸化窒素（NO_2）の測定

二酸化窒素の大気汚染に関する環境基準は，1時間値の1日平均値が0.04 ppm～0.06 ppm 内，またはそれ以下である．

容積 260 mL の分液ロートに大気試料を採取し，2 mL の吸収液（2.0 g/L トリエタノールアミン（TEA）水溶液）を加えて4分間振り混ぜる．吸収液を亜硝酸イオンあるいは硝酸イオン定量用 FIA（ジアゾ化カップリング法，LOD 10^{-8} M）で定量する．

理論的には，次式に示すように亜硝酸イオンと硝酸イオンが同量生成するので，いずれかを測定すればよい．

$$2\ NO_2 + H_2O + 2\ TEA \rightarrow NO_2^- + NO_3^- + 2\ HTEA^+$$

実際の大気試料を測定した結果では，吸収液中の亜硝酸イオン濃度は 3.7～9.5 $\times 10^{-8}$ M であり，大気中では 0.013～0.032 ppm であった[2]．

オンライン捕集法では，ミニチュア化した**図 6.2** のガス吸収ユニット（GAU）を用いることができる．GAU には PTFE 粒子（径 400～700 μm）2 g が詰められ，0.5 mL（あるいは 1 mL）の吸収液（2 g/L TEA 溶液）が用いられた．大気試料は 5 mL/min で導入，捕集された[3]．

クロマトメンブラン捕集／FIA 吸光光度法により測定できる．使用するオンライン捕集・測定装置を図 5.25 に示す．大気試料は 5～20 mL で十分測定できる．検出限界は，大気試料 20 mL を用いたとき，0.9 ppb であり，実際試料中の NO_2 濃度は 3.5 ppb であった．

(3) 大気中二酸化硫黄（SO_2）の測定

図 5.26 と同様な装置を用いて大気中の二酸化硫黄を測定することができる．吸収液は TEA 水溶液（2 g/L）であり，発色液は（4×10^{-5} M パラローザニリン ＋ 4.5×10^{-2} M ホルムアルデヒド；pH 1.4）を用いる．SO_2 の捕集率はほぼ 100 % であるので，検量線作成用標準液には亜硫酸ナトリウム水溶液を用いることができる．20 mL の大気試料を用いた場合の LOD は 0.5 ppbv である．屋内で採取された大気試料の測定では，22～35 ppbv，屋外で採取した試

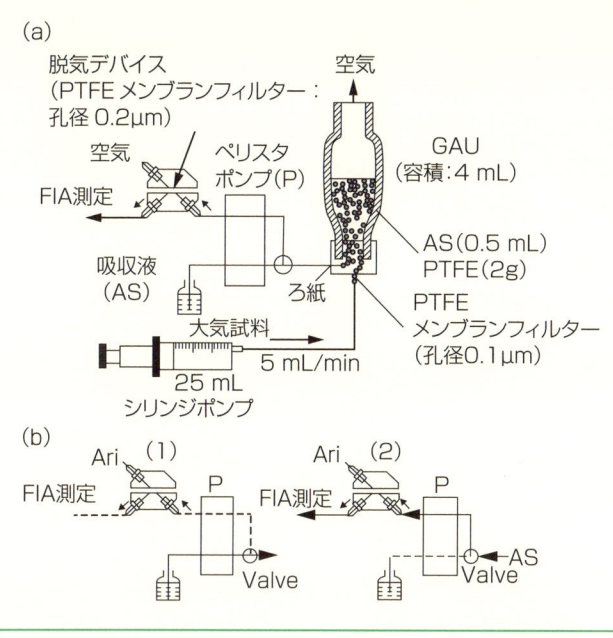

Chapter 6　FCA 関連技術の化学分析への応用

図 6.2　ガス吸収ユニット（GAU）および大気中の NO_2 吸収捕集装置

実線はバルブが開いている状態を示す．
（a）捕集装置概略図．GAU を AS（2 g/L TEA）で充たし，大気試料を通す．バルブを切替え，AS を FIA 測定装置に送り測定する．（b）AS の流れ方向．

料では 16～25 ppbv，車が通る交差点では 55 ppbv の SO_2 が検出された[4]．

GDS のスクラバー液に（7 mM ホルムアルデヒド＋1 mM HCOOH＋1 mM HCOONa，pH 約 4）を用い，拡散膜に多孔質 TFE を用いることで，大気中の SO_2 がほぼ 100 % の捕集率で回収された．発色にはアルカリ性パラローザニリンを用いる[5]．

（4）大気中の過酸化水素の測定

図 5.24 に示す気体拡散浄化器を用いることで，大気中の微量過酸化水素の測定が行われる．スクラバー液にはアンモニアアルカリ性ヘマチン溶液が用いられ，多孔質膜を介してクレゾールを吸収し，その後 GDS で H_2O_2 を捕集する．反応生成物の検出は蛍光検出法で測定され，検出限界は 5×10^{-12} atm である．大気の連続測定に応用でき，1.5×10^{-10} atm～1.2×10^{-9} atm の H_2O_2 が測

定された[6]．

6.1.2
水分析への応用
(1) 窒素化合物の測定
a. 亜硝酸イオン

　亜硝酸イオンの定量には，スルファニルアミド（SA）と N-1-ナフチルエチレンジアミン（NEDA）のジアゾ化カップリング反応を利用する吸光光度法が広く利用されている．この反応を FIA に利用するためには，最も一般的な二流路系を用いる．この FIA で実際に河川水，海水中の亜硝酸イオンを定量した結果，FIA により得られた結果と公定法に規定されているバッチ法による結果との間には，相関係数 1.0 の良好な関係がみられる．JIS K 0102:2013 では流れ分析法として FIA 法も採用されている．

　河川水，海水などに存在する亜硝酸イオンの濃度は，硝酸イオンに比べ 1/10 から 1/100 程度と非常に低濃度のため，天然水中の亜硝酸イオンの定量には高感度化が要求される．さらなる高感度化のために発蛍光性物質生成反応系が開発されている．C 酸と亜硝酸イオンとの反応によって生成したジアゾニウム塩がアルカリ性溶液中で発蛍光性となることを利用する（4.2.2 項参照）．

　SIA による亜硝酸イオンの簡便な測定も可能である．**図 6.3** の装置を用い，ポンプ（プランジャーポンプあるいはシリンジポンプ）とセレクションバルブ（SLV）をコンピュータ（PC）制御し，反応試薬液（ジアゾ化-カップリング反応用：N-1-ナフチルエチレンジアミン＋スルファニルアミド＋HCl）100 μL，試料液 100 μL，反応試薬液 100 μL をホールディングコイル（HC）に吸引し，最後に反応コイルに送り，540 nm で吸光度を測定する．SLV の 12 個のポートのうち，10 個は試料液に用いることができるので，オートサンプラーとして利用できる[7]．

b. 硝酸イオン

　硝酸イオンの定量は，Cd/Cu 還元カラムで亜硝酸イオンに還元した後，前述の亜硝酸イオン定量法を利用する方法が一般的である．この方法においては

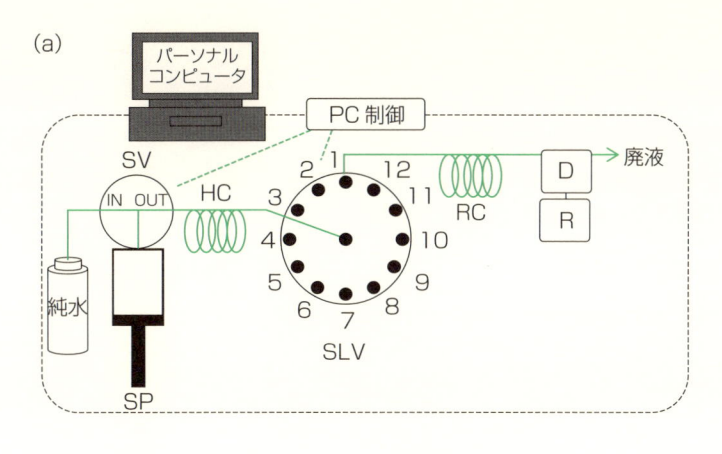

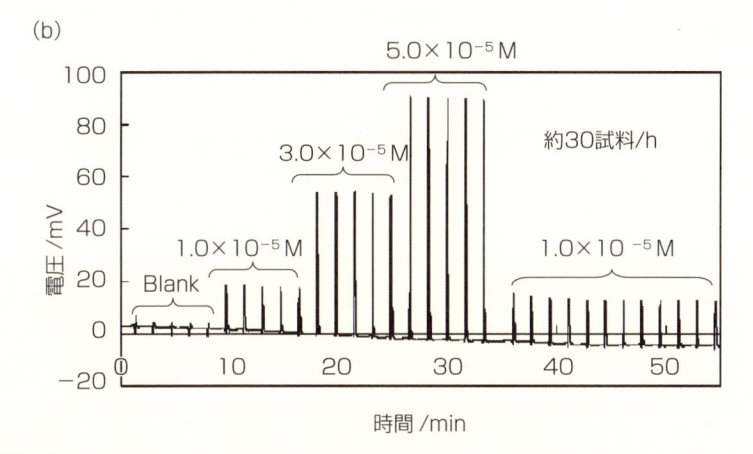

Chapter 6　FCA関連技術の化学分析への応用

図 6.3　亜硝酸イオン測定用 SIA（a）およびフローシグナル例（b）

SV：シリンジバルブ，SP：シリンジポンプ（5600 μL），HC：ホールディングコイル，SLV：12 ポートセレクションバルブ，RC：反応コイル（1 m），D：可視吸光検出器，R：記録計，SLV のポート：ポート 1；反応生成物溶液の出口，ポート 2；反応試薬，ポート 3～12；試料（または亜硝酸イオン標準液）

硝酸イオンから亜硝酸イオンへの還元を再現性よく定量的に行うことが重要な点である．JIS などの公定法で採用されているバッチ式用手法では，大量の試料を処理するために，Cd/Cu 還元カラムが劣化しやすく，還元の再現性と効率が悪くなり，信頼性に欠ける．したがって，そのつど還元率のチェックを行い，カラムの洗浄，再活性化を施す必要がある．しかし，これらの操作は煩雑で時間・労力を必要とし，また多量のカドミウム廃液が排出される．

FCA では，"前処理操作のオンライン化"，"試料の少量化" という利点を有効に利用することができ，分析の高精度化と簡略化が可能となる．図 6.4 には，粒径 0.5〜2 mm の Cd/Cu を内径 2 mm，長さ 10 cm のガラス管に充填したカラム（Red.C）を流路に組み込んだ硝酸イオン定量用フローダイアグラムを示す[8]．

　このシステムでは切り替えバルブの操作により，還元カラムを通さず，亜硝

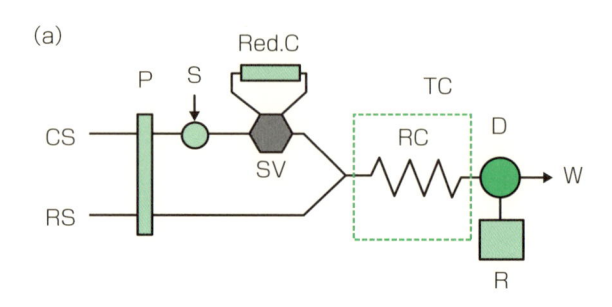

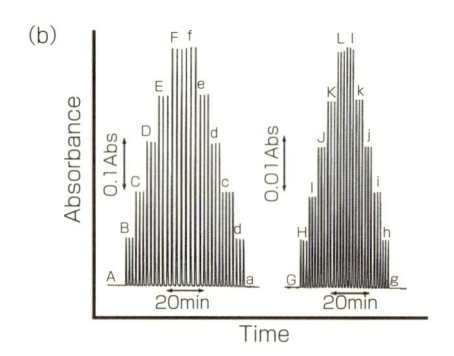

図 6.4 硝酸イオン，亜硝酸イオン定量用フローダイヤグラム（a）およびフローシグナル例（b）

(a) CS：キャリヤー溶液（EDTA+NH$_4$Cl），RS：試薬溶液（SA+NEDA），P：送液ポンプ（1.0 mL/min），S：サンプルインジェクター（100 μL），SV：六方切替えバルブ，Red.C：Cd–Cu 還元カラム，TC：反応恒温槽（40℃），RC：反応コイル（0.5 mm i.d.× 2 m），D：検出器（540 nm），R：記録計，W：廃液

(b) [N–NO$_2^-$]／ppm　A：0, B：0.2, C：0.4, D：0.6, E：0.8, F：1.0
　　[N–NO$_3^-$]／ppm　a：0, b：0.2, c：0.4, d：0.6, e：0.8, f：1.0
　　[N–NO$_2^-$]／ppb　G：0, H：20, I：40, J：60, K：80, L：100
　　[N–NO$_3^-$]／ppb　g：0, h：20, i：40, j：60, k：80, l：100

酸イオンのみ定量することも可能である．また，このFIAではキャリヤー溶液中にEDTA（還元カラム活性化剤）を共存させておくことにより，還元率は常に98%以上を維持し，多数の試料処理を再現性よく，効率的に行うことができる．実際のフローシグナル例を図6.4（b）に示す．高濃度域と低濃度域の標準液のピークにおいて同じ濃度の亜硝酸イオンと硝酸イオンのピーク高が等しいこと（A～Lとa～lにおいて対応するピーク高が一致していること）は還元率がほぼ100%であることを示している．

　本法では1時間当たり40～50検体の定量が可能で，その際のカドミウム廃液はわずかに60mLであり，濃度も低い．図6.5には河川水，海水中の硝酸イオンをFIAで定量した結果とバッチ式公定法（JIS）で定量した結果の比較を示す．両者に本質的な差異はない．このような結果を基に，FIAによる硝酸，亜硝酸イオンのFIA測定法がJIS，ISOなどの公定法に採用された．

　さらに高感度な定量法としてはCd/Cu還元をオンラインで行った後，既述のC酸を用いて蛍光検出する方法がある．

　硝酸イオンの還元を，有害なカドミウムを用いる代わりに，紫外線を照射して行う方法が開発されている．低圧水銀ランプにテフロンチューブを巻き付け

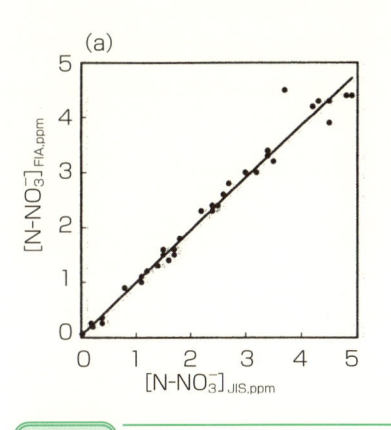

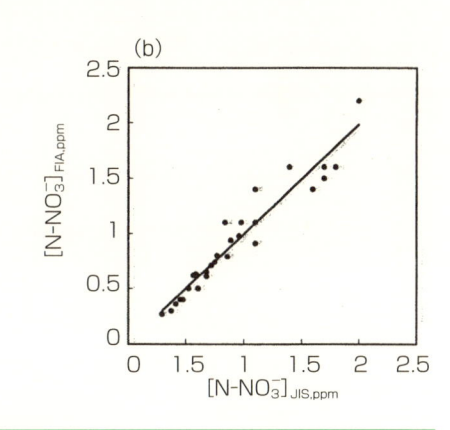

図6.5	FIAとバッチ式公定法による測定結果の比較

$[N-NO_3^-]_{FIA}$：FIAによる硝酸態窒素の定量値，$[N-NO_3^-]_{JIS}$：バッチ式公定法（JIS K 0102）による定量値
(a) 河川水：$n=36$, $r=0.990$, $y=0.955\,x+0.0402$
(b) 海水：$n=32$, $r=0.960$, $y=0.991\,x+0.00437$

た簡単な紫外線照射装置（図3.16および図5.8）を用いるもので，本装置をCd/Cuカラムの代わりに流路に組み入れるだけで，再現性よく硝酸イオンを亜硝酸イオンに還元することができる．実際の環境水分析において，その測定値はCd/Cu還元法による測定値とよい一致を示すことが実証されている．この方法は有害物質を使わず，安全でクリーンな定量法として大きな注目を集めており，今後の普及がおおいに期待される（Chapter 5, 5.2.2項参照）．

c. アンモニア

アンモニアの定量法としては次亜塩素酸イオンの共存下，フェノールと反応して生じるインドフェノールブルーの吸光度を測定する方法がバッチ式用手法でも古くから用いられてきた．しかし，この発色反応は有機化学反応であるために，反応時間，反応物質の純度と濃度，pHや温度などの影響を非常に受けやすく，バッチ式用手法で分析精度を維持するためには熟練と労力を要する分析法のひとつである．このようなバッチ法の欠点を克服するためには，"反応の精密制御"が容易なFCAがまさに最適である．フェノール–インドフェノールブルー法はしばしばFIAに応用されてきた．また，JIS K 0102：2013では流れ分析にも利用されている．しかし，試薬の安定性にやや問題がある．その点を改良したのがフェノールの代わりにサリチル酸を使う方法である[9]．流路はサリチル酸ナトリウムとニトロプルシドの混合溶液と次亜塩素酸ナトリウム溶液を順次反応させる三流路系を利用する．実際に河川水，海水中のアンモニアを本法により定量した結果とJISバッチ法による測定値の間には良好な相関関係があることがわかった．

一方，アンモニアの定量においてはガス拡散（GD）法が有効である．GD法は目的成分を気体に変換し，多孔質PTFE膜を透過させた後測定する方法である．分析対象が室温で気体になりやすい化学種に限られているため，共存物質の影響をほとんど受けず選択性を格段に向上させる有効な方法である．GD法ではガス拡散装置（GDU）の性能が分析精度，感度に大きな影響を与える．図3.20に組み立て容易なガス拡散装置を示している．この装置を組み込んだFIAにより環境水中のアンモニアが定量された[10]．キャリヤー液（CS）にNaOH水溶液，試薬液（RS）に発色試薬を含む吸収液を流す．CSに注入さ

れた試料は，細管中を流れている間に分散，混合しアルカリ性となり，アンモニウムイオンはアンモニアガスとなって多孔質PTFEチューブを通過し，内管を流れるRS（pH指示薬）に吸収される．その際，pHの上昇に伴い指示薬の吸光度が変化する．この現象を定量に利用するものである．

ガス拡散／FIA法はアンモニアのほかに総炭酸，残留塩素，全有機炭素などの定量にも利用できる．

d. 全窒素

全窒素とは前述の亜硝酸，硝酸，アンモニア体窒素および有機体窒素の総量をいう．バッチ式用手法を用いる公定法では，試料にペルオキソ二硫酸カリウムを加え，オートクレーブ中で120℃に加熱して窒素化合物をすべて硝酸イオンに酸化分解する．分解液について，高濃度の場合には220 nmにおける紫外吸収を測定する紫外吸光光度法が一般的に使用される．これをFIAに応用して排水中の全窒素を自動化測定することができる（JIS K 0102:2013）．また，オートクレーブを使って分解した試料を一度酸性にして溶解した後，KOH溶液またはアンモニア緩衝液で中和し，その試料をFIAで定量することもできる．さらに，既述の還元-ジアゾ化カップリング反応を利用すれば一層の高感度化が可能となる．JIS K 0102の流れ分析にも採用されている．

(2) リン

a. オルトリン酸イオン

リンの吸光検出法は，ほとんどの方法が酸性溶液中でオルトリン酸とモリブデン酸が反応しヘテロポリ酸のモリブドリン酸を生成する反応に基づいている．高感度化と共存物の妨害低下のためには，ヘテロポリ酸生成後，アスコルビン酸や塩化第一スズを作用させ，還元生成物の形にしたモリブデンブルー法が最もよく用いられる．FCAにおいても同様であり，JIS K 0102:2013にも採用されているモリブデンブルーのモル吸光係数は還元剤や反応条件によって異なるが，$(1〜2) \times 10^4 \mathrm{L\ mol^{-1}\ cm^{-1}}$程度である．一方，モリブドリン酸とトリフェニルメタン系陽イオン染料のマラカイトグリーンの間で生成するイオン会合体のモル吸光係数は$(8〜9) \times 10^4 \mathrm{L\ mol^{-1}\ cm^{-1}}$と数倍高感度となり，この

反応を利用すればppbレベルのリン定量が可能となる．また，FIAによるオンラインでモリブドリン酸とマラカイトグリーンのイオン会合体を，ベンゼン+MIBK（1+2）混合溶媒に抽出した後，有機相の吸光度を測定する方法により見掛けの感度は上昇し，検出限界はリンとして0.1 ppbと高感度になる．

高感度化のひとつの方法であるカラム濃縮法も利用できる．陰イオン交換樹脂を用いて前濃縮することにより溶媒抽出と同程度の感度が得られる．

一方，蛍光光度法は吸光光度法に比べ，通常10倍から100倍高感度であることから，陽イオン染料の一つであり，蛍光をもつローダミン6Gが検討された．その結果，モリブドリン酸とイオン会合体を生成することにより，リン濃度に応じ直線的に蛍光が減少することが見いだされた．さらに検討が進められ，ローダミンBはローダミン6Gに比べ試薬溶液自身の安定性に優れており，実用的に優れていることがわかった．簡単な二流路系FIAで，蛍光検出器の$\lambda_{ex}=560$ nm，$\lambda_{em}=580$ nmの蛍光を測定することにより，リンとして0.3 ppb程度の定量が可能である．実際に環境水中のリンの定量に応用され，特に海水試料に対しても塩濃度の影響が少なく，有効であることが実証されている（Chapter 4，4.2.2項参照）．

b. 全リン

環境水中にはリンはオルトリン酸の形のみならず，縮合体や有機体などさまざまな形で存在している．したがって全リンの定量では，これらさまざまなリン化合物をいったん分解してオルトリン酸に変えた後，a．で記述したようなヘテロポリ酸生成反応を用いて定量する．JISにおいてはペルオキソ二硫酸カリウムを酸化剤としてオートクレーブ中で加熱して分解する方法が規定されている．このバッチ式用手法は操作の煩雑さに加え，30分の加熱時間，さらには放冷などの時間も必要となる．そこでこの加熱酸化分解法をFIAに応用してオンラインで全リンの定量を行うことが検討された．ペルオキソ二硫酸カリウムを分解試薬として用い，分解反応コイル（たとえば内径0.5 mm，長さ10～20 mのPTFEチューブで構成，白金線触媒使用）を140～160℃に加熱してオルトリン酸に分解した後に，モリブデンブルー法やマラカイトグリーン吸光検出法で測定された[11]．

高温加熱の代わりに，紫外線を照射することにより酸化分解を行う全リン定量法が利用できる．4 W の低圧水銀ランプに内径 0.5 mm，長さ 5 m のテフロンチューブを直接巻き付けた紫外線照射装置（図 3.16）の中で 0.5 % ペルオキソ二硫酸カリウムの 0.2 M 硫酸溶液を酸化分解試薬として用いることにより分解を行う．検出はモリブデンブルー／吸光光度法で行えばよい（Chapter 5, 5.2.2 項参照）．

図 6.6 にこのフローシステムの概略図を示す．この方法ではトリポリリン酸や ATP など縮合リン結合をもつ化合物の加水分解は不完全ではあるが，グルコースのリン酸エステルやリボフラビン類，AMP，ホスフォン酸など大半のリン化合物はほぼ定量的にオルトリン酸に分解できる[12]．実際に，河川水など環境水中の全リン測定のために，紫外線照射分解法を用いた場合とオートクレーブ分解法の JIS 法を比較したところ，両者は良好な相関を示すことがわかった．直線性を示す相関係数は 0.980 であり，紫外線照射分解法が実用的にも十分利用できることがわかった．

一方，海水中のリンを FIA 吸光検出法で定量しようとするとき，試料とキャリヤー溶液の塩濃度の極端な違いにより正負両側に出現するゴーストピーク（Schlieren 効果）が現れ，低濃度領域での分析の信頼性が損なわれる．この問題は，試料注入量を増やすことにより解決できる．注入量が増えるとこの

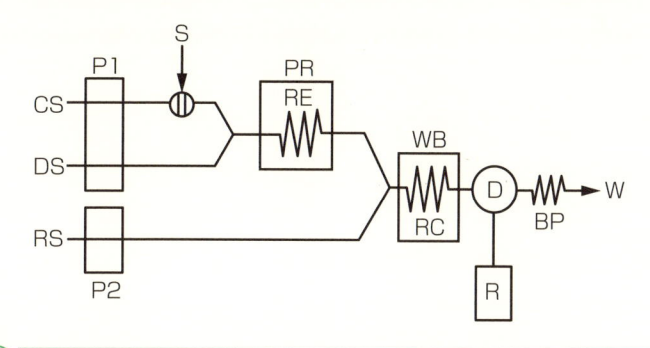

図 6.6 紫外線照射−酸化分解法による全リン測定用フローダイヤグラム

CS：キャリアー溶液（H_2O），DS：分解試薬溶液（$K_2S_2O_8$−H_2SO_4），RS：モリブデンブルー試薬溶液，P 1，P 2：送液ポンプ（各々 0.5 mL/min），S：試料注入（300 µL），PR：紫外線照射装置，RE：リアクター（0.5 mm i.d.×5 m），WB：水浴（70℃），RC：反応コイル（0.5 mm i.d.×3 m），D：検出器（830 nm），R：記録計，BP：背圧コイル（0.25 mm i. d. ×2 m），W：廃液

正負のピーク間隔が増し，そのためにリンとの反応生成物に由来するピークと，海水中の NaCl に由来するピークを分離できるようになる．一連のピーク形状を解析することにより海水中の微量リンを希釈することなく直接定量できるようになった．

(3) ホウ素（ホウ酸）

環境中にホウ酸の形で存在するホウ素は水溶液中では反応性に乏しいため，通常の方法では，硫酸酸性中での反応とか蒸発乾固による反応などが必要である．このように，従来のバッチ式用手法では分析操作上問題が多い．ホウ素に関しては人の健康保護に関する環境基準として 1 mg/L（1 ppm）以下，排水基準では 10 mg/L が許容限度とされている．現在 JIS などの公定法では，試料にフッ化水素酸を加えテトラフルオロホウ酸イオン（BF_4^-）とした後，メチレンブルーを加え，生成するイオン会合体を 1,2-ジクロロエタンに抽出し，その吸光度を測定して定量を行う方法やアゾメチン H 吸光光度法が規定されている．FIA においてもアゾメチン H を反応試薬として用いる方法が利用できる．アゾメチン H はホウ酸と直接反応することから簡便な方法であるが，試薬自身が溶液中で不安定であることや検出限界が 0.1 ppm 程度と感度は必ずしも十分でない．この二つの欠点を解決するためにホウ素の新しい吸光光度定量試薬として H-レゾルシノール [1-(2,4-Dihydroxy-1-phenylazo)-8-hydroxy-naphthalene-3,6-disulfonic acid] が開発された．H-レゾルシノールを用いる FIA 吸光検出法によれば，反応コイルを 100 ℃ に加熱することにより反応速度を高めることができ，高感度かつ迅速で簡便なホウ素の定量が可能となる．検量線は 0～1.0 ppm の範囲で良好な直線性を示し，検出限界は 5 ppb と環境試料の分析には十分な感度を有している[13]．

さらに高感度な定量法として，クロモトロープ酸を反応試薬として用いる蛍光法が利用できる．この FCA 蛍光法はホウ素がクロモトロープ酸と室温で蛍光性の錯体を容易に生成する反応を利用するものであり，蛍光検出器（λ_{ex}=313 nm，λ_{em}=360 nm）を使用する．ホウ素-クロモトロープ酸錯体生成後，0.5 M NaOH（または希アンモニア水）溶液と混合することにより試薬自身のバックグランド蛍光が減少し，高感度化が達成できる．ホウ素のフローダイア

グラムを図6.7(a)に,フローシグナル例を(b)に示す.この方法の検出限界は$5×10^{-9}$ M(0.05 ppb)であり,現在知られているホウ素の流れ分析法の中では最も高感度な定量法である(Chapter 4, 4.2.2項参照).

クロモトロープ酸法は,環境基準程度の濃度であれば,SIAで簡便迅速に測定できる.ただし,試薬ブランクのピークが比較的大きいのでFIAに比べ超微量測定は不可能である.

(4) 陰イオン界面活性剤

陰イオン界面活性剤(AS^-)のバッチ式用手法では,陽イオン染料とのイオン会合体を有機溶媒に抽出し,吸光光度定量する方法がよく用いられている.現在,JISにおいてはメチレンブルー―クロロホルム抽出法やエチルバイオレット―トルエン抽出法が採用されている.FIAにおいても溶媒抽出をオンライン

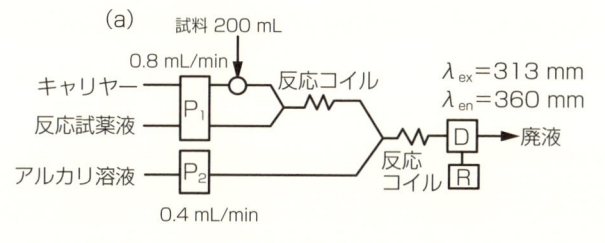

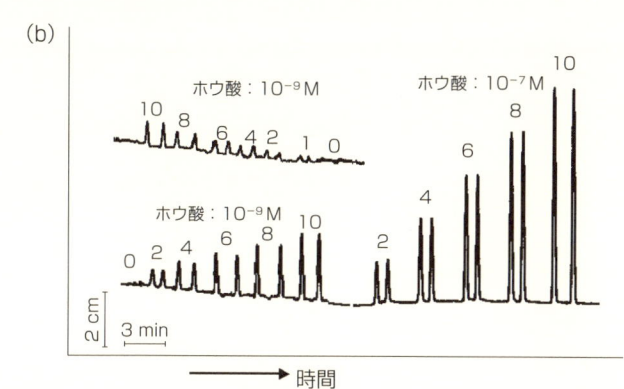

図6.7 クロモトロープ酸蛍光検出法によるホウ素定量用フローダイヤグラム(a)およびフローシグナル例(b)

P_1:ダブルプランジャーポンプ, P_2:シングルプランジャーポンプ, D:蛍光検出器, R:記録計

で行う技術はかなり進歩しており，すでにアゾ系陽イオン染料を用いるクロロホルム抽出やメチレンブルー-o-ジクロロベンゼン抽出法が報告されている．代表的な溶媒抽出／FIA のフローダイアグラムを図 6.8 にまとめて示す．

抽出コイル（0.5 mm i.d.×1 m）を流れる間に陰イオン界面活性剤と染料陽イオンとのイオン会合体は有機溶媒に抽出され，相分離器で水相と有機相を分離した後，有機相のみを検出器に導いて吸光度を測定する．溶媒抽出法は濃縮，選択的分離などの利点はあるものの，用いる有機溶媒の人体への毒性や環境汚染などの問題がつきまとう．FIA の場合には，定量操作はすべてオンラインで行われ，しかもほぼ閉鎖系であり，さらに廃液量がバッチ法に比べて極端に少ないことから極めて有効な手段となる．

均一水溶液系で AS^- とのイオン会合反応に伴い色調の変化をもたらす発色系が見いだされている．この原理を用いて，溶媒抽出を伴わない簡単で迅速な定量法が開発できる．アゾ系陰イオン染料であるプロピルオレンジ（PO^-）は pH 2.9 で塩化ジステアリルジメチルアンモニウム（$DSDMA^+$）とイオン会合体（$PO^- \cdot DSDMA^+$）を形成し黄色を呈する．これに AS^- を加えると PO^- と

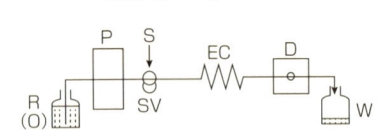

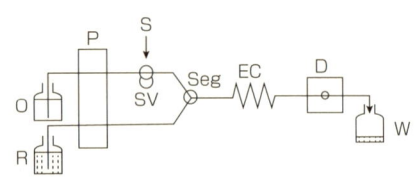

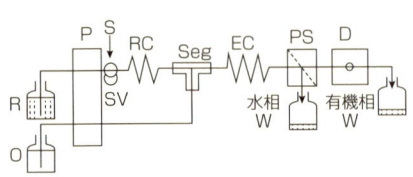

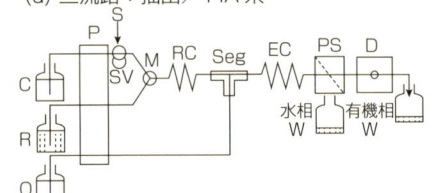

図 6.8 溶媒抽出／FIA による陰イオン界面活性剤定量用フローダイアグラム

R：試薬，C：キャリアー，O：有機相，P：ポンプ，S：試料，SV：試料注入器，M：混合ジョイント，Seg：セグメンター，EC：抽出コイル，PS：相分離器，D：検出器，W：廃液

交換反応が起こり（AS$^-$・DSDMA$^+$）となり，PO$^-$は水溶液中に放出されて赤色に変色する．この黄色から赤色への変色反応を利用して，陰イオン界面活性剤の定量が可能となる．この反応をFIAで行ったときのフローダイヤグラムおよびフローシグナルの一例を図6.9 (a), (b) に示す．この方法によれば，1時間当たり40〜50検体の分析が可能で，検出限界は$5×10^{-8}$Mと極めて高感度である．これら水溶液内イオン会合反応に基づくイオン性界面活性剤の定量については高らの総合論文にまとめられている[14]．将来的には，有機溶媒を使わない分析法への移行は必然の道であることから注目される定量法である．

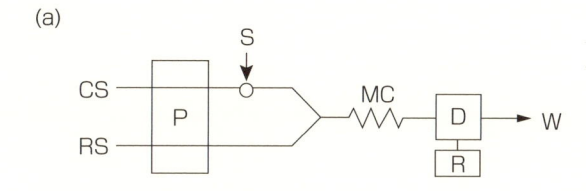

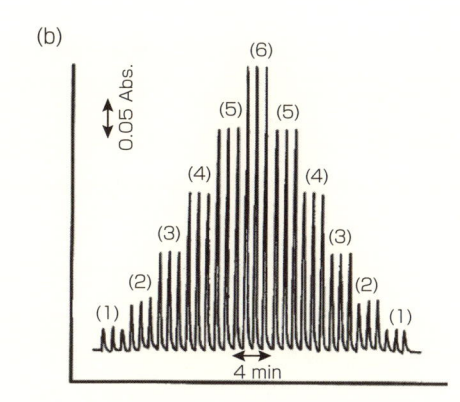

図6.9 水溶液一相系発色反応を用いる陰イオン界面活性剤測定用フローダイヤグラム (a) およびフローシグナル例 (b)

(a) CS：キャリヤー（水），RS：試薬溶液，P：ダブルプランジャーポンプ (0.8 mL/min)，S：試料注入 (100 μL)，MC：ミキシング（反応）コイル (0.5 mm i.d.×1 m)，D：可視吸光検出器，R：記録計，W：廃液
(b) 発色反応液：$4×10^{-5}$M プロピルオレンジ，$3×10^{-5}$M DSDMA（ジステアリルジメチルアンモニウム＝クロリド），0.02% トリトン X-100, pH 2.9
試料：陰イオン界面活性剤（ラウリル硫酸ナトリウム，LS）／10^{-6} M, (1) 0.5, (2) 1.0, (3) 2.0, (4) 3.0, (5) 4.0, (6) 5.0

(5) 化学的酸素要求量（COD）

CODは有機物による水の汚染状況を表す代表的な指標であり，窒素，リンとならび排水の総量規制が実施されている成分である．CODの測定法に関しては「100℃における過マンガン酸カリウムによる酸素消費量」が公定法として定義されている．この方法では，使用する器具，操作なども含め規定された条件からわずかでもずれると規定されたCOD値が得られない．このいわゆる"COD測定法"が「化学量論」に基づかない測定法であるということが，流れ分析法の測定結果と公定法の測定結果の乖離の本質的な理由である．したがって，流れ分析によるCOD測定は，あくまでも参考値あるいはモニターとしての利用に制限される．

FIAによるCODの測定については，過マンガン酸カリウム，二クロム酸カリウムなどを酸化剤として用い，簡易迅速分析や自動連続モニタリングなど種々の角度から検討されている．二クロム酸カリウムを酸化剤として用いるFIA吸光検出法では二流路系を用いる．キャリヤー溶液（水）中に注入された試料（100 μL）は，二クロム酸カリウム硫酸溶液と混合された後，PTFE反応コイル（内径0.5 mm，長さ50 m，120℃）を通過する間に酸化反応が進行し，445 nmの吸光度の減少を測定することにより定量を行う．標準物質としてはD-グルコースが使用される．この場合の相対標準偏差は0.4 %，検出限界5 mg/L（ppm），検体処理速度は1時間当たり15検体である[15]．この種の測定において，測定精度が高いことはFIAならではの特徴として高く評価できる．

また，マンガンやクロムなど有害な重金属を使わない測定法として，セリウム(Ⅳ)を酸化剤とする方法が注目される．セリウム(Ⅳ)溶液の安定性はセリウム(Ⅲ)を添加して酸化還元緩衝液を構成することで改善できる．バッチ法により検討した検出限界は0.1 ppmと非常に高感度で，公定法との良好な相関が得られ，FIAへの応用も可能である．

(6) シアン化合物

シアン化合物は，JIS K 0102では蒸留などの前処理を行い，シアン化物イオンとして定量される．検出にはピリジン-ピラゾロン吸光光度法，4-ピリジ

ンカルボン酸−ピラゾロン吸光光度法などが採用されている．FIA では，シアン化物イオンとして NaOH 吸収液に吸収したものを試料として，ピリジン−ピラゾロン吸光光度法により定量する方法が報告されている．JIS K 0102：2013 流れ分析法でもこの発色法が用いられる．水道法に基づく水質基準では 0.01 mg/L 以下と定められ，高感度な定量法の確立が必要である．また，チオシアン酸イオン，シアン化物イオン，塩化シアンを個別に測定する方法も採用されている．検出法として，4-ピリジンカルボン酸−ピラゾロン吸光検出法を用いる場合には定量限界は 1 μg/L と高感度な定量法になり，新しい水質基準への適用にも十分対応できる．また，検体処理能力は FIA で 1 時間当たり 30〜40 検体，HPLC-ポストカラム法で 4 検体である[16]．

　シアン化合物の FIA による定量には，このほかに蛍光法や陽イオン界面活性剤二分子膜集合体を含むアルカリ性溶液中での触媒効果およびウラニルの増感作用を利用する化学発光法などがある．

(7) 硫酸イオン

　硫酸イオンの定量は重量法やクロム酸バリウム吸光光度法，クロム酸バリウム−ジフェニルカルバジド吸光光度法がバッチ式用手法の公定法として採用されているが，感度が低いことや操作が煩雑で再現性に乏しいことが問題である．FIA では硫酸バリウムの沈殿生成の際に生じる濁りを直接測定して定量する方法やバリウム−メチルチモールブルー錯体を試薬溶液として用いる方法があるが，感度と再現性に乏しい．

　そこで，ジメチルスルホナゾⅢ（DMS Ⅲ）−バリウム錯体と硫酸イオンの沈殿生成に伴う呈色変化を利用する高感度な定量法が報告されている．この方法は高いモル吸光係数を有するキレート試薬である DMS Ⅲ を用いるところに特徴がある．さらにこの方法にオンライン前処理操作を組み込むことにより高感度化，高精度化が達成できる．図 6.10（a）に硫酸イオン定量のためのフローダイヤグラムを示す．キャリヤー溶液中に注入された試料中の硫酸イオンが DMS Ⅲ−バリウム錯体からなる試薬溶液と反応して硫酸バリウムを生成する（図 6.10（c））．このとき遊離の DMS Ⅲ が生じることにより，青色から赤紫への変色が起こる．この変色に伴う 662 nm での吸光度の減少を測定して定量を

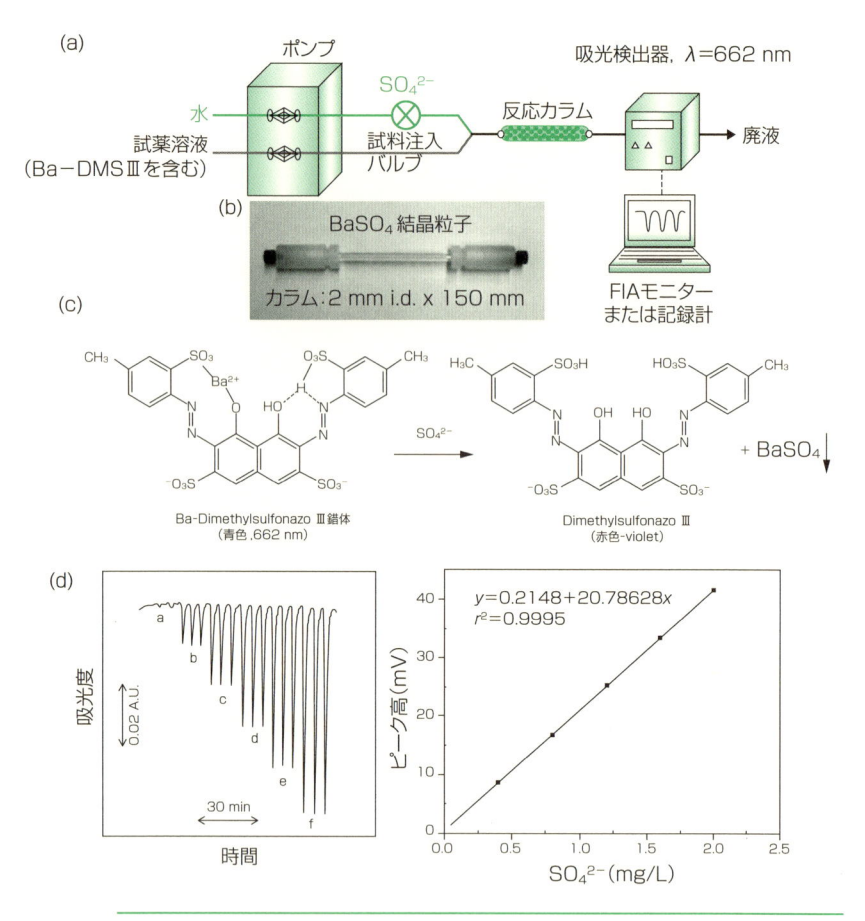

図6.10 硫酸イオン定量用フローダイヤグラム（a），反応カラム（b），発色反応（c）およびフローシグナルと検量線（d）

行う．

　実際試料中の硫酸イオン測定用FIAシステムでは，通常2種類の機能を持つ二つのカラムが組み込まれている．一つはDMS Ⅲ-バリウム錯体と硫酸イオンの反応促進作用を持つオンライン反応カラムで，硫酸バリウムを固定化したガラスビーズ充填カラムである．これにより反応速度が格段に高まり，高感度，高精度を有する定量法となり，$BaSO_4$沈殿の分離フィルターも不要となる．もう一つはカルシウム，マグネシウムなど反応の妨害となる金属イオンを除去するために試料注入バルブの下流に設置した陽イオン交換樹脂カラムであ

る（図では省略）．これら両者を組み入れることにより，オンラインで前処理を行い，操作の簡便化・迅速化のみならず，反応の促進と再現性向上を同時に達成する．

硫酸バリウム固定化ガラスビーズの代わりに固体硫酸バリウム結晶の粉砕粒子を用いることができ，長期安定的に使用できる．繰返し精度及び感度ははるかに向上する[17]．フローシグナルの一例を図6.10（d）に示す．この測定法によれば，1時間当たり30検体の分析が可能であり，また検出限界は50 ppbである．5 ppmにおける10回の繰返し測定での相対標準偏差は0.5 %であった．

(8) 重金属類の測定
a. 誘導結合プラズマ質量分析計（ICP-MS），誘導結合プラズマ発光分光分析装置（ICP-AES）を検出器とする多元素同時測定

ICP-MS, ICP-AESを用いれば，多元素同時測定は比較的容易である．しかしICP-MS測定の場合には，多量に存在するマトリクスが質量分析計に与えるダメージや分子イオンによる同重体効果を除くために，マトリクス除去を目的とした前処理操作が必要である．また，ICP-AES測定では感度向上を目的に濃縮のための前処理操作がしばしば必要とされる．

海水中の微量金属イオンを測定するために図6.11に示すようなFIA方式オ

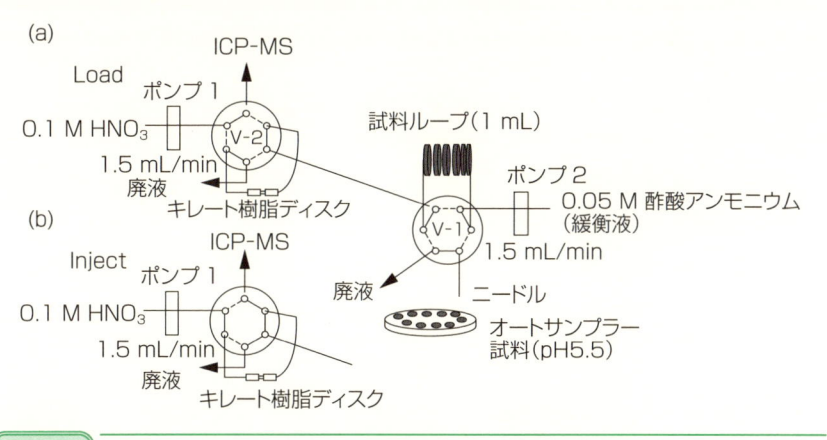

> **図 6.11**　FIA方式オンラインカラム前処理装置（ICP-MSにて測定）

（a）試料をキレート樹脂ディスクにて前処理，（b）0.1 M HNO₃をポンプ1で送り，溶出し，ICP-MSにて測定

ンライン前処理／ICP-MS 法が用いられる[18]．海水中には多量の塩化ナトリウムや各種金属イオンが含まれている．アルカリ金属やアルカリ土類金属を除くためにキレートディスク（キレート樹脂粒子を膜に挟み，ろ過膜状にしたもの：径 5 mm，厚さ 0.5 mm）をラインフィルターに装着し 6 方切替えバルブに装着する．目的金属をディスクに捕集し，アルカリ金属やアルカリ土類金属を 0.05 M 酢酸アンモニウム緩衝液（pH 5.5）で洗浄除去し，最後に 0.1 M 希硝酸で溶出し，測定する．V，Mn，Co，Ni，Cu，Mo，Cd，U などが測定できる[19]．

ICP-AES の前処理では，主に微量成分の濃縮が目的となる．**図 6.12** はミニカラムを装着した Auto-Pret 3 台を連結した前処理装置で，2.1 分（試料 5 mL），あるいは 5 分（試料 20 mL）間隔で処理を行うことができる[20]．ミニカ

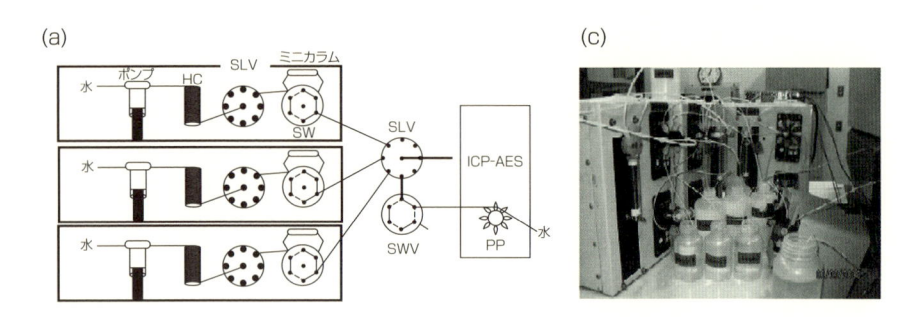

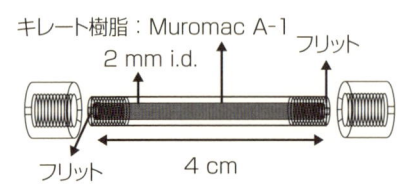

図 6.12 キレート樹脂充填カラムによる金属イオンの濃縮・捕集／ICP-AES によるオンライン測定（三連前処理装置の利用）

(a) 三連式ミニカラム前処理装置
シリンジポンプ：10 mL，HC：ホールディングコイル，SLV：8-ポートセレクションバルブ，SWV：6 方スイッチングバルブ，PP：ICP-AES 付属ペリスタポンプ
(b) ミニカラム：2 mm i.d.×40 mm，キレート樹脂：Muromac A-1
(c) 三連式ミニカラム前処理装置（写真 Auto-Pret MP-018 S：MGC JAPAN 提供）

ラムにはキトサン基材のキレート樹脂を充填して用いている．試料 20 mL を用いた場合には，濃縮倍率は数十〜百倍程度になる．

通常，ICP-AES で直接試料液を導入する場合の検出限界は ppb〜sub-ppb であるが，ミニカラム濃縮を併用すれば，多くの金属イオンで高倍率濃縮が達成できる．同様の装置で市販のイミノ二酢酸を官能基とするキレート樹脂（Muromac A-1）を充填したカラムを用いることもできる．表 6.1 に示すように，たとえばカドミウムの検出限界は 2 ppt となり，環境水分析には十分な感度である．5 mL の試料を濃縮捕集した場合，1 時間当たり 30 試料が処理できる[21]．

表 6.1 オンラインミニカラム前処理／ICP-AES 測定による検出限界

金属イオン	測定波長 nm	濃縮係数[*1]	検出限界, $ng\ mL^{-1}$	
			カラム濃縮[*2]	直接測定[*3]
Ba	493.408	14	0.24	0.3
Be	313.042	15	0.003	0.1
Cd	226.502	96[*4]	0.007[*4]	0.3
Co	228.615	78[*4]	0.032[*4]	0.8
Cu	324.754	24	0.12	0.3
Mn	257.610	21	0.14	0.7
Ni	231.604	14	0.20	0.9
Pb	220.353	100[*4]	0.090[*4]	3.7
Sc	361.383	21	0.010	0.3
V	292.401	18	0.18	0.8
Zn	213.856	15	0.08	1.2

[*1] カラム濃縮で得られるピーク高さと直接測定の高さの比
[*2] S/N=3 に相当する濃度
[*3] 空試験液の標準偏差（SD）の 3 倍（3 SD）に相当する濃度
[*4] 試料量：20 mL（他は 5 mL）

b. スペシエーション：Cr(III) と Cr(VI) および As(III) と As(V) の分別定量

　スペシエーションのための濃縮捕集には，目的とする分子（イオン）種の数に相当する捕集装置（カラム，膜，ディスクなど）が必要である．たとえば，Cr(III)，Cr(VI) のスペシエーションでは，薄膜状（ディスク：径 5 mm，厚さ 0.5 mm）の陽イオン交換カラムと陰イオン交換カラムを用い，Cr(III) および Cr(VI) を捕集する．**図 6.13** の FCA 装置を用いて，それぞれを捕集後，2 M HNO_3 により順次溶出，ICP-AES で測定すると，それぞれに対応するピークが得られる．検出限界は，Cr(VI) 0.04 および Cr(III) 0.02 μg/L である[22]．

　Cr(III) はイミノ二酢酸型キレート樹脂に捕集される．この性質を生かし，まず Cr(III) をキレート樹脂（Muromac A-1）充填ミニカラムに捕集し，カラム溶出液に還元剤（ヒドロキシルアミン）を加え，Cr(VI) を Cr(III) に還元し同種のキレート樹脂に捕集する方法も利用できる[23]．

　選択的捕集剤を充填した 2 種類のミニカラムを用いる前処理法も利用でき

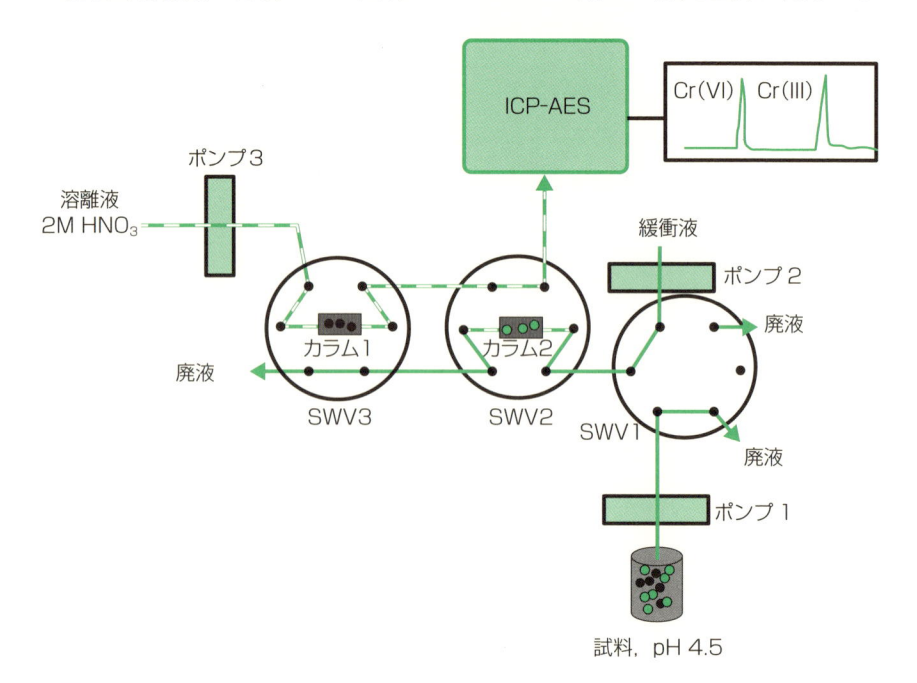

図 6.13　クロム(VI) およびクロム(III) スペシエーション用 FCA/ICP-AES

図はカラム 1（Cr(VI)）の溶離を示す．ポンプ 1, 2 は停止している．

る．図 6.14 に示すように，Auto-Pret 装置のバルブ（SWV 1）に 8 方バルブを用い，2 個のミニカラムを装着した FCA 装置により，Cr(VI) と Cr(III) を

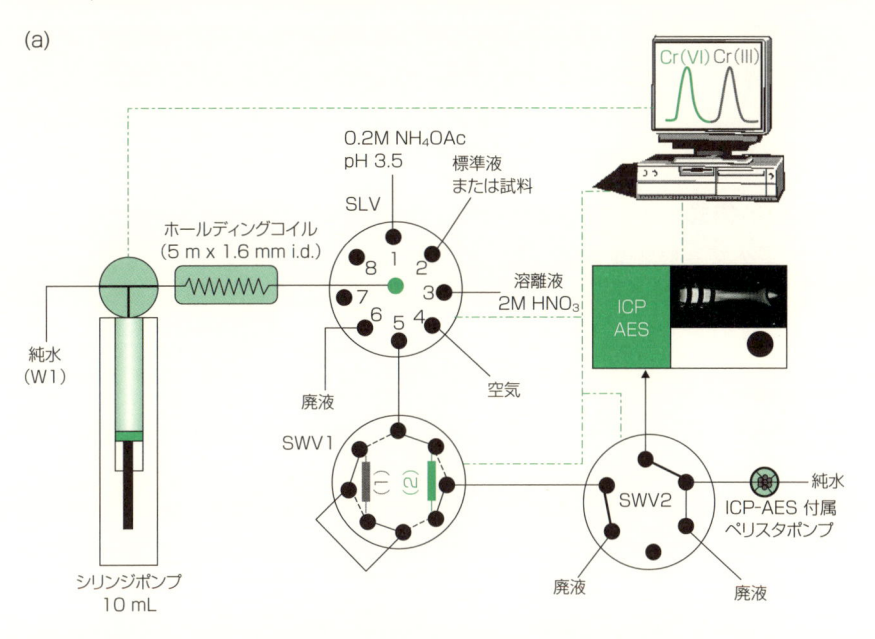

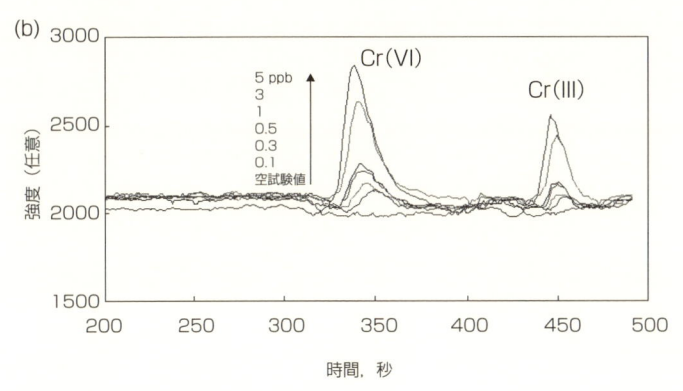

(a)

(b)

図 6.14 クロム(VI)，(III) スペシエーション用 Auto-Pret/ICP-AES 装置の概略図（a）およびフローシグナル例（b）

(a) ミニカラム：40 mm×2 mm i.d.
(1) カラム 1：CCTS-HPA 樹脂（Cr(VI) 捕集）
(2) カラム 2：ME-03 樹脂（Cr(III) 捕集）
(b) 試料：5 mL（pH 3.5），流量 30 mL s^{-1}
溶離液：0.5 mL（2 M HNO$_3$），流量：50 mL s^{-1}（Cr(III)），30 mL s^{-1}（Cr(VI)）

分別捕集する．SWV 1 の切替えにより，逆方向からカラムに溶離液を流し，順次溶出し，SWV 2 の切替えにより ICP-AES に導入して検出する．本法では，それぞれを個別に捕集し，測定するため，微量の Cr(VI) をより正確に測定できる[24]．

c. カラム前処理

c-1　FIA 方式カラム前処理法

　フレーム原子吸光光度法（FAAS）の検出限界は一般に ppm～sub-ppm 程度であり，通常の環境試料中の微量重金属定量では感度的に不十分である．感度向上のために，JIS のバッチ式用手法では溶媒抽出濃縮法あるいは固相抽出法が用いられる．AAS では，目的元素測定の選択性は十分であり，共存元素の影響を受けにくいので，濃縮における選択性はあまり問題にしなくてよい．目的の金属イオンを効率よく捕集・濃縮し，容易に溶離できる充填剤の使用が好ましい．市販のイミノ二酢酸型キレート樹脂（Chelex-100, Muromac A-1，ME-1 など）や 8-ヒドロキシキノリンをビニル共重合体（TSK ゲル：キトパール）に化学結合した充填剤（HQ-TSK）をミニカラム（1 cm×2.5 mm i.d.）に充填し，FIA に装着して海水中の鉛（0.4～1.3 μg/L）を濃縮・捕集された．捕集された鉛は，0.5 M HCl 500 μL で溶出し，FAAS で測定された．

　HQ-TSK を用い，750 mL の海水試料を用いた場合の検出限界は 0.25 μg/L である．同様の充填剤を 5.5 cm×5.0 mm i.d. カラムに充填し，水銀が濃縮・捕集され，還元気化 AAS で測定された．50 mL の海水試料を用いた場合の検出限界は 0.23 μg/L であり，Hg 0.3～2.1 μg/L が定量された[25]．

c-2　Auto-Pret 方式カラム前処理／ETAAS 法

　電気加熱-原子吸光光度法（ETAAS）では，数十 μL の試料液を電気加熱炉（グラファイト炉など）に注入し，水分気化，灰化，原子化などを経て吸光度を測定する．そのため，濃縮を伴う前処理操作では，カラム溶出液の最も濃縮されている試料ゾーン付近の数十 μL を測定に用いることで数十倍の高感度測定が可能となる．Auto-Pret 装置を用い，あらかじめ溶出試料ゾーンの存在場所を確認しておけば，再現性のよい高感度測定が容易に行われる．**図 6.15**

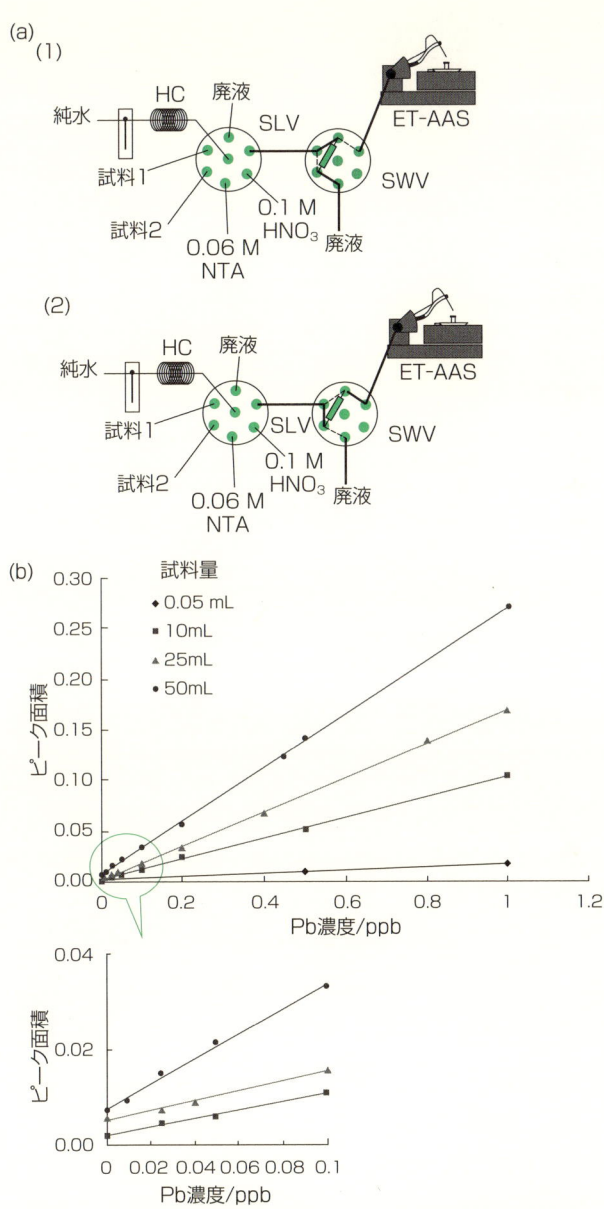

Chapter 6 FCA関連技術の化学分析への応用

図6.15 ミニカラム装着 Auto-Pret/ETAAS による鉛の高感度定量装置（a）および検量線例（b）

(a)（1）ミニカラム前処理,（2）金属溶出, ETAAS 注入ノズルへ移送,（b）微量鉛測定用の検量線例

のような FCA 装置を用い，河川水中の鉛の定量が行われる．試料液 5 mL を用いた場合の検出限界は 5 ppt であり，ICP-MS にほぼ匹敵する高感度定量法となる．なお，ミニカラム充填剤には鉛捕集剤の市販樹脂 Analig Pb-01（GL サイエンス）が用いられ，Auto-Pret は ETAAS のオートサンプラーと同期されている[26]．

同様な装置を用い，カドミウム，鉛の定量が行われている．検出限界は Cd 0.2 ppt, Pb 2.6 ppt である[27]．

d. カラム前処理

金属イオンの発色反応を用いる吸光光度法は，比較的安価な検出器を用い，簡便・迅速な測定法であり，携帯型小型装置とすることでオンサイト（現場）分析法となる．しかし，共存金属イオンの影響を受けやすく，微量測定には感度も十分ではない．したがって，濃縮や選択性向上を目的とした前処理操作が不可欠となる．

たとえば，Cr(VI) に対しては選択的発色法のジフェニルカルバジド法が知られているので，前処理濃縮捕集操作では選択性向上はあまり考慮する必要はない．Pb(II) の場合には，選択的発色法は見当たらず，前処理濃縮操作で選択性向上も図らなければならない．

d-1 クロム(VI) の定量

Cr(VI) は，陰イオン交換樹脂充填ミニカラム（TOYOPEARL QAE-550 C, 50〜150 μm）で容易に捕集濃縮できる．図 6.16 に示す流路を用い，Auto-Pret によるカラム処理後，希硫酸で溶出，最適試料ゾーンを FIA の試料ループに溜め，バルブ切替えにより試薬液と混合し，542 nm で生成キレートの吸光度を測定する．試料液 20 mL を用いたときの検出限界は 3×10^{-10} M（0.015 μg/L）であり，環境基準の 100 分の 1 以下である．河川水中の Cr(VI) 2×10^{-9} M が検出できる[28]．

カラム溶出液にシリンジポンプを用いて直接試薬液を合流させ，吸光度を測定することもできる．この方法では，反応促進のために反応コイル中で試料・試薬混合ゾーンを一時停止させ，測定感度の向上を図ることも可能である．

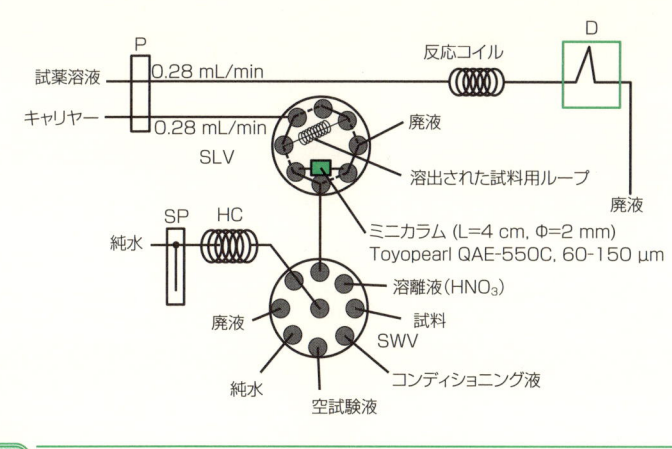

図 6.16 クロム（Ⅵ）のミニカラム濃縮捕集／吸光検出法

SLV：8 ポートセレクションバルブ，SWV：8 方スイッチングバルブ，SP：2.5 mL シリンジポンプ，P：ダブルプランジャーポンプ，D：吸光検出器

d－2　鉛の定量

　Pb(Ⅱ) は，クラウン化合物と安定な錯体を生成することが知られている．このようなクラウン化合物を捕集用官能基とした捕集剤が開発され，市販されている（Analig Pb-01，-02：GL サイエンス）．図 6.16 と同様な流路を用い，Pb 捕集剤（Analig Pb-01）を充填したミニカラムに Pb(Ⅱ) を捕集濃縮し，3 M KCl 溶液で溶出し，発色試薬液（PAR，pH 10）と混合し，吸光度を測定する．試料液 20 mL を用いた場合の検出限界は 0.2 µg/L であり，環境基準の 10 分の 1 以下である．本法は河川水中の鉛（0.8 µg/L）の定量に応用できる[29]．

e.　Auto-Pret 前処理，電気化学検出法

　電気化学検出法（アンペロメトリーやボルタンメトリー）は比較的安価な装置で実施でき，最近では持ち運びも容易な手のひらサイズのポテンシオスタットも入手できる．アンペロメトリーは小容量の検出用フローセルの検出電位をある値に設定しておき，試料を連続的に送液することで，連続流れ測定が可能となる．

　ボルタンメトリーでは，ある電位（通常は負電位）で電極表面に複数の金属

を析出させる．その後，電位を陽極に掃引して，電位を上昇させていくことで電極表面から酸化電位の低い金属から順次溶出させる．そのとき流れる電流は金属濃度に比例するので，あらかじめ作成した検量線から定量することができる（陽極溶出ボルタンメトリー：ASV）．

ASV の感度および測定の再現性は用いる電極により大きく異なる．汎用的にはグラッシーカーボン電極（GCE）が用いられるが，電解還元／陽極溶出を電極表面で繰り返し行うので，電極表面の状態が変化し，感度，再現性が低下する．したがって，使用前には研磨などが必要である．GCE に代わるものとして，安価に作成できるカーボンペースト電極あるいはスクリーン・プリント・カーボン電極（SPCE）が用いられる．またこれらの表面を金属薄膜コーティングした電極が感度，精度の点で優れていることが実証されている．

図 6.17（a）にビスマスコーティング電極（Bi-SPCE）を用いる ASV の装置構成を示す．電極表面のコーティング，電極表面への金属の電解析出，電極表面からの金属の陽極溶出など一連の操作を再現性よく行うために SIA の技術が用いられる（表2.2および図4.27参照）．さらに，ミニカラム濃縮捕集を組み合わせた装置（Auto-Pret/ASV）を用いることで微量金属の再現性のよい定量が可能となる[30]．

Bi コーティング法では，図6.17（b）に示すように，Zn, Pb, Cd が同時検出される．それぞれの検出限界は，Pb 0.89 μg/L, Cd 0.69 μg/L である（Zn に関しては，検出下限が高濃度域にあり，検出限界は求められない）．金属捕集用樹脂（ME-1：GL サイエンス）を充填したミニカラム（2 mm i.d.×4.5 cm）による濃縮操作を組み合わせると検出下限（試料 6 mL 使用）は Pb 0.05 μg/L, Cd 0.3 μg/L, Zn 17 μg/L となる[31]．

(9) 水環境を対象としたその他の FCA 分析

FCA では，通常行われているバッチ式用手法の検出原理をほぼそのまま利用することができる．これに加え，新たな FCA 独自の反応系を開発することにより，バッチ式用手法に比べはるかに高感度で高精度，高選択的な分析システム構築も可能になる．このような考えのもとに開発された各種 FCA は（4.1～4.7節）で紹介したもの以外にも，現在までに数多く報告されている．

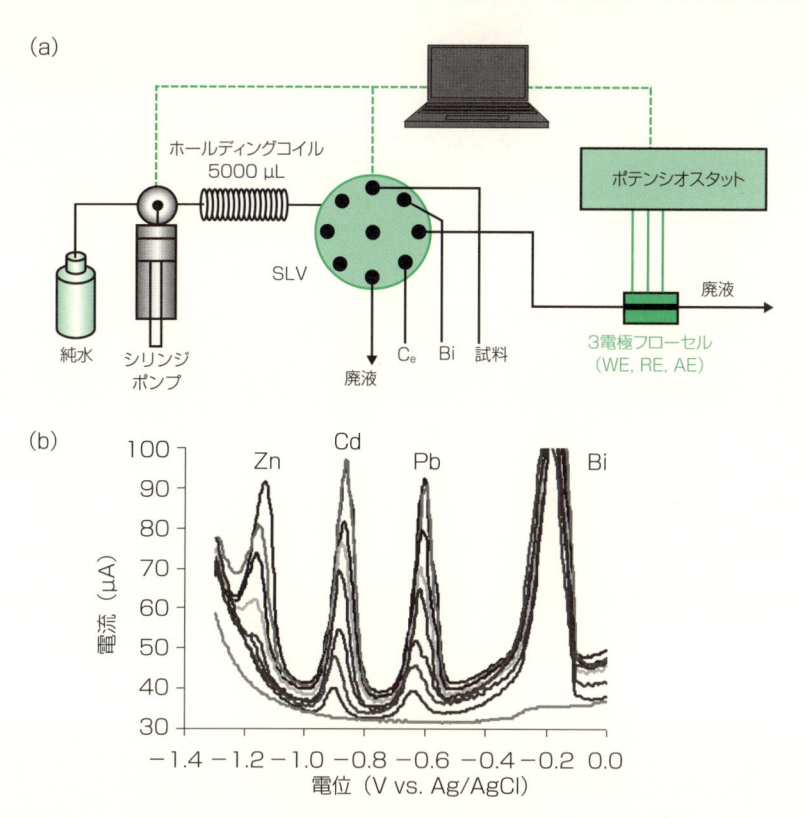

Chapter 6　FCA 関連技術の化学分析への応用

図 6.17　SIA／陽極溶出ボルタンメトリーによる重金属測定装置構成（a）およびボルタモグラム例（b）

(a) Bi：ビスマス(III) 溶液，C_e：電極洗浄液（0.5 M HCl），WE：作用電極，RE：参照電極，Ag/AgCl，AE（CE）：補助電極（対極），ステンレススチールチューブ
(b) スクエアウエーブ陽極溶出ボルタモグラム
作用電極：Bi 薄膜-スクリーン・プリント・カーボン電極（Bi-SPCE）
試料（1 M HCl）：0–70 µg L^{-1} Pb(II)，Cd(II)（0, 10, 20, 30, 40, 50, 60, 70 µg L^{-1}）および 75–200 µg L^{-1} Zn(II)（0, 75, 100, 125, 150, 175, 200 µg L^{-1}）
測定条件　Bi(III)：500 µg L^{-1}，流量 12 µL/s，コンディショニング電位：−1.0 V, 20 s，電解析出電位：−1.4 V, 180 s，平衡時間：10 s，パルス増幅：0.040 V，ステップ電位：0.004 V，振動数：50 Hz

　ケイ酸イオンは，酸性条件下でモリブデン酸との反応生成物のモリブドケイ酸の光吸収を利用して定量する．このとき反応系にシュウ酸を添加しておくことにより，同時に生成するモリブドリン酸の分解反応を促進させ，リンの妨害

を除去することができる．モリブドケイ酸の 350 nm での吸光度を測定する方法で，検出限界 2 ppb という高感度な方法も報告されている．フッ化物イオンは，ランタン-アリザリンコンプレクソン試薬を用いる吸光検出法で，0.03〜1.2 ppm の範囲で簡単，迅速に定量できる．残留塩素はガス拡散を利用する方法や o-トリジン，チオミヒラーズケトンの酸化反応を利用する吸光検出法により定量できる．フェノール類は蒸留した試料にアルカリ条件下で 4-アミノアンチピリンとフェリシアン化カリウムを加えて生成するアンチピリン色素をクロロホルムに抽出して 460 nm 付近の吸光度を用いる溶媒抽出／FIA 法により定量できる．アルミニウムは臭化テトラデシルトリメチルアンモニウムの存在下，ブロムピロガロールレッドと反応して三元錯体を形成する．この反応を利用してアルミニウムを定量することが可能で検出限界は 1 ppb である．このほかにも多くの実際例（約 300 例）が"Journal of Flow Injection Analysis：技術論文集"にまとめられている（付録参照）．

6.1.3
固体試料分析への応用

(1) 土壌

　土壌抽出物中の成分を定量することは，土壌汚染をはじめさまざまな目的で重要な課題の一つである．一般に，土壌分析はできるだけ低経費の方法で実行することが求められる．さらに，高度な訓練を受けた技術者を必要としない方法が推奨されており，FCA の広範な実用的応用分野の一つとなっている．土壌試料の抽出操作は食物または生物的マトリックスの場合よりも簡単なことが多い．したがって，現在では土壌抽出物の分析に FCA を用いることが農学分析の最近の傾向となっている．

　試料注入体積を大きくし，試料注入バルブと検出器の間を近づけ，事実上分散が無視できる FIA システムを適用すると，土壌抽出物の pH 測定に都合がよい．これには PVC を基材とした pH 応答膜電極による電位差検出が用いられる．毎時約 110 回の測定が行われ[32]，さらに，このシステムを集積小型化して毎時 200 回の測定が達成されている[33]．

　土壌抽出物中の硝酸および亜硝酸の同時定量には，亜硝酸と 3-ニトロアニ

リンとの反応，続いて N–(1–ナフチル)–エチレンジアミン塩化物との反応に基づく吸光検出法が採用されている．肥料の使用程度に応じて，亜硝酸含有量は 9～850 mg/L，硝酸含有量は 0.1～5.8 mg/L と定量された[34]．1 M 塩化カリウムで土壌から抽出したカルシウムの定量では，マージングゾーン法と吸光検出を採用した FIA システムが用いられた．発色試薬にはグリオキサルビス（2–ヒドロキサニル）を用い，得られた結果は ICP-AES による結果とよく一致している[35]．

土壌中の無機臭化物の定量では，1 M KNO_3–100 mg/L Cl^- 溶液が抽出液として用いられ，臭化物選択性電極が検出に用いられている．この方法により毎時 80 の試料処理速度で 1～5000 mg/L の臭化物が測定できる[36]．土壌中のホウ素の定量には，FIA システムに土壌試料を直接導入し，流路に設置された試料容器中で超音波処理する方法が提案されている（**図 6.18** 参照）[37]．試料の浸出には 80 ℃で超音波をかけながら 0.1 M 塩酸を 30 秒間循環させ，検出にアゾメチン–H との反応を利用する．試料処理速度は毎時 25 試料である．

土壌抽出液中のアルミニウムのスペシエーションのためには，クロムアズロール S，エリオクロムシアニン R あるいはピロカテコールバイオレットを発色試薬とする吸光検出 FIA が採用されている．用いた発色試薬により安定な錯体および不安定な錯体として存在する Al(Ⅲ) を区別することができ，相対的な毒性の強さに基づき土壌溶液を順位づけることができる[38]．

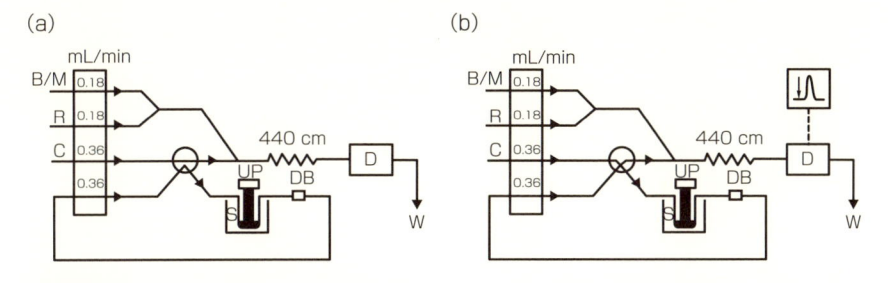

図 6.18 土壌中のホウ素の定量システム

(a) 試料浸出
(b) 浸出液注入
C：キャリヤー，B/M：緩衝／マスキング液，R：試薬溶液，S：試料容器，UP：超音波プローブ，DB：脱気泡器，W：廃液．

(2) ケイ酸塩

ケイ酸塩岩石中の全鉄[39]，アルミニウム[39]，マンガン[40]の吸光光度定量に関しては，ケイ酸塩試料を炭酸リチウムとホウ酸の混合物で融解し，融解生成物を希塩酸に溶解して調製した溶液を共通に用いる方法が提案されている．全鉄の定量は，一流路の簡単な分析システムを用い，鉄クロロ錯体の吸光度（335 nm）測定により行われる．アルミニウムは，図 6.19 に示す分析システムにより，まず Fe(Ⅲ) を Fe(Ⅱ) に還元した後，他の主要金属元素とともに EDTA によってマスキングしてからキシレノールオレンジ錯体として定量する．マンガンの定量には，ホルムアルドキシムを発色試薬に用いた吸光検出法が用いられる．多価イオンの妨害はリン酸セルロースカラムによるイオン交換分離法によって排除し，ニッケルは 2-アミノエタンチオールでマスクできる．分析した標準岩石中のマンガン含有率は MnO_2 として 0.018〜0.22 % であった．

ケイ酸塩岩石中のビスマスの定量には，抽出吸光検出法が適用される．この方法には，図 6.20 に示す分析システムを用いる．すなわち，テトラメチレンジチオカルバミン酸鉛を使ってビスマスをクロロホルムに抽出し，Bi-カルバミン酸錯体の吸光度（380 nm）を測定している．試料は硝酸に溶解し，

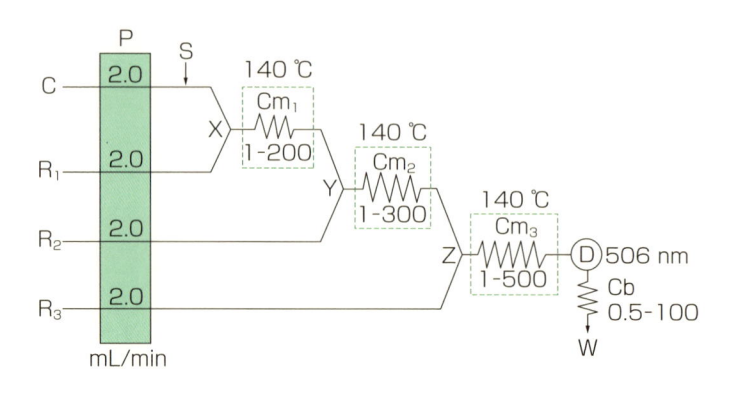

図 6.19 ケイ酸塩岩石中のアルミニウムの定量システム

C：キャリヤー（0.1 M HCl），S：試料溶液（125 µL），R_1：0.1 % アスコルビン酸溶液，R_2：0.1 % XO-酢酸緩衝液（pH 4.3），R_3：0.02 M EDTA 溶液，P：ペリスタポンプ，D：吸光検出器，W：廃液，Cm_1，Cm_2，Cm_3：混合コイル（マントルヒーターで 140℃ に加熱），Cb：背圧コイル，X，Y，Z：合流点，各コイルの下の数字は内径（mm）−長さ（cm）を示す．

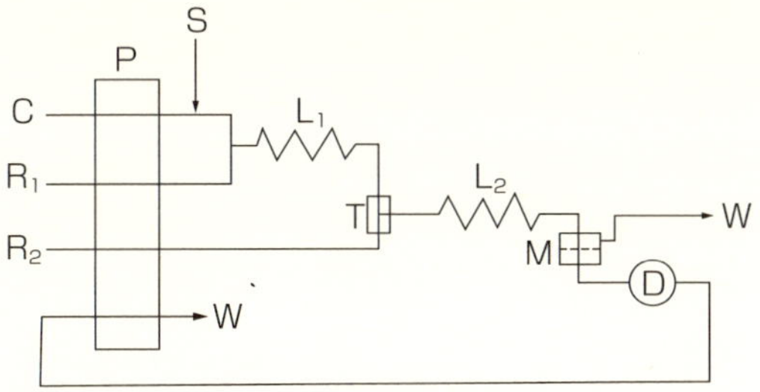

Chapter 6　FCA 関連技術の化学分析への応用

図 6.20　ケイ酸塩岩石中のビスマスの定量システム

C：キャリヤー（アンモニア緩衝液，pH 9.0），R_1：マスキング溶液（0.1 % EDTA-1.5 %KCN），R_2：抽出試薬溶液（5 % Pb-TMDTC*クロロホルム溶液），P：ペリスタポンプ，S：試料注入点，L_1：混合コイル，L_2：抽出コイル，T：T型セグメンター，M：膜相分離器，D：吸光検出器（380 nm），W：廃液.
*TMDTC：テトラメチレンジチオカルバミン酸.

EDTA とシアン化物をマスキング剤として使用することにより，0.1 mg/L の検出限界となる[41]．

(3) 鉱石

　鉱石中の銅と金の定量に FAAS を検出器とする FIA システムが利用できる．この方法では，銅をチオシアン酸錯体とし，金はトリクロロ錯体としてメチルイソブチルケトンに抽出し，次いで抽出した分析種をそれぞれ AAS によって検出する．検出限界は銅が 1 μg/L，金が 1.8 μg/L である．分析法の信頼性は標準鉱石試料に適用して評価されている[42]．金について同レベルの検出限界を得るためには，金クロロ錯体をアンバーライト XAD–8 樹脂のミクロカラムに前濃縮した後，95 % エタノールで溶離 AAS で測定する方法を用いることができる．鉱石は 570 ℃ で加熱した後，王水に溶解し，試料溶液とする．金のレベルは 0.8〜8.8 mg/kg の範囲であった[43]．
　ヨウ化物と過酸化水素との反応に対する触媒作用を利用して，鉱物試料中のモリブデンとタングステンを吸光検出法によって同時定量することができる[44]．各試料につき，それぞれ 120 μL をキャリヤー（水，0.5 mL/min）に 40 秒以上の間隔で 2 回注入する．それと同時に 5 mM クエン酸溶液（200 μL）をもう一つのキャリヤー（水，0.5 mL/min）に注入して試料ゾーンの一つと合

流させる．次に，試料のみのゾーンと，試料とクエン酸からなるゾーンの両者をまず 0.01 M H_2O_2 の 5 mM H_2SO_4 溶液（1 mL/min）と混合し，続いて 0.15 %デンプンを含む 0.2 M KI 溶液（1 mL/min）と混合する．混合物を 200 cm の反応コイルを通し，580 nm における吸光度を測定する．一つの試料につき 2 回の注入に対応して二つのピークが観測される．一方のピークはモリブデンとタングステンの合量に相当し，クエン酸が添加された試料のピークはモリブデンのみの量に相当する．したがってタングステンは差として求められる．検出限界はモリブデンが 40 nM，タングステンが 60 nM である．

コラム　ひじきはヒ素を含むのになぜ食べられる？

　自然界に存在する元素には，酸化状態や化学形態によって，毒性，生体利用性，揮発性，化学反応性などが異なるものがあります．たとえば，ヒ素化合物の毒性は，一般に 3 価無機態（亜ヒ酸）＞5 価無機態（ヒ酸）＞有機態とされています．魚介類は，このようなヒ素化合物を比較的多量に含むことが知られています．海藻のひじきでは，主にアルセノベタインという有機ヒ素化合物を 100 ppm 程度含んでいる場合もあります．しかし，これらの有機ヒ素化合物は実質的に無毒であるため，通常の量のひじきを食べてもヒ素中毒にはなりません．

　上記のような理由から，元素総量だけでなく，化学種を分別して測定する分析を"スペシエーション分析（speciation analysis）"とよびます．この分析では，化学種の相互分離法（たとえば HPLC）と検出法（たとえば ICP-AES）とを組み合わせる場合が多いのですが，目的化学種に選択的な吸光光度法を用いることもあります．スペシエーション分析は，環境科学の研究に欠かせないものとなっています．

6.2 鉱工業への応用

6.2.1 鉄鋼

　鉄鋼分析において共通の重要な課題は，試料をどのように溶液化するか，主成分の鉄をどのように除去するか，の2点である．一般に試料溶解は長時間を要し，操作が面倒である．したがって，固体試料をそのまま分析できれば分析時間を短縮でき，操作が簡単になると予想される．このような観点から試みられた方法が電解溶解法である．

　図 6.21 に示す分析システムは工具鋼をオンラインで溶解し ICP-AES で鉄，タングステン，モリブデン，バナジウム，クロムを定量するために考案されたものである[45]．まず，電解セル（EC）と希釈チャンバー（DC）に空気を流

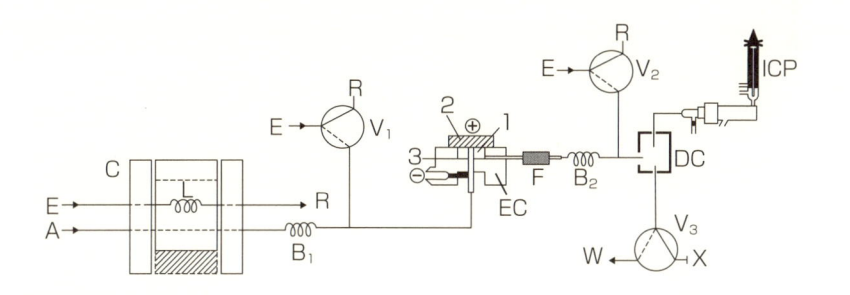

図 6.21　電解セルを組み入れた分析システム

C：切替え器，L：ループ（4.0 mL），EC：電解チャンバー，DC：希釈チャンバー，V_1，V_2，V_3：三方ソレノイドバルブ，E：1.5 M 硝酸溶液，A：空気流（34.0 mL/min），B_1，B_2：反応コイル（B_1：15 cm，B_2：10 cm），F：ろ過ユニット，W：廃液，R：回収容器，1：電解セル，2：アノード（試料），3：カソード（金製チューブ），ICP：ICP トーチ，X：閉鎖．
この図はソレノイドバルブの電源が切ってある状態を示す．

し，ループ（L）に1.5 M硝酸溶液を満たす．切替え器（C）を"注入ポジション"の位置へ動かし，34.0 mL/min の空気流でループ内の硝酸を電解セル（EC）の方向へ送る．このとき，電解液である1.5 M硝酸溶液はカソード（金製チューブ）を通って試料表面（アノード）上に噴き出し，電気回路を閉じる．続いて，マイクロコンピュータから電源に信号を送って電解セルに電流を流し，試料を溶解させる．1時間あたり30個の固体試料の直接分析（150定量）ができ，相対標準偏差は5％未満（$n=5$）である．

NISTニッケル-クロム鋼（SAE 3140）中のニッケルの定量では，**図 6.22** の分析システムが用いられる[46]．試料を塩酸と硝酸で溶解し，ほぼ蒸発乾固した後に水で定容とした溶液（S）を 1.57 mL/min の流量で吸引し，1 Mチオシアン酸カリウム溶液（R_1）（1.59 mL/min）と合流させ，ポリウレタンフォーム（PUF）を充てんしたミニカラムに通す．妨害成分はチオシアナト錯体としてPUFカラムに保持されるのに対し，チオシアナト錯体を形成せず，PUFカラムを通過したNi(II)を含む溶液は試料ループ（L）に満たされる．この段階（分離と負荷）は30秒以内に進行する．次に流路をBのように切り替えて測

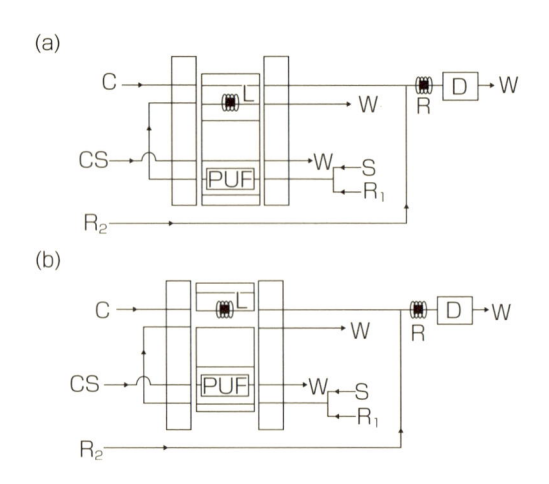

図 6.22 ニッケル-クロム鋼中のニッケルの定量システム

(a) 分離および負荷，(b) 測定および洗浄．
C：キャリヤー（水），S：試料，L：試料ループ（40 μL），PUF：ミニカラム（0.125 g ポリウレタンフォーム），R：反応コイル，R_1：1 M KSCN，R_2：0.05 % PAR，CS：洗浄液（エタノール：水（1:1）の1％塩酸溶液），D：検出器，W：廃液

定と洗浄の操作を開始する．ループ（L）中の試料溶液はキャリヤーの水（1.54 mL/min）によって押し出され，発色試薬（PAR）（0.57 mL/min）と合流させ，容積 380 µL の反応コイル（R）中で混合し，検出器（D）で 498 nm における吸光度を測定する．同時に洗浄液（エタノール：水（1：1））の 1 % 塩酸溶液）を 3.51 mL/min の流量でカラムに 2 分間通し，次の測定に備える．測定範囲は 0.25～5.00 µg/mL であり，毎時 24 試料の測定ができる．

　ステンレス鋼中のニッケルの高精度定量には酒石酸系の陽イオン交換分離とジメチルグリオキシム（DMG）吸光検出法が採用されている[47]．図 6.23 に示す分析システムにおいて，希塩酸溶液とした試料をキャリヤーである 0.11 M 酒石酸溶液（pH 6.0）の流れに注入し，強酸性陽イオン交換樹脂カラムに通すと，Fe(III) と Cr(III) はほとんど陽イオン交換樹脂に保持されることなく溶出する．一方，Ni(II) は弱いながら陽イオン交換樹脂に保持され，Fe(III) と Cr(III) より遅れて溶出し，両イオンから分離される．この Ni(III/IV) に DMG を酸化剤（ヨウ素）の共存下で反応させ，生成した水溶性 Ni(II)-DMG 錯体の吸光度を測定しニッケルを定量する．ニッケルを 9～20 % 含む認証標準物質を用いて分析した結果，0.5～1.0 % の相対標準偏差で定量されている．

　低合金鋼中のコバルトを FAAS で定量する際には，クエン酸を鉄のマスキング剤に用い，コバルトを 1-ニトロソ-2-ナフトール（NN）錯体としてオクタデシルシリル化シリカのミクロカラムに前濃縮することが試みられている．

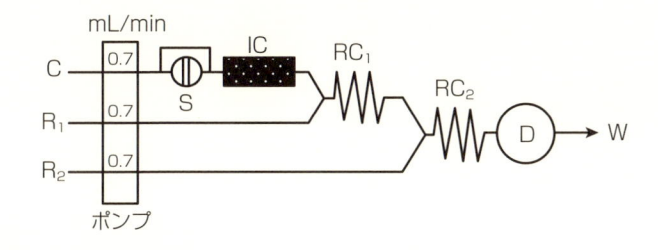

図 6.23　ステンレス鋼中ニッケルの定量システム

C：キャリヤー（0.11 M 酒石酸，pH 6.0），R_1：0.04% ヨウ素溶液（0.012 M KI），R_2：0.1 % DMG 溶液（0.1 M NaOH），S：ループ付き試料注入バルブ（内径 0.5 mm，長さ 10 cm），IC：イオン交換カラム（Hitachi #2611 強酸性陽イオン交換樹脂，内径 4 mm，長さ 7 cm），RC_1：反応コイル（内径 0.5 mm，長さ 1.0 m），RC_2：反応コイル（内径 0.5 mm，長さ 1.0 m），D：吸光検出器（466 nm），W：廃液

カラムに吸着したコバルト錯体は，1％硝酸酸性にしたエタノールで溶離し，FAAS のネブライザーに直接導入して測定する．この方法では，濃縮率は 17.2，検出限界（3σ）は 3.2 μg/L，試料処理速度は毎時 90 である．認証標準物質 NBS-362 および NBS-364 中のコバルトの定量に適用され，認証値とよく一致する分析値が得られている[48]．

ホウ素は微量であっても鋼の物性に大きな影響を与えることから，その定量に関して多くの研究が行われている．たとえば，図 6.24 の分析システムは，鉄鋼中のホウ素を Sephadex G-25 のカラムにより分離濃縮し，0.1 M 塩酸で溶離して 1,8-ジヒドロキシナフタレン-3,6-ジスルホン酸（クロモトロープ酸：DHN）と反応させた後，蛍光定量したときのものである[49]．EDTA がキャリヤーと DHN 溶液に添加されているが，鉄のマスキング剤としての役割に加えて，ホウ素と DHN との反応ならびにその後の蛍光検出に適した pH に保つための緩衝剤として利用されている．なお，Sephadex G-25 を充てんした「サプレッサーカラム」は，キャリヤー調製に用いた試薬中の不純物であるホウ素を除去するために導入される．1 試料の分析時間は約 10 分，検出限界は鋼中 0.2 μg/g，1～18 μg/g レベルでの相対標準偏差は 3％以下であり，JSS 認証標準物質中のホウ素を定量して認証値とよく一致する値を得ている．

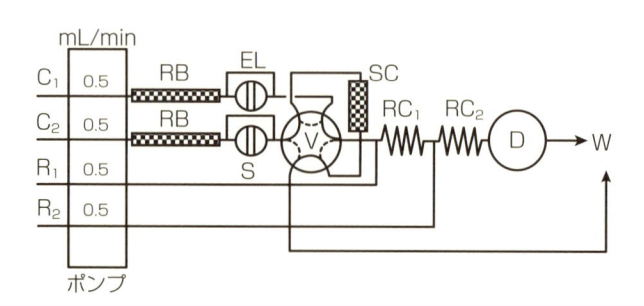

図 6.24 鋼中ホウ素の分析システム

C_1, C_2：キャリヤー（0.04 M NH$_4$Cl-0.16 M NH$_3$-0.05 M EDTA），R_1：$2.0×10^{-4}$ M DHN-0.2 M EDTA（pH 6.1），R_2：NaOH 溶液（1.0 M），S：ループ（5 m×0.5 mm i.d.）付き試料注入バルブ，EL：ループ（3 m×0.5 mm i.d.）付き溶離液注入バルブ，RC_1：反応コイル（1.5 m×0.5 mm i.d.），RC_2：反応コイル（3 m×0.5 mm i.d.），SC：分離カラム（Sephadex G-25, 5 cm×4 mm i.d.），RB：サプレッサーカラム（Sephadex G-25, 3 m×1 mm i.d.），D：蛍光検出器，W：廃液

Chapter 6　FCA 関連技術の化学分析への応用

　モリブデンは鋼材に抗張力，硬さおよび強靭性を付与する性質があり，その定量は鋼の特性制御のうえから重要である．図 6.25 に示す分析システムは，イオン交換分離と ICP-AES 測定を組み合わせて鋼中のモリブデンを定量するものである[50]．試料（50 mg）を混酸によりマイクロ波分解し，25 mL の 0.05 M 硫酸溶液として，その 50 μL をオートサンプラーにより分析システムに注入する．Fe(III) は陰イオン交換体である TEVA 樹脂（Eichrom Industries）のカラムを素通りするのに対し，Mo(VI) は TEVA 樹脂に強く吸着して Fe(III) から分離される．カラムに吸着した Mo(VI) を 7 M 硝酸で溶離し，溶出液を ICP-AES のネブライザーに導入してモリブデンを定量する．感度向上のためには，超音波ネブライザーを用いる．鋼試料に換算して 8 μg/g の検出限界（3δ）を達成している．分析時間は約 7 分である．

6.2.2
非鉄金属

　アルミニウム合金をオンライン電解溶解し，FAAS により銅を定量することができる[51]．ICP-AES によれば，亜鉛，ケイ素，鉄，マンガン，クロム，マグネシウム，銅を定量できる[52]．FAAS により銅を定量した場合には，電解

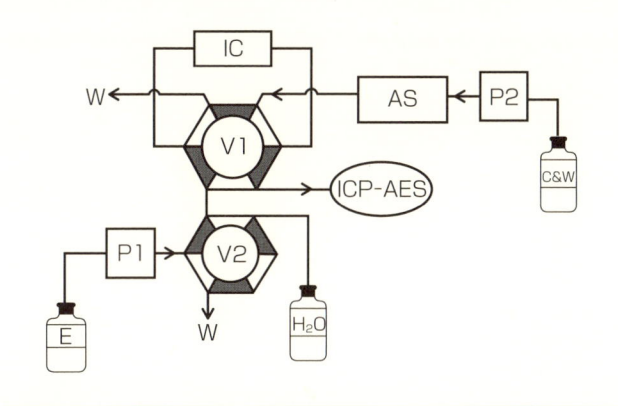

図 6.25　鋼中モリブデンの定量システム

E：溶離液（7 M 硝酸），C&W：コンディショニング／洗浄溶液（0.05 M 硫酸），P 1, P 2：HPLC 用ポンプ，V1,V2：六方バルブ，IC：イオン交換カラム（TEVA 樹脂，粒径 100 〜150 μm，内径 2.1 mm，長さ 100 mm），AS：オートサンプラー，W：廃液

液に 1.0 M 硝酸を用い，0.20 A で 5 秒電解する．他方，ICP-AES により 7 元素を定量した場合は，電解液を 1.0 M 硝酸とし，電解電流密度を 1150 mA/cm^2 で 20 秒電解する．1 試料あたりの分析時間は数分であり，相対標準偏差は両検出法とも 6％ 以内である．

アルミニウム地金中のベリリウムは，**図 6.26** に示す比較的簡単な分析システムで蛍光定量することができる[53]．この定量法は，R_1 の 2-ヒドロキシ-1-ナフトアルデヒドが R_2 のメチルアミンと反応して水溶液中でシッフ塩基を生成し，生成したシッフ塩基が Be(II) と発蛍光性の錯体を生成することを利用している．ここで，マトリックス成分のアルミニウムは高 pH 領域において加水分解するためシッフ塩基との反応性が低下する．さらにマスキング剤としてフッ化物イオンを試料溶液調製時に添加することにより，アルミニウム共存のまま高純度アルミニウム地金中のベリリウムを定量することができる．ただし，多量の不純物を含む場合にはトリエチレンテトラミン六酢酸六ナトリウムがマスキング剤として適している．

高純度（6 ナイン，7 ナイングレード）亜鉛中のニッケル，コバルト，銅，トリウム，ウランを定量する場合には，マトリックス成分の亜鉛を 2 M 塩酸溶液から強塩基性陰イオン交換樹脂カラム（Bio-Rad AG 1-X 8, 内径 2.0 mm,

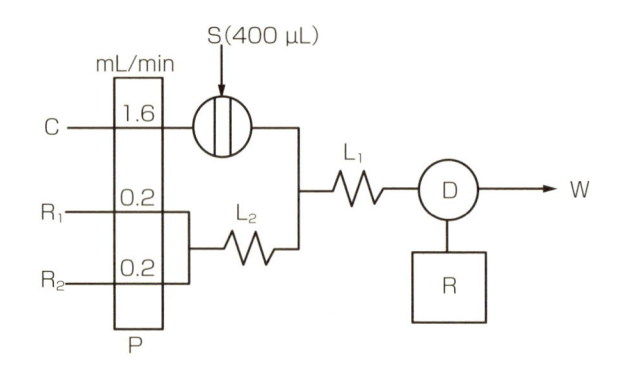

図 6.26 アルミニウム中ベリリウムの定量システム

C：キャリヤー（蒸留水），R_1：2.5×10^{-3} M　2-ヒドロキシ-1-ナフトアルデヒド（2-HNA）1,4-ジオキサン溶液，R_2：0.15 M メチルアミン水溶液（pH 11.0），P：ポンプ，S：試料注入器，L_1：反応コイル（0.5 m），L_2：反応コイル（3.0 m），D：蛍光検出器，R：記録計，W：廃液

長さ 300 mm）に吸着させ，陰イオン交換樹脂に吸着しない目的成分をそのまま ICP-MS のネブライザーに導入している[54]．試料注入の 700 秒後に陰イオン交換樹脂カラムに 2 M 硝酸を 1000 秒間流して亜鉛を除去し，次の測定を行う．検出限界（ng/g）は，Ni：3.1，Co：1.2，Cu：4.0，Th：0.12，U：0.48 であり，10 ng/mL レベルでの相対標準偏差（$n=3$）は 5 % 未満である．

亜鉛の湿式精錬における精製プロセス中のカドミウムを 0.1～1000 μg/mL という広い濃度範囲にわたって吸光光度定量するには，陰イオン交換分離とコンピュータ制御の試料注入法を応用すると有効である（**図 6.27** 参照）[55]．まず 6 方バルブ（V2）を"吸着"の位置に合わせ，ポンプ P1 によりキャリヤーを分析流路に流して陰イオン交換樹脂カラムをコンディショニングする．試料注入バルブ（V1）を"充てん"の位置に切り替え，試料ループ（SL，350 μL）に試料溶液（S）を充てんする．ここで，数百 μg/mL 濃度レベルのカドミウムを定量する場合は，試料導入前に P1 の流量を 0.1 mL/min に設定する．次

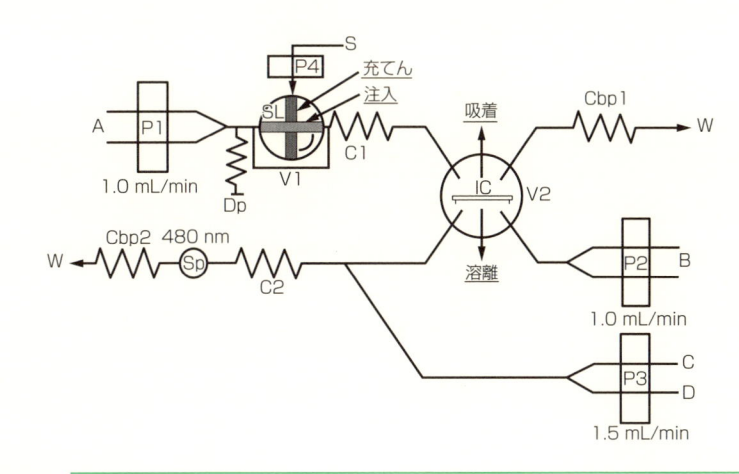

図 6.27 試料注入体積可変のコンピューター支援フローインジェクション分析システム

P1，P2，P3，P4：ポンプ，C1，C2：混合コイル（C1：1.0 mm i.d.×0.5 m，C2：1.0 mm i.d.×5 m），Cbp 1，Cbp 2：背圧コイル（Cbp 1：0.5 mm i.d.×6 m，Cbp 2：0.5 mm i.d.×2.5 m），Dp：ダンパーコイル（1.0 mm i.d.×3 m），V1，V2：六方バルブ，IC：イオン交換カラム（Bio-Rad AG 1-X 8，1.0 mm i.d.×100 mm），SL：試料ループ（350 μL），W：廃液，Sp：分光光度計，A：0.1 M KI 溶液，B：1 M 硝酸，C：0.006 %（m/v）Cadion-0.1 M KOH-0.1 %（v/v）Triton X-100，D：$1.7×10^{-2}$ M クエン酸三ナトリウム-$8.8×10^{-3}$ M 酒石酸ナトリウムカリウム-2.0 M KOH，S：試料

いでV1を"注入"の位置に切り替え，その位置に0.34秒間保つことによって0.56 µLの試料溶液を分析システムに導入する．0.1 µg/mL濃度レベルのカドミウムを定量する場合は，P1の流量を1.0 mL/minに設定し，V1を"注入"の位置に（次の試料溶液を充てんするまで）保ち試料ループ中の試料溶液（350 µL）をすべて分析システムに導入する．続いて，試料溶液をイオン交換カラムに通して（1.0 mL/min）カドミウムをヨード錯陰イオンとしてカラムに吸着させる．試料溶液導入の220秒後にV2を"溶離"に切り替え，溶離液（B，1.0 M硝酸）をカラムに流して（1.0 mL/min）カドミウムを溶離する．溶出液に発色試薬溶液（C）（0.75 mL/min）およびマスキング剤溶液（D）（0.75 mL/min）を合流させ，生成したカドミウム-Cadion[†1]錯体の吸光度を測定する．一連の操作はコンピュータのプログラムによって指示する．定量限界は，0.56 µL試料注入で20 µg/mL，350 µL試料注入で0.05 µg/mLである．

オンライン電解溶解と同位体希釈ICP-MSとを組み合わせた高度な分析法により高純度銅中の鉛を定量することができる[56]．また，オンライン電解溶解を電気加熱原子吸光法と組み合わせて黄銅中のスズとニッケルを定量することもできる[57]．

[†1] 1-(4-ニトロフェニル)-3-(4-フェニルアゾフェニル)トリアジン

6.3 農薬分析への応用

　ピーナツや大豆を栽培するときの殺虫剤にナプタラム（*N*–1–naphthylphthalamic sodium，図 6.28）が使われる．その ppm レベルの定量のためにペリスタポンプを用いる二流路系 FIA が用いられる．100 μL の試料をキャリヤー（1 M 塩酸）に注入すると，100 ℃ の恒温槽中の反応コイルを流れている間に 1-ナフチルアミンに加水分解される．1.5 M アンモニアと混合されると蛍光物質が生成し，励起波長 314 nm，蛍光波長 440 nm で相対蛍光強度を測定する（図 6.29（a））．また ppb レベルのナプタラムの定量は ODS カラム（10 cm×0.3 cm i.d.）を用いて濃縮したのち，少量のアセトニトリルで溶離し，同様な操作により測定する（図 6.29（b））．この方法は河川水試料にも適用でき．$3×10^{-6}$ M 以上であれば測定可能である[58]．
　このほかにも，電気化学検出法を用いた各種 FCA 農薬分析法が利用できる．

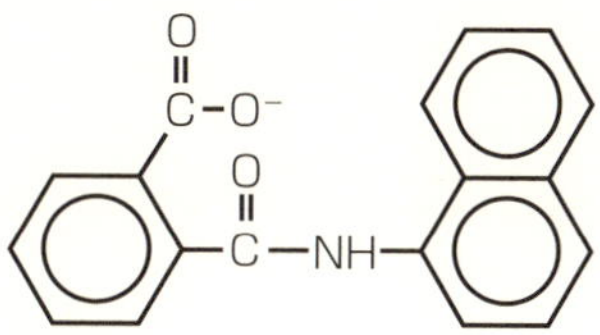

図 6.28　ナプタラムの化学構造

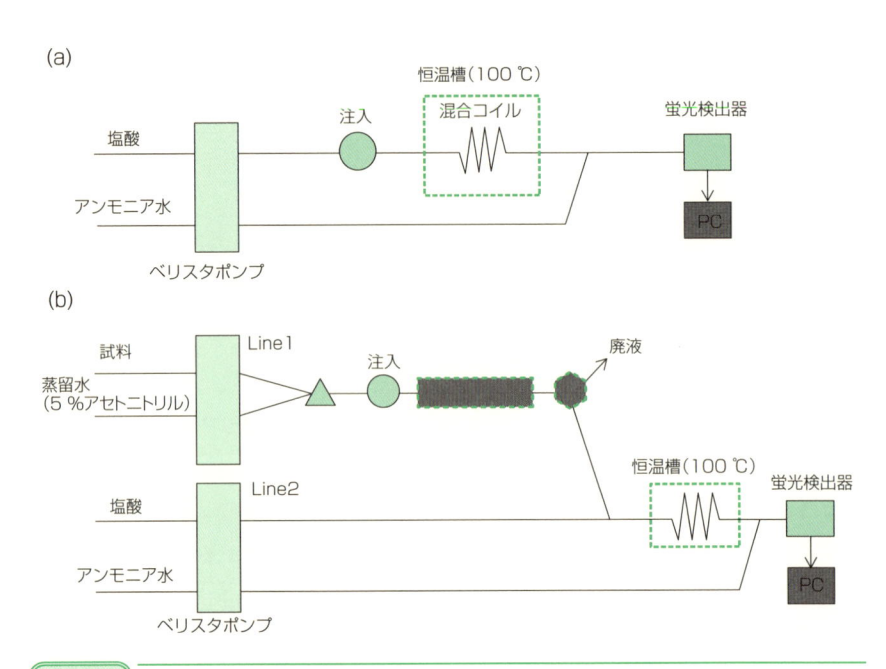

図 6.29 ナフチルアミンへの加水分解を利用するナプタラムの FIA
（a）ナプタラム測定用 FIA 流路，（b）ODS カラム濃縮を併用するナプタラム測定用 FIA 流路

6.4 食品成分への応用

　食品成分を分析する場合，化学的に類似した共存物質が多く，それらの影響を受けるため，目的成分を測定するために選択性が高い酵素反応がよく用いられる．たとえばグリセロールはアルコール発酵の際，副生成物として産出される．したがってワインの品質評価法としてグリセロールの FIA による迅速・簡易分析法が提案されている[59,60]．

Chapter 6　FCA 関連技術の化学分析への応用

　グリセロールは図 6.30 に示すように酸化型ニコチナミドアデニンジヌクレオチド（NDA）とグリセロール脱水素酵素（GDH）との反応により，酸化され，ジヒドロキシアセトンを生成する．また生成した還元型の NADH は NADH 酸化酵素により酸素を消費し，過酸化水素を生成する．そこで溶液中の溶存酸素を測定することで，グリセロールが間接定量できる．図 6.31 にグリセロール定量用 FIA システムを示す．ポンプでキャリヤー溶液（30 mM 硫酸アンモニウムを含む 0.1 M グリシルグリシン緩衝液（pH 9.2））を 0.5 mL/min で送液する．これに 5 mM　NAD（pH 8.0）を加えて調製された試料（20 µL）を注入する．注入された試料は GDH とニコチナミドアデニンジヌクレオチド酸化酵素（NOD）を固定化したカラム（酵素リアクター）を通過し，クラーク型酸素電極を装着したフローセルに導かれ電流出力が記録される．このシステムでは 0.1〜1.5 mM グリセロールが 1 時間当たり 25 試料分析できる．

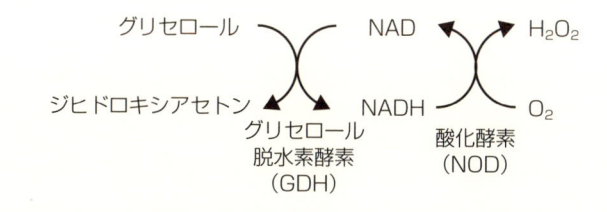

図 6.30　グリセロールの酸化反応

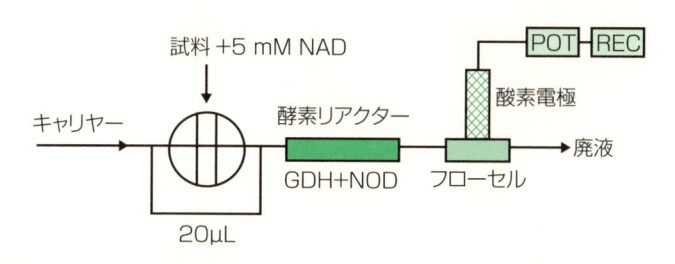

図 6.31　グリセロール定量用 FIA

NAD：ニコチナミドアデニンヌクレオチド，GDH：グリセロール脱水素酵素，NOD：NADH 酸化酵素，NOD：ニコチナミドアデニンジヌクレオチド酸化酵素
POT：ポテンシオスタット（電位差計），REC：記録計

6.5 医薬品分析への応用

　睡眠鎮静剤であるトリアゾラムは水に溶けないのでメタノールに溶かし，pH 4 以上，メタノール濃度 13 %，3～55 μM の範囲で感度よく（3～55 μM）吸光検出定量（$\lambda_{max}=228$ nm）できる．またクロチアゼパムは水に溶けるが，0.1 M 硫酸をキャリヤーに用いると 390 nm に吸収を示し，測定できる．いずれも錠剤を溶かして測定，定量する[61]．

　β-受容体作動薬であるサルブタモールはフォーリンチオカルト（Folin-Ciocalteau，市販）試薬と反応し，570 nm に光吸収を持つ化合物を生成する．しかし賦形剤や尿中マトリックスの妨害を受けるため，C_{18} を化学修飾したシリカゲル充填カラムを用い，サルブタモールを吸着分離し，0.01 M 硝酸で溶離したのち，試薬と pH 11 で混合・反応させる．このシステムは制御プログラム（LabView で作成）により，測定操作が制御されている[62]（**図 6.32**）．

　またチオクローム法によりチアミン（ビタミン B_1）が蛍光検出法で定量で

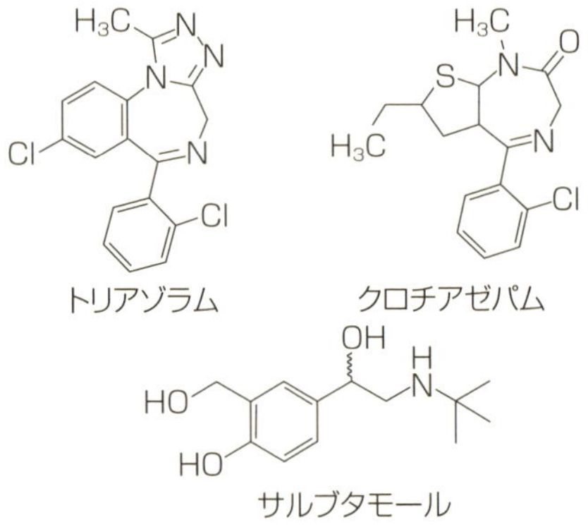

図 6.32　医薬品の構造式

Chapter 6　FCA 関連技術の化学分析への応用

きる．チアミンをアルカリ溶液中でフェリシアン化カリウムにより酸化するとチオクロームが生成する（図 6.33）．チオクロームは励起波長 $\lambda_{ex}=375$ nm で蛍光（$\lambda_{em}=440$ nm）を示す．図 6.34 に示すように，チアミンとアルカリ性フェリシアン化カリウムの混合溶液に 30 μL のクロロホルムを注入すると，チオクロームは 155 cm の抽出コイルで抽出され，相分離することなく，蛍光検出される．このシステムでは 5～280 μg/L のチアミンの測定が可能で 150 μg/L のチアミンに対する RSD（$n=10$）は 2.4 % で，薬剤分析に応用できる[63]．

図 6.33　チアミンの酸化反応

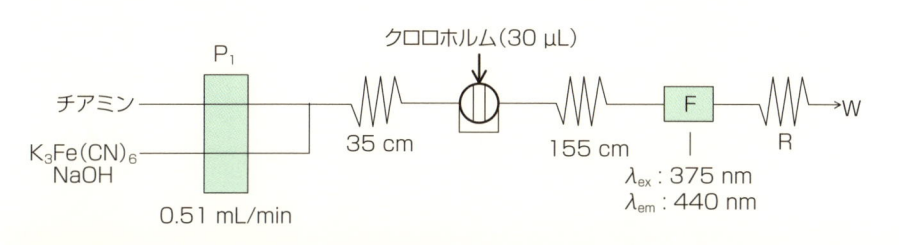

図 6.34　チアミン誘導体の抽出 FIA システム

6.6 生体関連物質分析への適用

6.6.1 尿中クレアチニンの定量

クレアチニンは尿に排泄されるが，1日に排泄される量は約 1.5 g／日とされている．したがってクレアチニンは他の尿成分の濃度補正に使われるので，臨床化学には重要な測定項目である．また筋ジストロフィー患者ではクレアチニンの排泄量が減少するとされている．クレアチニンの検出には以下に示す Jaffe 反応を利用することができる（図 6.35）．またこの反応を利用するフローシステムを図 6.36 に示す．試料の処理速度は 102/h，50 µg/mL の 10 回繰返し測定の RSD は 0.6 % と高精度である[64]．恒温槽に反応コイルを浸け，反応温度は 50 ℃ に保つ．

6.6.2 尿中タンパクの定量

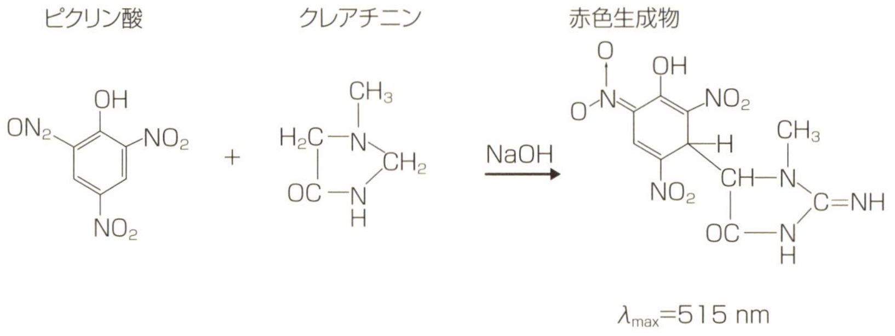

ピクリン酸 + クレアチニン →(NaOH) 赤色生成物

λ_{max}=515 nm

図 6.35　Jaffe 法によるクレアチニンの発色反応

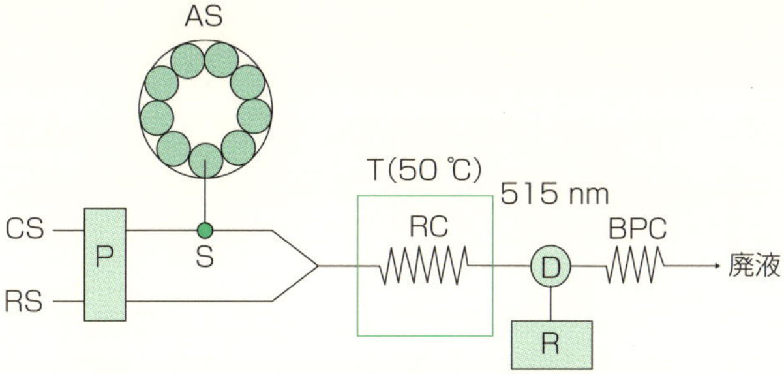

Chapter 6　FCA 関連技術の化学分析への応用

図 6.36　オートサンプラーを用いるクレアチニン定量システム

CS：キャリヤー溶液（0.03 M KH$_2$PO$_4$＋0.4% EDTA），RS：試薬（0.01 M ピクリン酸塩＋1.5% NaOH），P：ポンプ（0.82 mL/min），AS：オートサンプラー，S：試料（100 μL），T：恒温槽（50±0.1℃），RC：反応コイル（1.5 m×0.5 mm i.d.），BPC：背圧コイル（1 m×0.25 mm i.d.），R：記録計，D：吸光検出器

尿に排泄されるタンパク質は糖尿病の指標とされている．一般的にはテトラブロモフェノールブルー（TBPB）を浸漬した試験紙によりスクリーニングされる．この方法は極めて簡便で手軽に利用できる．しかし濃度の判定は±，＋，＋＋などとして 30 ppm，100 ppm，300 ppm，1000 ppm などの濃度幅で検出されるため，正確な濃度は把握できない．タンパク定量のための吸光光度法では酸性染料を用いる色素結合法が用いられる．**図 6.37** に示すテトラブロモフェノールフタレインエチルエステル（TBPEH）は酸性領域（pH 3.2 付近）では水には溶解しないが，非イオン界面活性剤 Triton X-100 存在下では溶解し黄色となる．これにアルブミンを添加すると会合体を形成し青色となる．この黄色から青色への変化（吸光度の増加）は直線関係にあるので，アルブミン

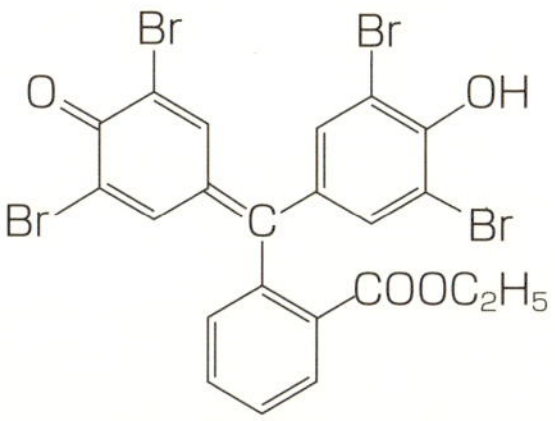

TBPEH：黄色(トリトンX-100共存下)

図 6.37　トリトン X-100 ミセル中の TBPEH

の定量が可能となる[65]．ミセルへの溶解反応を図 6.38 に示す．この反応系を二流路 FIA に適用した（図 6.39）．その結果 0.15〜12 mg/dL の範囲で良好な検量線が得られ，0.3 mg/dL アルブミン（$n=10$）に対する変動係数は 1.2 % である．また 1 時間当たりの分析速度は 30 試料であり，多検体分析に適している．

上述の TBPE を用いるアルブミンと固定化酵素を用いるグルコースの SIA により，アルブミン，グルコースを逐次測定することも可能である．基本反応を図 6.40 に示す．グルコースはグルコースオキシダーゼにより酸化され D-グ

$$TBPE\cdot H + TX\text{-}100 \rightleftharpoons (TBPE\cdot H)_m$$
　　　黄　　　　無色　　　　　　黄

$$x(TBPE\cdot H)_m + HSA^{x+} \rightleftharpoons (HSA^{x+}\cdot(TBPE^-)_x)_m + xH^+$$
　　　黄　　　　　アルブミン　　　青($\lambda_{max}=610$ nm)

図 6.38　TBPEH のミセル抽出とアルブミンとの会合

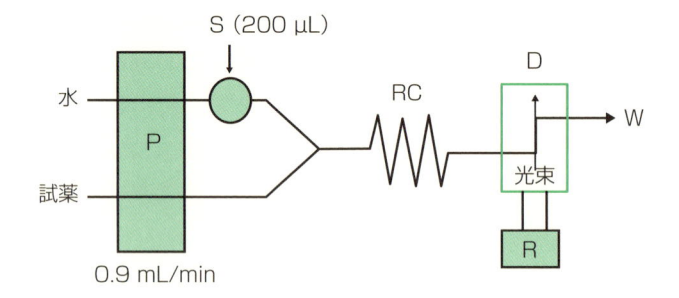

図 6.39　TBPEH を用いるアルブミン定量用 FIA システム

試薬：1.2×10^{-5} M TBPE＋0.02% トリトン X-100（pH 3），RC：反応コイル（0.25 mm i.d.×5 m），D：吸光検出器（$\lambda_{max}=610$ nm），R：記録計

$$\text{D-グルコース} + H_2O + O_2 \xrightarrow{\text{グルコースオキシダーゼ}} \text{D-グルコース -1,4-ラクトン} + H_2O_2$$

$$H_2O_2 + p\text{-アニシジン} \xrightarrow[\text{pH4.5}]{\text{Fe(II)}} \text{赤色化合物} + H_2O$$
　　　　　　無色　　　　　　　　　　　赤($\lambda_{max}=520$ nm)

図 6.40　グルコースの Fe(II) による触媒反応

ルコース-1,4-ラクトンと過酸化水素を生成する．生成した過酸化水素はp-アニシジンとpH 4.5，Fe(II) 共存下で赤色の化合物（$\lambda=520$ nm）を生成し，この吸光度を測定することでグルコースが間接的に定量できる．SIAの操作を図6.41 に示す．タンパク質を測定する前にpH 4.5の緩衝液50 μL，グルコース標準液280 μLをカラムに送り，タンパク質測定操作中は37 ℃で反応を促進する．一方緩衝液（pH 3.2）1000 μL，TX-100 100 μL，TBPE 100 μL，緩衝液50 μLを順次吸引し，ホールディングコイルに保持し，溶液混合のために数回流れを逆転し，ミセル溶液中にアルブミン標準液20 μLを注入すると，青色のイオン会合体（607 nm）が生成し，その吸光度を測定する．測定が終了した時点で緩衝液，p-アニシジン，Fe(II) 溶液，緩衝液を吸引し，流れを逆転し，Fe(II) とp-アニシジンの間にカラムで生成した溶液を注入し，検出器に送液し，520 nmで吸光度を測定する．この検出システムを図6.41 (a)(b) に示す．吸引・吐出・検出の操作手順はすべてパーソナルコンピュータ制御でき，全自動測定装置である．10 mg/dL までのアルブミンと12.5 mg/dLのグルコースの逐次測定ができる．試料処理速度は1時間当り6個である[66]．

　糖尿病診断にアルブミンを測定する場合は24時間尿を用いて定量されている．入院患者の採尿には問題ないが，通常の通院患者に対しては試験紙を用いて定性的に判定されている．しかし糖尿かどうかの境界領域では判定が困難なことがあり，アルブミン／クレアチニン比を求める方法が提案されている．そこでSIAを用いるアルブミン／クレアチニン比測定法が開発された．アルブミンとエオシンYとのイオン会合反応を図6.42 に示す[67]．10ポートセレクションバルブを用い，塩酸酸性に調整されたエオシンY溶液を50 μL，アルブミン標準液を100 μL シリンジポンプ（SP）で吸引しホールディングコイル中で3往復させ混合を行った後，検出器に導入し，540 nmで吸光度を測定する．そのあとピクリン酸塩100 μL，クレアチニン標準液を150 μL吸引し，同様に3往復による混合を行った後，検出器に送り，500 nmの吸光度を測定する（図6.43）．検量線はアルブミンでは0〜20 mg/L，クレアチニンでは0〜100 mg/Lの範囲で良好な直線が得られる．図6.44 にシグナルプロファイルを示す．

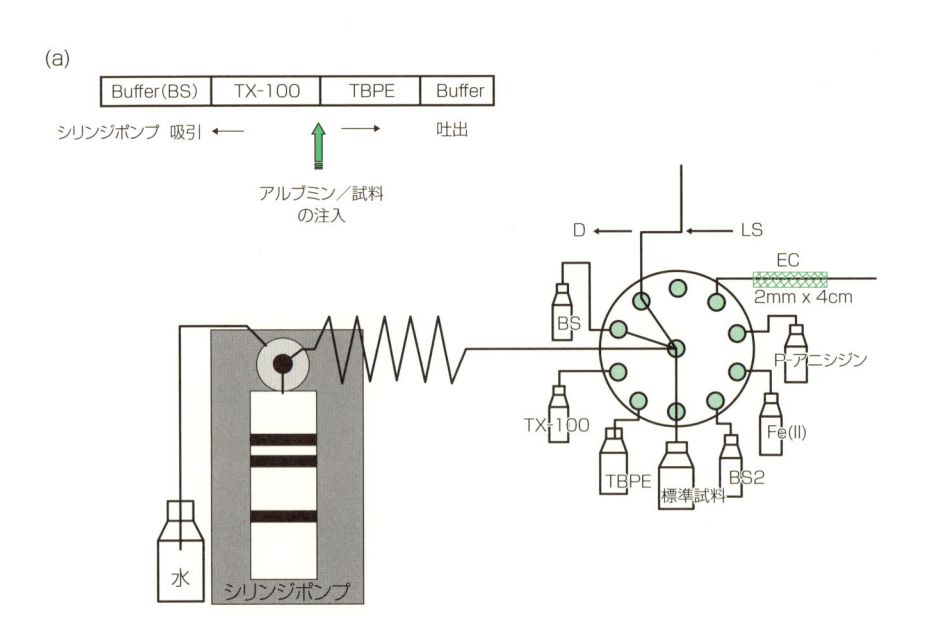

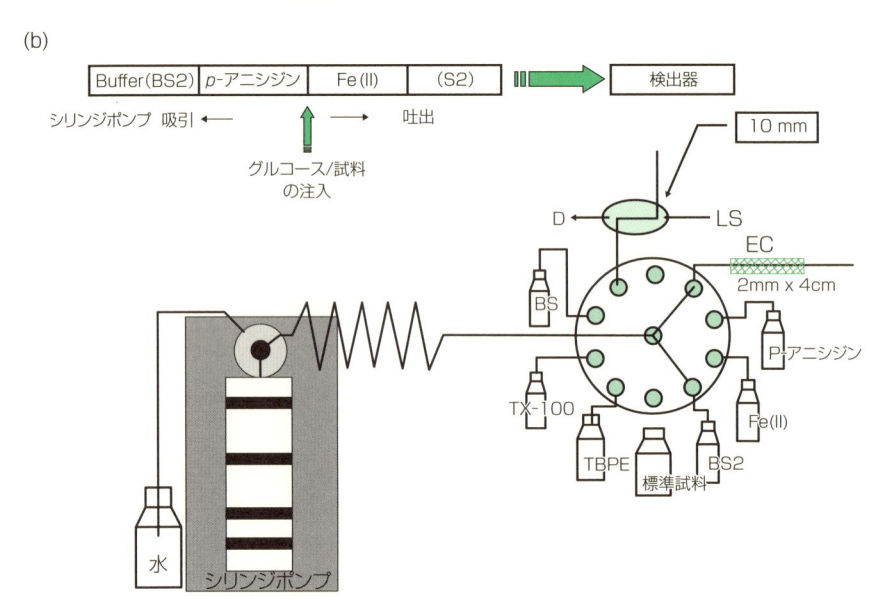

図 6.41 タンパク（アルブミン）測定用 SIA

(a) タンパク（アルブミン）測定用 SIA, (b) グルコース測定用 SIA
BS：緩衝溶液（pH 3.2），BS 2：緩衝溶液（pH 4.5），EC：酵素カラム（グルコースオキシダーゼを修飾）

Chapter 6 FCA 関連技術の化学分析への応用

図 6.42 エオシンとアルブミンとの発色反応

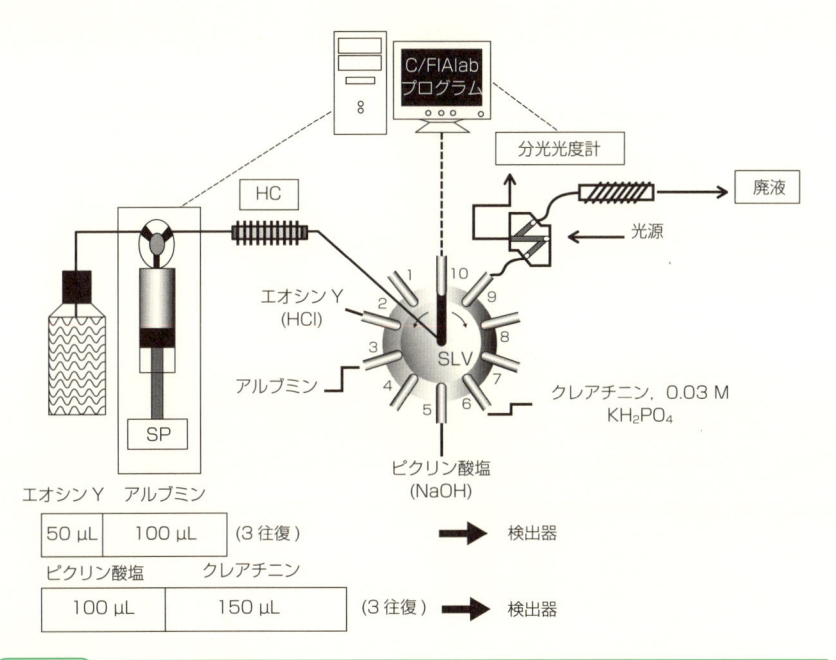

図 6.43 アルブミンとクレアチニン測定用 SIA システム[67]

6.6.3
呼気中のホルムアルデヒド（HCHO）の定量[68]

　膀胱がん，前立腺がんの場合呼気アルデヒド濃度が健常者の場合に比べ高いという報告がある．しかし呼気中のホルムアルデヒドは低濃度であるので，濃縮する必要がある．ガス拡散スクラバーは**図 6.45** に示すように 2 重管構造になっている．外側は内径 3 mm PTFE チューブ，その内側に内径 1.0 mm の多

219

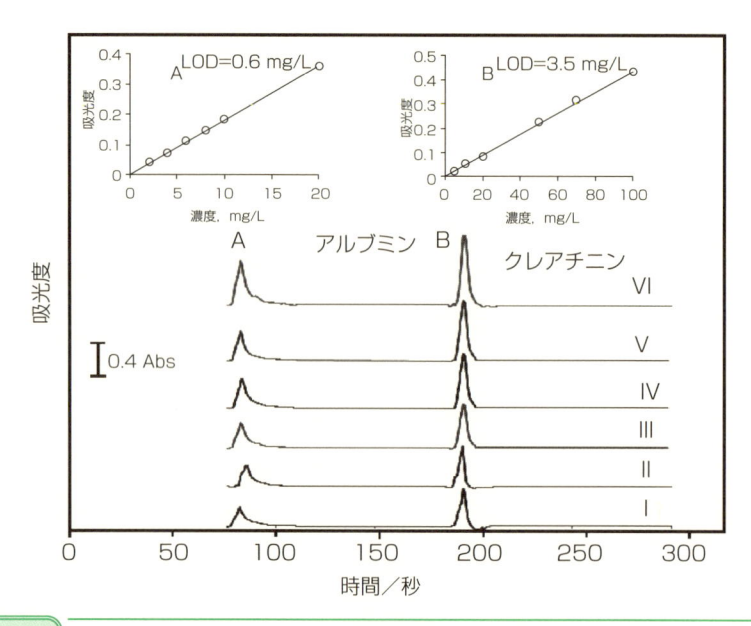

図 6.44　アルブミン及びクレアチニンの検量線とシグナルプロファイル

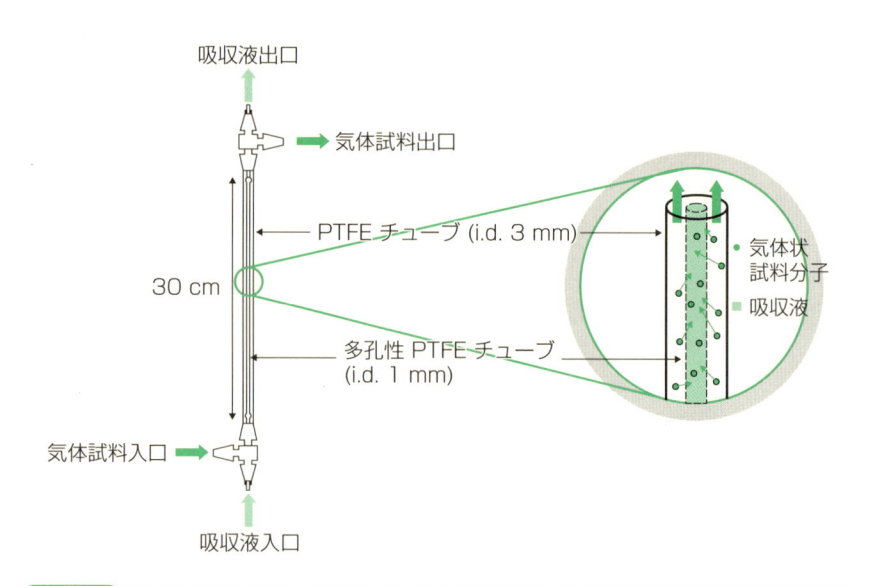

図 6.45　ガス拡散スクラバー（GDS）

Chapter 6 FCA 関連技術の化学分析への応用

孔性 PTFE チューブが挿入されている．内側のチューブには吸収液（水）が充填されている．外側にホルムアルデヒドを含む気体試料が導入されると，気体状ホルムアルデヒドガスは膜を透過し水に吸収・濃縮される．1 分間試料が送られ捕集濃縮される．図 6.46 に示すように，濃縮された試料溶液はバルブ（SLV）の切替えにより反応場へ導入され，ジメドン溶液と混合され，温度制御された反応システム内で蛍光誘導体化が起こる．生成された蛍光誘導体は励起波長 395 nm，蛍光波長 463 nm で蛍光強度が測定される（図 6.46）．このシステムを用いて喫煙への影響を調べたところ，図 6.47 の結果を得た．喫煙直

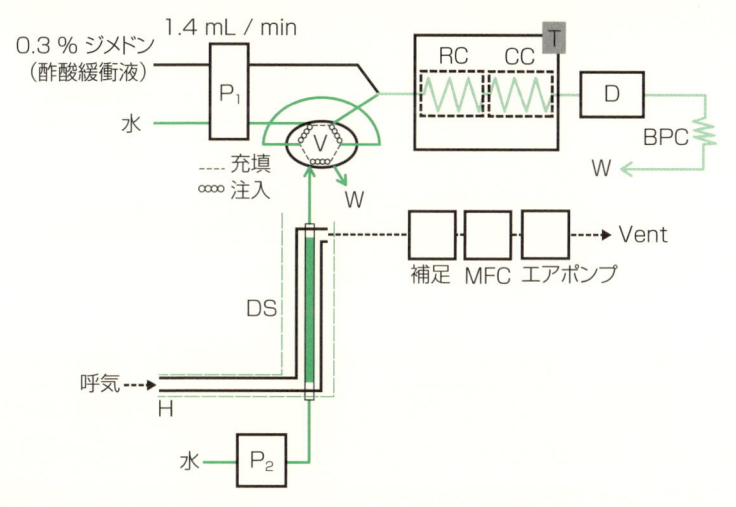

図 6.46 気体状ホルムアルデヒド測定のための FCA システム

D：蛍光検出器（$\lambda_{ex}=395$ nm, $\lambda_{em}=463$ nm），MFC：流量計（0.4 L/min），H：加熱器（波線，40℃），DS：拡散スクラバー，RC：反応コイル（0.5 mm×7 m, 135℃），CC：冷却コイル（0.5 mm×2 m, 25℃），T：反応システム

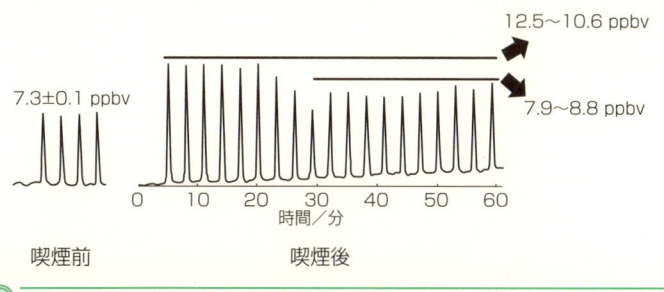

図 6.47 喫煙前後におけるホルムアルデヒドの濃度変化

後の呼気中ホルムアルデヒドは 10.6～12.5 ppbv を示し，25 分を経過すると 7.9～8.8 ppbv に減少することが観察された．

6.6.4
尿中ビリルビン測定への適用[69]

ビリルビンは血液中に少量存在するが，肝機能の損傷により，血中濃度が増大すると尿中に排せつされる．したがって黄疸，肝炎，肝硬変などの肝機能異常の判断のために測定される．健常者の場合は（－）である．スルファニル酸は酸性下で亜硝酸と反応し，ジアゾニウム塩を生成する．このジアゾニウム塩はビリルビンと反応し 560 nm に吸収極大波長をもつ赤色化合物を生成する（図 6.48）．この反応系を同時注入／迅速混合フローシステム（SIEMA）に適用した．装置構成を図 6.49 に示す．シリンジポンプ，補助コイル，4 方コネクター，3 方ソレノイドバルブ，混合コイル（MC），吸光検出器，パーソナルコンピュータからなる．三つのソレノイドバルブを ON にしてジアゾニウム塩，OTG（Octyl-thaioglucoside：非イオン界面活性剤），ビリルビン標準溶液

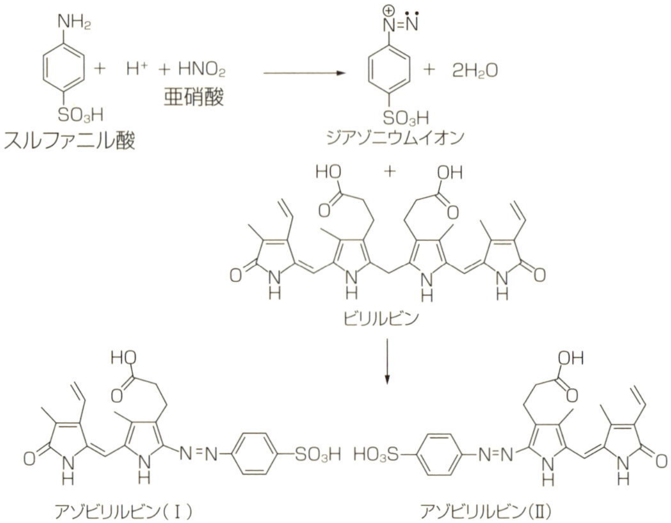

図 6.48 ビリルビンとスルファニルジアゾニウム塩との化学反応

Chapter 6　FCA 関連技術の化学分析への応用

図 6.49　ビリルビン直接測定用 SIEMA システム

AC：補助コイル（100 cm, 1.5 mm i.d.），$4C_1$，$4C_2$：4方コネクター，HC_1，HC_2，HC_3：ホールディングコイル（100 cm, 0.8 mm i.d.），$3V_1$，$3V_2$，$3V_3$，$3V_4$：3方ソレノイドバルブ，MC：混合コイル（50 cm, 0.8 mm i.d.）

を各 200 µL 同時にホールディングコイルに吸引する．シリンジポンプにキャリヤーを吸引し，2方バルブを切り替えて，また三つの溶液をキャリヤーで MC の後のバルブを開き押し出す．4方コネクターと MC で混合され，生成物は検出器に導入され，540 nm での吸光度が測定される．三流路3連ソレノイドバルブで得られたピークシグナルを図 6.50 に示す．0.1～1.0 mg/L で良好な直線関係が得られる．この装置による試薬の吸引・吐出・検出はすべてコンピュータで制御されており，全自動化されている．

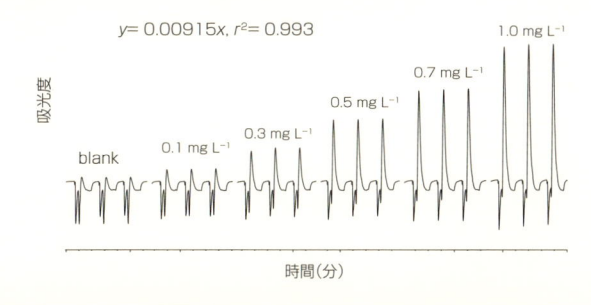

図 6.50　ビリルビンの検量線用ピークプロファイル（0–1.0 mg /L）

コラム 分析結果（濃度）はどのように表す？

　固体試料中のある成分の量を測定すると，その分析結果は単位質量の試料中に含まれる成分の質量として表されるのが原則です．たとえば，1.25 g の金属アルミニウムに含まれる不純物のマグネシウムを測定したら 356 µg であった場合，マグネシウムの分析結果は 356 µg/1.25 g＝285 µg/g と表されます．これを，マグネシウムの質量分率で表すと，1 ppm（parts per million）＝1×10^{-6} g/g より，285 ppm となります．分率で表す場合には，試料の量と成分の量とは同じ単位でなければならないことに注意しましょう．液体試料の場合は，試料 1 L に含まれる成分量として mg/L，µg/L あるいは ng/L などで表すのが一般的です．河川や湖沼の水試料について質量分率で分析結果を表したい場合には，試料水の密度を 1.00 kg/L（1.00 g/g）とみなし，たとえば 1.35 mg/L という分析値は，1.35 mg/10^6 mg＝1.35 ppm と慣例的に表すこともあります．また，気体試料の大気では，エアロゾル成分の濃度は mg/m^3 あるいは µg/m^3 などを単位として表されます．ガス成分については，0 ℃，1 気圧（1.013×10^5 Pa）における 1 mol の体積が 22.4 L であるとして，体積を規準にした分率（ppm, ppb など）で表されます．その際，体積比（volume ratio）であることを示すために ppmv や ppbv と表すこともあります．大気の汚染および水質汚濁にかかわる環境基準は，以上のような濃度表記で記載されています．濃度表記には注意しましょう．

6.7 おわりに

　この章で紹介している分析法の例は，それぞれに実験条件を最適化した結果である．したがって，記載されているとおり実験すれば通常は予期したとおりの結果が得られる．しかし，予想に反して思い通りの結果が得られない場合には，分析システム内で起きている化学反応を十分に理解し，必要な操作が適切に実行されているかを確認することが大切である．FCA は熟練を必要としないが，分析システム，特にポンプと検出器の癖を知り，そのシステムを上手に使いこなすことが望ましい．なお，分析システムにトラブルが生じた場合は，身近にいる FCA の経験豊富な人に相談するのが手っ取り早い．あるいは，装置購入先の技術者に問い合わせれば，解決法を入手できる．付録「参考資料」も役立つ．

参考文献

1) 末包高史，大島光子，本水昌二，分析化学，**54**，953（2005）．
2) L. Ma, M. Oshima, T. Takayanagi and S. Motomizu, *J. Flow Injection Anal.*, **17**, 188 (2000).
3) L. Ma, M. Oshima and S. Motomizu, *Chem. Lett.*, 318 (2001).
4) P. Sritharathikhun, M. Oshima, Y. Wei, J. Simon, S. Motomizu, *Anal. Sci.*, **20**, 113 (2004).
5) P.K. Dasgupta, W.L. Mcdowell, J.-S. Rhee, *Analyst*, **111**, 87 (1986)．
6) Z. Genfa, P.K. Dasgupta, and A. Sigg, *Anal. Chim. Acta*, **260**, 57 (1992)．
7) 本水昌二，城市康隆，樋口慶郎，第 71 回分析化学討論会（島根），講演要旨集，p.98（2010）．
8) 本水昌二，大島光子，樋口慶郎，環境と測定技術，**25**，40（1998）．
9) H. Muraki, K. Higuchi, M. Sasaki, T. Korenaga and K. Toei, *Anal. Chim. Acta*, **261**,

345 (1992).
10) 桑木　亨，秋庭正典，大島光子，本水昌二，分析化学，**36**，T 81 (1987).
11) M. Aoyagi,Y. Yasumasa and A. Nishida, *Anal.Chim.Acta*, **214**, 229 (1988).
12) K. Higuchi, H. Tamanouchi and S. Motomizu, *Anal. Sci.*, **14**, 941 (1992).
13) 桐栄恭二，本水昌二，大島光子，小野田稔，分析化学，**35**，344 (1986).
14) 高雲　華，本水昌二，分析化学，**45**，1065 (1996).
15) 伊永隆史，井勝久喜，分析化学，**31**，135 (1982).
16) 日立技術資料，"流れ分析法の応用例"，p.11 (1995).
17) R. Burakham, K. Higuchi, M. Oshima, K. Grudpan and S. Motomizu, *Talanta*, **64**, 1147 (2004).
18) K.-H.Lee, M. Oshima and S. Motomizu, *Analyst*, **127**, 769 (2002).
19) K.-H.Lee, M. Oshima and S. Motomizu, *J.Flow Injection Anal.*, **19**, 39 (2002).
20) R. K. Katarina, M. Oshima and S. Motomizu, *Talanta*, **78**, 1043 (2009).
21) R. K. Katarina, L. Hakim, M. Oshima and S.Motomizu, *J. Flow Injection Anal.*, **25**, 166 (2008).
22) S. Motomizu, K. Jitmanee and M. Oshima, *Anal.Chim.Acta*, **499**, 149 (2003).
23) T. Sumida, T. Ikenoue, K. Hamada, A. Sabarudin, M. Oshima and S. Motomizu, *Talanta*, **68**, 388 (2005).
24) Y. Furusho,A. Sabarudin, L. Hakim, K. Oshita, M. Oshima and S. Motomizu, *Anal. Sci.*, **25**, 51 (2009).
25) L.R. Bravo-Sanchez, B.S. V.Riva, J.M. Costa-fernandez, R. Pereiro and A. Sanz-Medel, *Talanta*, **55**, 1071 (2001).
26) 三好夏生，S. Akhmad, L. Naronghor，高柳俊夫，大島光子，本水昌二，第68回分析化学討論会（宇都宮），講演要旨集，p.16 (2007年).
27) M. Ueda, N. Teshima, T. Sakai, Y. Joichi and S. Motomizu, *Anal. Sci.*, **26**, 597 (2010).
28) T. Takayanagi, T-H.Han, M. Oshima, S. Motomizu, *J. Flow Injection Anal.*, **28**, 124 (2011).
29) Y. Yin, T. Yakayanagi, M. Oshima, K. Oshita, S. Motomizu, Y. Murata, *J. Flow Injection Anal.*, **30**, 45 (2013).
30) S. Chuanuwatanakul, W. Dungchai, O. Chailapakul and S. Motomizu, *Anal. Sci.*, **24**, 589 (2008).
31) S. Chuanuwatanakul, E. Punrat, J. Panchompoo, O. Chailapakul and S. Motomizu, *J. Flow Injection Anal.*, **25**, 49 (2008).
32) C. Hongbo, E. H. Hansen and J. Ruzicka, *Anal. Chim. Acta*, **169**, 209 (1985).
33) J. Ruzicka and E. H. Hansen, *Anal. Chim. Acta*, **161**, 1 (1984).

34）M. J. Ahmed, C. D. Stalikas, S. M. Tzouwara-Karayanni and M. I. Karayannis, *Talanta*, **43**, 1009（1996）.
35）A. O. Jacintho, E. A. G. Zagatto, B. F. Reis, L. C. R. Pessenda and F. J. King, *Anal. Chim. Acta*, **130**, 361（1981）.
36）J. F. van Staden, *Analyst*, **112**, 595（1987）.
37）D. Chen, F. Lazaro, M. D. Luque de Castro and M. Valcarcel, *Anal. Chim. Acta*, **226**, 221（1989）.
38）D. J. Hawke and H. K. J. Powell, *Anal. Chim. Acta*, **299**, 257（1994）.
39）T. Mochizuki, Y. Toda and R. Kuroda, *Talanta*, **29**, 659（1982）.
40）K. Oguma, K. Nishiyama and R. Kuroda, *Anal. Sci.*, **3**, 251（1987）.
41）J. Szpunar-Lobiñska, *Anal. Chim. Acta*, **251**, 275（1991）.
42）S. Lin and H. Hwang, *Talanta*, **40**, 1077（1993）.
43）S. Xu, L. Sun and Z. Fang, *Anal. Chim. Acta*, **245**, 7（1991）.
44）R. Liu, D. Liu, A. Sun and G. Liu, *Analyst*, **120**, 565（1995）.
45）A. P. G. Gervasio, G. C. Luca, A. A. Menegário, B. F. Reis and H. B. Filho, *Anal. Chim. Acta*, **405**, 213（2000）.
46）S. L. C. Ferreira, D. S. de Jesus, R. J. Cassella, A. C. S. Costa, M. S. de Carvalho and R. E. Santelli, *Anal. Chim. Acta*, **378**, 287（1999）.
47）山根　兵，槌屋由美，田中康浩，藤本京子，鉄と鋼，**89**, 943（2003）.
48）Y. Ye, A. Ali and X. Yin, *Talanta*, **57**, 945（2002）.
49）T. Yamane, Y. Kouzaka and M. Hirakawa, *Talanta*, **55**, 387（2001）.
50）関　達也，小熊幸一，石橋耀一，鉄と鋼，**89**, 939（2003）.
51）D. Yuan, X. Wang, P. Yang and B. Huang, *Anal. Chim. Acta*, **243**, 65（1991）.
52）D. Yuan, X. Wang, P. Yang and B. Huang, *Anal. Chim. Acta*, **251**, 187（1991）.
53）渡辺邦洋，猪飼敬幸，板垣昌幸，分析化学，**44**, 633（1995）.
54）M. Fukuda, Y. Hayashibe and Y. Sayama, *Anal. Sci.*, **11**, 13（1995）.
55）Y. Hayashibe, Y. Sayama and K. Oguma, *Fresenius J. Anal. Chem.*, **355**, 144（1996）.
56）A. P. Packer, A. P. G. Gervasio, C. E. S. Miranda, B. F. Reis, A. A. Menegário and M. F. Giné, *Anal. Chim. Acta*, **485**, 145（2003）.
57）J. B. B. da Silva, M. B. O. Giacomelli, I. G. de Souza and A. J. Curtius, *Talanta*, **47**, 1191（1998）.
58）T. G. Diaz, M.I.A. Valenzuela and F. Salinas, *Anal. Chim. Acta*, **384**, 159（1999）.
59）H. Ukeda, Y. Fujita, M. Sawamura and H. Kusunose, *Anal. Sci.*, **10**, 445（1994）.
60）日本食品科学工業会・食品分析研究会編，"新・食品分析法（II）", pp.478–479 光琳（2006）.
61）R.M. Alonso, R.M. Jimenez, A. Carvajal, J. Garcia and F. Vicente, *Talanta*, **36**, 716

(1989).
62) D. Satinsky, R. Karlicek and A. Svoboda, *Anal. Chim. Acta*, **455**, 103 (2002).
63) A. Alonso, M. J. Almendral, M. J. Porras and Y. Curto, *J. Pharmceutical and Biomedical Analysis*, **42**, 171 (2006).
64) T. Sakai, H. Ohta, N. Ohno and J. Imai, *Anal. Chim. Acta*, **308**, 446 (1995).
65) T. Sakai, Y. Kito, N. Teshima, S. Katoh, K. Watla-Iad and K. Grudpan, *J. Flow Injection Anal.*, **24**, 23 (2007).
66) K. Watla-Iad, T. Sakai, N. Teshima, S. Katoh and K. Grudpan, *Anal. Chim. Acta*, **604**, 139 (2007).
67) W. Siangproh, N. Teshima, T.Sakai, S. Katoh, O. Chailapakul, *Talanta*, **79**, 1111 (2009).
68) 上田　実，手嶋紀雄，酒井忠雄，分析化学, **57**, 605 (2008).
69) K. Ponhong, N. Teshima, K. Grudpan, S. Motomizu and T. Sakai, *Talanta*, **87**, 113 (2011).

付録 1

FCAによる化学分析に関連する情報

1 FCAおよび関連学会・国際会議などの動向

1.1 (公社)日本分析化学会フローインジェクション分析研究懇談会(JAFIA)の活動

フローインジェクション分析研究会(FIA研究会:Japanese Association for Flow Injection Analysis, JAFIA)が1984年1月1日に創設され,会誌と論文誌 *Journal of Flow Injection Analysis* (JFIA), Vol.1, No.1が創刊された.その後,これらはJFIAに統合され毎年6月と12月に発行され,2013年にVol.30が発行されている.これらの内容の一覧はhttp://jafia.kyushu-u.ac.jp/japanese/index.htmlを開き,Journal of FIAそしてコンテンツをクリックすると閲覧できる.「流れ分析法」に関する論文,解説などのほかに,文献,FIA Bibliographyや学会情報が掲載され,各種学会における発表の動向が把握できる.

1990年に日本分析化学会の研究懇談会に加わり,名称が「(社)日本分析化学会[†2]フローインジェクション分析研究懇談会(JAFIA)」に変更された.

1991年国際会議 The Fifth International Conference on Flow Analysis (Flow Analysis V) を熊本で開催した(実行委員長:石橋信彦・九州大学名誉教授(当時)).

1995年以降,International Conference on Flow Injection Analysis (ICFIA)(組織委員長:Gary D. Christian, ワシントン大学教授)がフローインジェクション分析研究懇談会と共同開催している.2008年には名古屋で15回ICFIAが開催されている.

なお,2001年にJ. Ruzicka教授(ワシントン大学教授),2006年Gary D. Christian教授が(社)日本分析化学会名誉会員に推薦されている.

[†2] 日本分析化学会は2012年3月1日をもって社団法人から公益社団法人へと移行した.なお,ここでは,移行前の記載については(社)としている.

付録 1　FCA による化学分析に関連する情報

2 公定法化へのあゆみ

2.1 関連通則

　1989 年に JIS K 0126 "フローインジェクション分析方法通則" が制定され，2001 年に ISO 規格などを考慮に入れ，データの質の管理などを追加して "フローインジェクション分析通則" として改正された．しかし，このときは，空気分節流れ分析法（連続流れ分析法）を適用範囲に入れることは見送られた．その後，空気分節流れ分析法も広く利用されるようになり，JIS 化への要望も強いことを考慮して，この方法も適用対象となるように 2009 年に "フローインジェクション分析通則" を "流れ分析通則" と名称を変えて内容を改正した．最近の流れ分析に関する技術動向を考え，新しい分析法として注目されつつあるシーケンシャルインジェクション分析法（SIA）についても検討された．しかし，SIA はまだ研究段階の要素が強いために不確定要素が多いこと，日本国内で装置化がされていないことなどの理由により，改正規格から除外された．ただし，SIA は今後の発展が期待される技術であり，次回の改訂の際に改めて取扱いが検討されるものと思われる．

2.2 個別規格の制定

　上記のように FIA に関する JIS 通則が約 20 年前に制定されていたが，FIA を用いた分析方法の個別規格の制定が遅れていた．しかし，流れ分析法の特長を活かした個別規格制定に対する要望の高まりを受け，このたび 9 項目について流れ分析法による水質試験方法 JIS 規格が制定された．その概要を，国際標準化機構（ISO）の関連規格と併せて，**表 A.1** に示す．これらの項目は，JIS K 0102-2008「工場排水試験方法」に取りあげられている項目のうち，発色反応に基づく吸光光度法が用いられている項目である．2013 年には，JIS K 0102:2013 に流れ分析法 8 項目が取り入れられた．さらに，JIS　K 0102 の改正に伴ない環境省関連の公定分析法にも適用されることが決定した．今後，これらの

231

表 A.1 流れ分析法による水質試験方法 JIS 規格 (JIS K 0170-1〜9)

番号	項目名	対応 ISO	FIA（案）		国内汎用法	CFA（案）		国内汎用法
			ISO法	国内汎用法		ISO法		
1	アンモニア体窒素	ISO 11732：2005	ガス拡散・pH指示薬変色 FIA 法	フェノールによるインドフェノール青色 FIA 法	フェノールによるインドフェノール青発色 CFA 法	サリチル酸によるインドフェノール青発色 CFA 法		フェノールによるインドフェノール青発色 CFA 法
2	亜硝酸窒素及び硝酸体窒素	ISO 13395：1996	カドミウム還元・塩酸性ナフチルエチレンジアミン発色 FIA 法	塩酸性ナフチルエチレンジアミン発色 FIA 法	カドミウム還元・塩酸性ナフチルエチレンジアミン発色 CFA 法	りん酸性ナフチルエチレンジアミン発色 CFA 法		カドミウム還元・塩酸性ナフチルエチレンジアミン発色 CFA 法
3	全窒素	なし		ペルオキソ二硫酸カリウム分解・紫外検出 FIA 法	ペルオキソ二硫酸カリウム分解・カドミウム還元吸光光度 FIA 法			ペルオキソ二硫酸カリウム分解・カドミウム還元吸光光度 CFA 法
4	りん酸イオン及び全りん	ISO 15681-1：2003	モリブデン青発色 3 流路 FIA 法	モリブデン青発色 2 流路 FIA 法	モリブデン青発色 CFA 法			ISO 法にほぼ同じ
		ISO 15681-2：2003	UV 照射酸化分解前処理モリブデン青発色 FIA 法			UV 照射酸化分解前処理モリブデン青発色 CFA 法		酸化分解前処理 CFA 法
5	フェノール類	ISO 14402：1999	りん酸蒸留・4-アミノアンチピリン発色 FIA 法	蒸留を組み込んだ国内汎用法無し		りん酸蒸留・4-アミノアンチピリン発色 CFA 法		蒸留・4-アミノアンチピリンランタン発色 CFA 法
6	ふっ素化合物	なし		ランタン-アリザリンコンプレキソン発色 FIA 法				レセノン発色 CFA 法
7	クロム(VI)	ISO 23913：2006	ジフェニルカルバジド発色 (3 流路) FIA 法	ジフェニルカルバジド発色 (2 流路) FIA 法		ジフェニルカルバジド発色 CFA 法		ISO 法にほぼ同じ (内ひねの記載なし)
8	陰イオン界面活性剤	ISO 16265：2009	ISO は CFA 法のみ規定されており、FIA 法はない	1,2-ジクロロエタン抽出 FIA 法		非分節形クロロホルム抽出 CFA 法		クロロホルム抽出 CFA 法
9	シアン化合物（全シアン）	ISO 14403：2002	ISO は CFA 法のみ規定されており、FIA 法はない	ISO は CFA 法のみ規定されており、FIA 法はない		紫外線照射・蒸留 (pH 3.8)・4-ピリジンカルボン酸・ジメチルバルビツール酸発色 CFA 法		加熱・蒸留 (pH 2 以下)・4-ピリジンカルボン酸・ピラゾロン発色 CFA 法
	シアン化合物（シアン化物）					蒸留 (pH 3.8)・4-ピリジンカルボン酸・ジメチルバルビツール酸発色 CFA 法		4-ピリジンカルボン酸・ピラゾロン発色 CFA 法

ISO 11732：2005, Water quality-Determination of ammonium nitrogen-Method by flow analysis (CFA and FIA) and spectrometric detection (MOD)
ISO 13395：1996, Water quality-Determination of nitrite nitrogen and nitrate nitrogen and the sum of both by flow analysis (CFA and FIA) and spectrometric detection (MOD)
ISO 15681-1：2003, Water quality-Determination of orthophosphate and total phosphorus contents by flow analysis (FIA and CFA)-Part 1: Method by flow injection analysis (FIA)
ISO 15681-2：2003, Water quality-Determination of orthophosphate and total phosphorus contents by flow analysis (FIA and CFA)-Part 2: Method by continuous flow analysis (CFA)
ISO 14402：1999, Water quality-Determination of phenol index by flow analysis (FIA and CFA) (MOD)
ISO 23913：2006, Water quality-Determination of chromium(VI) -Method using flow analysis (FIA and CFA) (MOD)
ISO 16265：2009, Water quality-Determination of the methylene blue active substances (MBAS) index-method using continuous flow analysis (CFA) (MOD)
ISO 14403：2002, Water quality-Determination of total cyanide and free cyanide by continuous flow analysis (MOD)

JIS 規格が分析現場で有効活用され，さらに新たな項目の流れ分析方法について JIS 規格が制定されることを期待したい．

3 液体流れ化学分析（FCA）関連の書籍，総説，解説など

　これまでに FIA（FCA）に関する研究論文などは 10,000 件を超えている．また多くの単行本，解説などが出版されている．主要なものを次に掲げる．特に最近英語版 2 編，日本語版 1 編が出版された．新しいフロー化学分析法設計にも大いに役立つものと思う．

　また，（公社）日本分析化学会フローインジェクション分析研究懇談会発行の会誌 "*Journal of Flow Injection Analysis*" には，FCA 関連の原著論文のほかに解説，総説，Bibliography，その他最新の情報が掲載されている．ホームページから無料でアクセスできる．

3.1 FIA および関連技術に関する単行本

　フローインジェクション分析法に関する書は，1981 年発刊の Ruzicka, Hansen の "*FLOW INJECTION ANALYSIS*" に始まるが，以後多数の単行本や解説書などが発行されている．最近では，FIA および関連技術として，SIA なども含まれている．さらに本格的に研究，調査したい読者のために，以下に単行本，解説，総説など主なものをまとめる．

1．J.Ruzicka, E.H.Hansen, *FLOW INJECTION ANALYSIS*, JOHN WILEY＆SONS（1981）．
2．Ruzicka and Hansen 著，石橋信彦，与座範政訳，『フローインジェクション分析法』化学同人（1983）．
3．上野景平，喜納兼勇著，『フローインジェクション分析法入門』，講談社サイエンティフィク（1983）．
4．M.Valcarcel and M. L.Castro, *Flow-Injection Analysis*, Ellis Horwood（1987）（英語版）．
5．J. Ruzicka and E.H. Hansen, *Flow Injection Analysis*, 2 nd Ed., John Wiley＆Sons（1988）．

6. B.Karlberg and G.E.Pacey, *Flow Injection Analysis, A Practical Guide*, Elsevier（1989）.
7. 高島良正，与座範政編，『図説フローインジェクション分析法』，廣川書店（1989）.
8. 日本分析化学会編，黒田六郎，小熊幸一，中村　洋著，『フローインジェクション分析法』，共立出版（1990）.
9. Z.Fang, *Flow Injection Separation and Preconcentration*, VCH（1993）.
10. J. M. Calatayud, *Flow Injection Analysis of Pharmaceuticals Automation in the Laboratory*, Taylor＆Francis（1996）.
11. M.Trojanowicz, *Flow Injection Analysis Instrumentation and Applications*, World Scientific（2000）.
12. Marek Trojanowicz Ed., *Advances in Flow Analysis*, WILEY-VCH（2008）.
13. Spas Kolev, Ian McKelvie, Ed., "Advances in Flow Injection Analysis and Related Techniques", *Comprehensive Analytical Chemistry*, Vol. 54, Elsevier（2008）.
14. A. Cerda, V. Cerda, *An introduction to flow analysis*, SCIWARE, S.L.（2009）.
15. 小熊幸一，本水昌二，酒井忠雄監修，『役に立つフローインジェクション分析』，みみずく舎（2009）.

3.2　FIA および関連技術に関する解説

1. 日本分析化学会編，"フローインジェクション分析法"，『分析化学実験ハンドブック』，丸善，pp.629-634（1987）.
2. 分析化学ハンドブック編集委員会編，今任稔彦，石橋信彦著，"フローインジェクション分析"，『分析化学ハンドブック』，pp.580-587，朝倉書店（1992）.
3. 本水昌二著，"フローインジェクション分析"，『サンプリング・試料調製法と前処理技術』，pp.553-573，技術情報協会（1993）.
4. 日本分析化学会編，本水昌二著，"フローインジェクション分析"『機器分析ガイドブック』，pp.856-879，丸善（1996）.
5. 梅澤喜夫，澤田嗣夫，中村　洋監修，本水昌二著，"フローインジェクション検出法"，『最新の分離・精製・検出法』，pp.454-470，エヌ・ティー・エス（1997）.
6. 酒井忠雄，小熊幸一，本水昌二監修，本水昌二，樋口慶郎著，"8. フローインジェクション分析法"『環境測定のための最新分析法』，pp.210-223，シーエムシー出版（2005）.
7. 中村　洋監修，菊谷典久，藤原旗多夫，古野正浩編，本水昌二，大島光子著，"フローインジェクション分析法"，『分析試料前処理ハンドブック』，pp.455-461，丸善（2003）.
8. 酒井忠雄，小熊幸一，本水昌二監修，本水昌二，樋口慶郎著，"8. フローインジェクション分析法"『環境保全のための分析・測定技術』，pp.210-223，シーエムシー出版

(2005).
9. 日本分析化学会編, 本水昌二著, "4.16 フローインジェクション分析法", 『環境分析ガイドブック』, 丸善, pp.148-152 (2011).

3.3 その他，FIA および関連技術に関する総説など

1. 機関誌「ぶんせき」の解説，進歩総説など（最近のもの）
[1] 八尾俊男, "フローインジェクション分析：有機成分", ぶんせき, **324** (2004).
[2] 大島光子, "フローインジェクション分析：無機成分", ぶんせき, **528** (2004).
[3] 林部 豊, "FIA を利用した金属材料分析", ぶんせき, **9**, (2006).
[4] 高柳俊夫, 本水昌二, "シーケンシャルインジェクション分析", ぶんせき, **31** (2007).
[5] 手嶋紀雄, 酒井忠雄, "流れを利用する分析法の高機能化", ぶんせき, **281-286** (2010).
2. "FIA 研究懇談会創立 15 周年記念特集号　技術論文集" Vol.16, Supplement.
（約 300 編の技術論文：研究懇談会創立 15 周年を記念して，我国研究者による FIA 測定法約 300 編をコンパクトにまとめたもの．試薬調製法から FIA システム構成まで，日本語で簡略にまとめられている．）
3. （公社）日本分析化学会フローインジェクション分析研究懇談会の機関誌
（*Journal of Flow Injection Analysis*, Vol.1 (1984) –Vol.29 には論文，解説，総説そして世界中の発表論文リスト（FIA Bibliography）が掲載されている．FIA を行うのに大変参考になる．）
4. J.Ruzicka, *FLOW INJECTION ANALYSIS, From Beaker to Microfluidics*, 4th Edition, FIALAB INSTRUMENTS INC.（WWW.FLOWINJECTION.COM）(2011).
（無料配布．ホームページにアクセスし，送付希望書の提出；E.H.Hansen による Bibliography, FIA および関連技術に関する豊富な情報が含まれている；Power Point のカラースライドも豊富できれい，教育的効果も大きい．）

コラム　FIAで働く"親水性と疎水性"

　親水性とは，読んで字のごとく水と親しい関係のことであり，疎水性は水と疎い，言い換えれば油と仲良しで親油性とも言われます．FIAでは，親水性／疎水性が巧みに利用されている例が数多くあります．たとえば，固形物を除くためにシリンジの先に円形カートリッジタイプのフィルターをつけて試料をろ過・注入しますが，イオン性の界面活性剤測定の場合には疎水性（有機材）のフィルターには10％以上吸着することがありますので，親水性のガラス製フィルターを用いましょう．オンライン溶媒抽出では，水相と有機相を分ける相分離器に疎水性のPTFE膜を用います．有機相はPTFE膜を通過しますが，水ははじかれるという原理です．気体の分離にも疎水性膜が用いられます．ところで水蒸気は親水性？疎水性？　答えは疎水性です．この性質を利用したものにスキーウエアがあります．たとえば，小さい孔を持つPTFE膜では，雨（水）がかかっても水ははじかれて中にしみ込むことはできません．一方，汗（気体）は容易に通過し，外へ逃げて行きます．

　この性質は気体拡散装置に応用できます．アンモニアの測定では，試料液をアルカリ性にして，気体状のNH_3として膜を透過させます．水溶液は透過しません．PTFE粒子を固めたブロックでは，粒子表面にはミクロな細孔（ミクロポア）があり，粒子間の隙間はマクロポアになります．ミクロポアには有機溶媒や気体が入り込むことができますが，水は入ることができません．水はマクロポアに存在します．クロマトメンブランセルでは，この性質を利用し，溶媒抽出や空気中の気体状物質を水に濃縮することができます．

　FIAで用いるPTFEチューブ表面に有機溶媒や疎水性物質が吸着する性質も利用できます．さまざまな新素材をFIAに応用すれば，新しい分析法が生まれますね．日本は新素材の宝庫，いろいろとアイディアを試してみましょう．

付録 2

FCAを快適に行うために
─FCAにおけるQ&A─

　液体流れ化学分析（FCA）における原理，概念は基本的にはフローインジェクション分析法（FIA）におけるものと同様である．現在ではこのFIA原理・概念をさらに発展，深化させ，SIA（シーケンシャルインジェクション分析法：逐次注入分析法），Auto-Pret（自動カラム前処理法），LOV（バルブ上にデバイスを集積した装置・手法），ビーズインジェクション（微小粒固相注入法），オールインジェクション（一斉注入混合法），マルチコミュテーション（多数のソレノイドバルブ制御法），SIEMA（同時注入混合法）など多様な手法，装置が開発され，すでに実用化されている．これらはすべて細管内を反応場，検出器とし，液体流れを基本とする化学分析法（Fluid Flow Chemical Analysis：FCA）ということができ，総称してFCAということにする．

0 はじめに

　本稿で扱うQ&Aおよびトラブルシューティングは FCA の基本となる FIA に関する項目を主に取り上げましたが，HPLC や IC も含め，広く液体流れ分析に適用できるものであります．以下の意味するところを理解し，トラブルを未然に防ぎ，また迅速に解決し，高機能，多機能 FCA による化学分析の質と高度化により，信頼性に優れた分析法の確立を目指し，さらに FCA をより進（深）化させていただくことを期待いたします．

　以下では，Q（Question）：質問，A（Answer）：答の Q&A で解説いたします．

Q1

FCA の装置が身近にありません．とりあえず，FIA やそのほかの FCA がどのようなものか，身近なもので体験したいと思います．どのようにすればいいでしょうか．

A　FCA の便利さ，利点を体験するために，まずは簡単な装置を組んで，FCA を体験し，楽しんでみたいという気持ちは，チャレンジ精神が要求される分析化学者，技術者にとって大変貴重なことでしょう．

　基本的に必要なものは，水溶液を送液するポンプ，試料液を注入する注入器，反応コイル，検出器，記録計です．あとは，LC などに用いる外形 1/16 インチ（約 1.6 mm），内径 0.5 mm の PTFE チューブ，この外形に合う PEEK 製コネクターがあれば結構です（3.2 節参照）．

　ポンプは LC 用ポンプや，ペリスタ（チューブしごき）ポンプで結構です．注入器は試料ループ付き LC 用があればいいですね．あるいは，6 方切替えバルブにループ内容積 100〜300 μL 程度のものを装着すればいいでしょう．ループは，適当な長さの PTFE チューブで作製できます．1〜2 m の反応コイル

は，PTFEチューブを径5〜10 mm程度のガラス棒やプラスチック管などに巻きつけたものでいいでしょう．検出器は内容積8〜18 μL程度のフローセル付き吸光検出器，蛍光検出器，電気化学検出器など身近にあるものが利用できます．ポンプ＝注入器＝反応コイル＝検出器の順にチューブで連結します．たとえば，鉄(II)の定量では，ビーカー，メスフラスコ，ピペットなどを用いて行うバッチ法で使用する試薬液を0.5 mL/min程度で送液し，これにFe(II)溶液（10^{-5} M〜10^{-4} M程度）50 μL程度を注入してみましょう．510 nmの吸光度を測定するとピークが得られます．ピーク高さを用いて検量線を作成し，直線性も調べてみましょう．初めての人でも直線性のよい検量線が得られます．

試薬液とキャリヤー溶液を同じ流量で流すことができるダブルプランジャーポンプ，あるいはペリスタポンプを用いて二流路系の装置を組立てることができれば，本格的な高感度分析にも十分に使用できます（図3.1, 3.8, 3.9参照）．

Q2

研究論文やマニュアルには流量が記述されていますが，なかなかその通りに調整するのが大変です．また，試料注入量も記述通りに調整するのが大変です．どの程度まで調整すればいいでしょうか？

A たとえば，FIAでは流量1.24 mL/min，試料注入量235 μLなどと書かれている研究報告を見受けます．この通りに調整するのは面倒ですし，労力の無駄です．研究論文の場合には，その装置を用いた場合にその流量，注入量で最も高いピークが得られたのでそれらを採用したということが多いと思います．しかし，流量が10〜20 %程度変わっても，ピーク高さはさほど変わりません．注入量も同様です．ピークが3分の1とか半分になったりすることはまずありえません．これはSIAや他のFCAでも同様です．最も肝心なことは，常に同じ条件で測定をするということです．上記の場合，少しでも時間短縮したいと思えば，1.5 mL/minを用い，試薬の節約を思えば，1.0 mL/minでかまいません．試料注入量を減らせばピークは少し低下しますが，ピーク幅が狭くなり，それだけ迅速測定となります．装置と目的によって，設定しやすい

条件を採用して問題ありません．なお，流量や注入量の有効数字は 2 桁で十分と考えてください．それ以上は無意味です．ただし，再現精度は必要です．

Q3

反応コイル（RC），抽出コイル（EC），ホールディングコイル（HC）などのコイルが用いられています．どのように作製すればいいでしょうか？

A 反応コイル，抽出コイルは内径 0.5 mm の PTFE チューブを丸い棒（ガラス，プラスチックなど）に巻いて作ります．

　目的とする内容積（内径の半径 r と長さ l から計算する：$\pi r^2 l$）を持つチューブをカットし，外形 4 mm 程度のガラス棒に巻きつければいいでしょう．2 本の棒に 8 の字を描くように巻きつければ数％混合がよくなります．通常は 1 m～3 m 程度ですが，遅い反応の場合には 10 m 以上を用いることもあります．長すぎると抵抗も増し，また分散が進みピークも広がります．ある内容積のコイルを作製する場合，内径 1 mm のチューブを用いれば，0.5 mm のチューブに比べ，長さは 4 分の 1 となり，抵抗も相当減少します．HC では，2 cm～5 cm 程度の環状に巻いておけばいいでしょう．容量に応じて内径の異なるチューブを用いれば，あまり長くならなくていいと思います．カラム前処理装置の Auto-Pret では 5 mL～10 mL の試料を用いますので，内径の大きいチューブが便利です．

Q4

気泡がフローセルに流れ込み，そのまま待っていてもなかなか抜け出してくれません．どのようにしたらいいでしょうか？

A 気泡は疎水性の性質があり，樹脂製の部分に吸着しやすいという性質があります．いったん吸着するとなかなか抜け出してくれません．まずは，フローセルの排出側のチューブの先端を指で押さえて背圧を増して，一気に指

を離してください．数回繰り返すと出て行ってくれるでしょう．フローセルの中が見える場合には，背圧を増すと，気泡が小さくなり，吸着面も減るので，流れ出て行くことがわかります．同じ原理で，送液の流量変更が可能であれば，流量を増して加圧してみるのも効果があります．

これでもだめな場合は，セル内面が汚れていることが考えられます．フローセルの入口側から少量のエタノールを注射器で注入・洗浄した後に，水を流します．チューブを接続するときに，接続ユニオンなどに空気が入らないように注意しましょう．

溶液組成によっては，気泡が発生しやすい系もあります．ループ付き試料注入器と同様な配管で6方スイッチングバルブのループ部分にフローセルを取り付けておけば，気泡が入ったときにバルブを切り替えて上記のような操作がポンプを止めることなく簡単にできます．

4.1 ノントラブル FCA

気泡が流れに入りにくく，流れ中に発生しにくくしましょう．流す液体はあらかじめ超音波洗浄器などで脱気しておきましょう．液がポンプに吸引される手前にエアートラップを装着し，気泡をトラップするのも効果的です．また，デガッサー（脱気装置）を通してキャリヤー，試薬液などを送るのも効果的です．装置を長時間止めている場合には，液溜めからポンプまでのチューブ内に気泡が析出していることがありますので，除去後装置を動かしましょう．また試料注入時に空気が入り込まないようにしましょう．

Q5

6方スイッチングバルブ（SWV）にサンプルループを付けた試料注入器を用いた FIA／吸光検出法を行いました．バルブの切替えにより，ブランク試料を注入したときにピークと思われるものが出現し，またその形状は複雑です．このようなピークがなぜ出現するのでしょうか？

A まず一流路FIAを考えてみます．流れは反応試薬液です．ほとんどの場合，試薬液にも吸光度があります．この流れに分析対象物がないブランク液を注入したとしても，試薬液と試料の成分が異なりますので，その境界における屈折率の違いによる複数のピーク集団（シュリーレン効果という），および試薬液との吸光度の違いがピークとなって現れます．二流路FIAを用い，反応試薬液とキャリヤー（純水）を用いたとします．キャリヤー流れに試料注入器を付けます．この場合には，キャリヤーと試料（水溶液）の組成はほぼ同じですので，一流路に比べピークは小さくなります．通常は無視できる程度でしょう．しかし，試薬液の吸光度が大きい場合にはピークが出現します．これは，バルブ切り替えにより，キャリヤーの流れが多少変化（ループの抵抗による流量減少）するために起こります．バルブ切替えを素早く行えば，シャープなピークになりますので，ピーク高には影響ないでしょう．むしろ試料注入時の指標となります．また，バルブを戻すタイミングにも注意しましょう．ピークの最高点を過ぎてから戻すようにしましょう．タイミングは常に同一にしたほうが安全です．自動切替えバルブを用いれば，いつも自動的に再現性よく切替えを行うことができるでしょう．

なお，ピーク出現付近のチャート（シグナル）を拡大し，不要なピークと真のピークをあらかじめ見極めておきましょう．

Q6

バッチ法では測定できない低濃度の試料分析を吸光検出法で行いたいと思います．どのようなFCAが適当でしょうか？

A 用いる反応系にもよりますが，一般的なことを説明いたします．SIA, SIEMA, AIA, 一流路FIAではバックグランドが水あるいは試薬液になりますので，試薬ブランクに相当するピークが出現します．現在のフローセル付き吸光検出器では吸光度フルスケール0.001も可能ですので，微小な吸光度変化を再現性よく測定できます．しかし，試薬ブランクが大きすぎると，このメリットを生かすことができません．しかし，二流路（あるいはそれ以上）

付録 2　FCA を快適に行うために—FCA における Q&A—

FIA でキャリヤー（水）に試料を注入する方式では，原理的に試薬ブランクに相当するピークは出現しません．したがって，吸光度フルスケールを 0.001 に設定し，微小な吸光度を測定すると，数百分の 1～数千分の 1 の微小吸光度が測定できることになり，検出限界（LOD）を下げることができます．たとえば，亜硝酸イオンの測定では，FIA により LOD～10^{-9} M となります．バッチ法ではせいぜい LOD～10^{-7} M でしょう．

Q7 トラブルのない FCA（ノントラブル FCA）の基本は何ですか？

A　最近国産の優れた FCA 装置が手頃な価格で入手可能です．通常の測定であればそれらを用いて，ほとんどトラブルなしに測定を行い，分析目的を十分に達成できるでしょう．通常は FCA 装置が順調に稼働し，短時間で期待する結果が得られ，測定者にとってはいたって快適な気分で分析が終了いたします．

しかし，FCA も人間が作った機械ですので，まったくトラブルがないということはありえません．できるだけトラブルを未然に防ぎ，発生を少なくし，実験や仕事への影響を最小限にしましょう．このために，日ごろからの装置点検・整備により，不具合を早めに見つけてそれなりの対処をしておくことが肝要です．原因不明のノイズ発生，バックグラウンドの不安定，あるいはドリフトなどが発生すると，トラブルシューティングの方策を探らなければなりません．これは，ことのほか時間を要することになります．このようなことを避けるためには，FCA 装置の正しい利用方法，本質的原理を知っておくことが必要です．トラブルの処理，解決策を考えることは重要でありますが，できることならば未然に防止する手だてを講じて，トラブルのない快適な分析を目指すことが肝要でしょう．ノントラブル FCA を目指すとき最も重要なポイントとしては，次の三つが挙げられます．

① 流路の中に固形物や気泡を持ち込まないこと

試薬液は適当なろ過法（ろ紙，ガラスフィルター，メンブランフィルターなど）であらかじめろ過しておきましょう．キャリヤーの水にも藻などが発生することがあります．念のため，測定に取りかかる前にフレッシュな純水，超純水に代えておきましょう．
② 流路の中で気泡や固形物を発生させないこと
③ 急激な温度変化を装置に与えないこと

そして，FCAの基礎となる原理を理解し，熟知しておくことが必要です．それは，バッチ式マニュアル分析法が，

「反応が完全に終結した状態（定常状態）」

を測定に利用するのに対して，FCAでは定常状態も利用できますが，それに近い状態での測定が迅速性などのメリットの点から好んで用いられます．すなわち，

「反応が定常状態に移行しつつある過渡的状態」

を積極的に測定に利用いたします．これは基本的には，すべてのFCAに共通する考えです．
次のことを特に理解しておきましょう．

7.1　ノントラブルFCA

FCAで得られる信号強度（ピーク高さなど）は装置間，あるいは同一装置でも流量，試料注入量，反応コイル（長さ，巻き方など），反応温度などの違いにより異なります．したがって，本格的測定の前に，標準溶液により検量線を作成し，直線性や感度を確認しましょう．

7.1は以下のことを理解すれば納得できるでしょう．定常状態に至るまでの過渡的状態では，得られるレスポンス（シグナル）は，試料注入条件（試料注

付録 2　FCA を快適に行うために—FCA における Q&A—

入量，注入ループ形状，インジェクターの形状など），反応コイル（長さ，内径，巻き方，材質，コネクターなど），送液ポンプ（脈動，送液方法など）などにより，異なった形状のピークが出現します．しかし，FCA ではこれらの物理的条件を一定に制御すれば，極めて再現性のよいピークが得られます．すなわち，FCA の原理が，「再現性のよい流れ，再現性のよい試料導入」の前提のもとに成り立っていることを常に念頭において，FCA 装置の構築，トラブル解決に当たれば，迅速に対処できるでしょう．

精度のよい測定結果を得るためには装置的には，次の四つの条件を満足していることが必要です．

① キャリヤー溶液，反応試薬溶液の再現性よい流れ
② 試料液の再現性よい導入
③ 試薬と試料の再現性のよい混合
④ 再現性のよいオンライン前処理操作

Q8

FCA 装置の構成とノントラブル FCA について，基本的に重要なことは何ですか？

A　ここでは FCA の基礎となる FIA を例に説明します．SIA やそのほかの FCA にも同様に該当します．以下に主要な装置構成についてまとめてみました．

8.1 フローインジェクション（FI）部

FCA 装置の心臓部を成すもので，送液ポンプと試料注入装置により構成されます．FI 部の機能としては次のことを満足するものでなければなりません．

① 常に一定の流量でキャリヤー溶液，試薬溶液などを送液することができ

る．
② 試料液を再現性よく注入できる．あるいは一定流量で試料を導入できる．

> ### 8.1 ノントラブルFCA
>
> バックグラウンドの安定性が悪い，ドリフトする，ピークに再現性がない場合には，まず，ポンプの流量を確認してください．

(1) 送液ポンプについて

　FIA装置には，低圧プランジャーポンプや比較的安価なペリスタポンプが使われますが，流路の抵抗や圧力の変化で流量が変化することがあります．メスシリンダーなどに廃液を取り，流量を確認し，設定流量であるかどうかチェックしてください．抵抗のあるカラムなどを流路に装着している場合には，カラムにゴミなどの固形物が目詰まりし，液が流れにくくなることがあります．

> ### 8.2 ノントラブルFCA
>
> ①バックグラウンドのノイズをあらかじめ確認しておくことをすすめます．これには，ポンプを止めて，検出器のみのノイズをチェックします．異常にノイズが大きいときには検出器に問題があることを疑ってください．次にポンプを作動させ，ノイズを比較し，ポンプの状態を確認します．ノイズが大きいときには，流路の液漏れがないこと，送液圧が正常であることを確認します．異常がなければ，プランジャーポンプのシールを交換したり，ペリスタポンプのチューブを新しいものに交換しましょう．
> ②脈流が大きいと，混合も不規則で，バックグラウンドがノイジーになり，S/N比の低下の原因となります．これは，検出感度（検出限界：LOD）の低下，測定値の正確さの低下につながります．

■ ペリスタポンプ

　数個のローラーがあり，その周囲に取り付けた弾力性あるチューブをしごくことにより送液するポンプです．国産で小型・高性能なペリスタポンプが手ごろな価格で入手できるようになりました．肉厚のPharmed®チューブなどを用いると耐久性が向上し，定流量性も格段に向上します．高精度，高感度FCAが要求される場合には，特にポンプの性能チェックを厳密にして，目的に沿うものを選んでください．国産でもFCAに最適なものが入手できます．手軽に使え，気泡，小さなゴミなどが入っても送液にほとんど支障はありませんが（ただし検出器によっては，大きな影響を受けるものがある），長期間の運転によるチューブ疲労による流量変化を起こします．測定を始める前に，流量チェックをしましょう．

8.3　ノントラブルFCA

　①正確な流量調整が困難で，再現性あるデータが得られないことがあります．期待する感度が得られず，FCAそのものに不信感をいだいてしまうこともあるでしょう．しかし，これには明確な原因があります．何が根本的原因か十分把握することが重要です．
　②送液圧が小さいために，抵抗のあるカラムなどの前処理装置などは装着できないことがあります．送液に問題ないかどうかをあらかじめ確認しておきましょう．

　チューブの耐薬品性もチェックしてください．タイゴンチューブは水溶液に用いることができますが，有機溶媒を送液する場合には注意しなければなりません．有機溶媒に比較的耐性があるといわれているSolvaflexチューブやAcidflexチューブなどがありますが，溶媒抽出などに長時間用いる場合には劣化，破裂などを起こしますので，注意してください．有機溶媒などの危険薬品，高温加熱などを用いるときには，保護眼鏡着用の習慣をつけましょう．反応コイルを高温に加熱する場合には気泡の発生，あるいは送液不十分などによ

り，危険な場合があります．

■　プランジャーポンプ

　わが国ではFIA創生の比較的早い時期からダブルプランジャーポンプが広く利用されてきました．多くの利点がありますが，欠点もあります．両者をしっかりと理解し，有効に利用しましょう．

> **8.4　ノントラブルFCA**
>
> 　①プランジャーヘッドに気泡やゴミが入ると原理的に送液しなくなります．HPLCと同様に液はあらかじめ0.45 μm程度のメンブランフィルターでろ過し，脱気した後用いるのが，賢明で無難です．
> 　②固形物，気泡は絶対に流路に入れないようにしましょう．ポンプ吸引口からプランジャーに気泡や固形物が入ると，プランジャーヘッドのチェック弁に溜まりしばしば送液不能となります．

　プランジャーポンプは高圧に耐えるので，分離カラム，反応カラムなどを組み込むシステム構築に適しています．高温加熱を必要とするFCAでも，高圧送液できますので，大変有効です．

> **8.5　ノントラブルFCA**
>
> 　流路中での気泡発生を防ぐためには検出器の後に背圧コイル（たとえば0.25 mm程度，長さ1〜2 m）を接続しておくとよいでしょう．

　ポンプの送液機構により，脈流の大小に違いがあります．流量（普通は数分間の平均流量）の再現性はよいが，数秒，あるいは数十秒当たりの流量再現性

は劣る場合があります．FCA では，数秒から数十秒でピーク測定を行う場合もありますので，短時間での流量安定性を十分確認することが必要です．通常，流量調節は簡単にでき，また再現性も良好ですが，あらかじめ用いる溶媒に対する流量を調べておくと好都合でしょう．

フローセルに気泡が流れ込んだ場合には，チューブから排出される液を指で押さえて圧をかけると気泡が縮小し，比較的簡単に除くことができます（前出）．

> ### 8.6 ノントラブル FCA
>
> 流れ込んだ気泡が抜け出しやすい UV/VIS 検出用フローセルが開発されています．PEEK 製で化学薬品に侵されにくい材質で作られています．さらには，フローセルの排出側に簡単なニードルバルブを装着しておけば，いざというときに手を汚さずに，背圧を上げたり，戻したりが容易にでき，簡単に気泡が除かれるでしょう．6 方バルブのループ部分にフローセルを接続しておけばさらに便利です（前出）．

■ シリンジ型ポンプ

コンピュータ制御が可能なシリンジポンプが SIA，SIEMA，カラム前処理装置（Auto-Pret）などの必須モジュールとして用いられています．この種のポンプでは，吸引および吐出の容量，時間，流量などを任意に設定できるので，コンピュータ制御用バルブ（選択バルブ SLV，スイッチングバルブ SWV）と組み合わせれば，従来バッチ式マニュアル法で行ってきた複雑な前処理などもコンピュータ制御で，自動化することができます．ただし，吐出圧力はプランジャーポンプよりも低いので，LC 的な使用ではモノリスカラムが適当です．

捕集・濃縮などの前処理カラムは，充填剤の粒形などにもよりますが，内径 2 mm，長さ 4〜5 cm のものが適当でしょう．パッキングする粒径にも注意し，あまり小さくて圧のかかるものは避けなければなりません．HPLC や IC

に用いられる通常のカラムは使用できませんが，10～15 cm 程度のモノリスカラムは使用できます（SIC：シーケンシャルインジェクションクロマトグラフィーとして実用化されている）．50～150 μm 程度の粒形のものが手頃でしょう．使い捨てのカートリッジタイプやプラスチックシリンジ充填タイプ用の充填剤が利用できます．

■ コンピュータ制御プランジャーポンプ

各種送液容量のプランジャーポンプモジュールが入手できます．シリンジポンプと同様に，吸引・吐出の容量，流量，時間などを自由にコンピュータで制御できます．これらプランジャーポンプモジュールを各種バルブモジュールと組み合わせれば SIA，SIEMA，Auto-Pret などを組み立てられます．HPLC や IC 用のカラムも利用できます．シリンジポンプ方式と同様に，制御ソフトが必要になりますが日本製のソフトが開発されています（たとえば，MGC Japan 社の MGC LMPro シリーズ）．

現在では，日本製で高圧用の各種容量のポンプモジュール，バルブモジュールが入手できます．シリンジ型ポンプでは，容量の異なるシリンジを交換するだけで容量を変えることができますが，プランジャーポンプでは，モジュールそのものを交換しなければなりません．

■ ソレノイドポンプ

外形 25～30 mm 程度，長さ 5 cm 程度の大きさで，比較的安価なポンプです．ダイアフラム方式で液を送液します．Cd/Cu 還元カラム前処理などにも使用できます．コンパクトな FIA 装置を構築することもできます．ソレノイドバルブと組み合わせれば，複雑な流路も簡単に構成できます．すでに市販のソレノイドポンプ方式 FIA があります．ソレノイドポンプ，バルブの制御には簡単なプログラムが必要です（たとえば，MGC　LMPro シリーズが使用できる）．

（2）試料注入器及び流路切替え器について

HPLC で用いられているスイッチング（ロータリー）バルブが試料注入器と

付録 2　FCA を快適に行うために—FCA における Q&A—

して利用できます．通常の FCA では，メタルフリーの各種樹脂製やセラミック製のものを用いることができます．一般的なものは 6 方スイッチングバルブ（SWV）です．サンプルループを装着し，数 μL から数百 μL の試料を再現性よく注入できます．注入量はサンプルループと接液部のデッドボリュームの和となります．できるだけデッドボリュームの少ないバルブを用いると試料の分散を避けることができます．現在，国産品で接液部がセラミック製，デッドボリューム数 μL のものが安価に入手できます．6 方に限らず，8 方から 16 方までのバルブやマルチポートセレクションバルブ（SLV）など多くの種類のバルブが市販されており，これらを用いれば FCA ならではのさまざまな特徴的マニホールド（流路系）を構成することができます．

最近では，この種のバルブもコンピュータ制御可能なものが比較的安価に容易に入手できますので，さまざまな目的に応じた自動化学分析システム構築が可能となりました．たとえば，シリンジポンプとこれらバルブを組み合わせれば SIA，SIEMA，Auto-Pret などを組み立てることができます．なお，セレクションバルブ（SLV）は頻繁に回転するので，接触面が磨耗し，液漏れしやすいものもありますので，予備を備えておきましょう．

バルブの回転部の接触面には常に微量の液が存在し，この薄膜が潤滑油の役割を果たしています．同時に，空気に触れるところでは少しずつ蒸発しています．特に高塩濃度溶液を用いた場合には，しみ出した液が乾燥することにより，結晶が析出し，回転により接触面を傷めることになります．したがって，使用後は充分に純水で洗い流しておくようにすることがバルブの寿命を延ばし，トラブルを防ぐことにつながります．

> ### 8.7 ノントラブル FCA
>
> ①デッドボリュームは各バルブによって異なります．使用するバルブについて必ず事前に知っておくとよいでしょう．数 μL から数十 μL のものがあります．微小量分析ではデッドボリュームが大きく影響することもあります．
> ②ゴミ，固形物，気泡が入り込まぬよう注意しましょう．ゴミ，固形物の除去には試料注入口にディスポーザブルメンブランフィルターを取り付けておくとよいでしょう．ただし，試料間の汚染には注意しなければなりません．
> ③フィルターの材質にも注意しましょう．界面活性剤などの疎水性物質にはガラスフィルターが安全です．
> ④バルブにチューブを接続するとき，チューブの先とバルブの受け側との間にデッドスペースを作らないように注意しましょう．

自動試料注入装置（オートサンプラー）や連続モニタリング装置にも，自動スイッチングバルブが使用されています．バルブは構造上，摩耗する部分があるので（ローターシールなど），液漏れや再現性の低下を招く前に交換することをすすめます．

8.2 検出部

小は pH 測定装置から大は ICP 発光分光分析装置（ICP-AES），ICP 質量分析装置（ICP-MS）まで，日常のバッチ式マニュアル分析法で用いられているすべての測定装置（検出器）を FCA と結合させることができます．ただし，

① フローセル容量の小さいもの（数 μL～数十 μL）
② 検出容量（検出に必要とされる試料供給量）の小さいもの
③ レスポンスの速いもの

が適しています．検出器は，機種ごとに特性やメンテナンス方法が異なることから，それぞれの取扱い方は，マニュアルに従って行えばいいでしょう．

> **8.8 ノントラブルFCA**
>
> 　測定開始前に流路，フローセル，ネブライザーなどが目詰まりしていないこと，液漏れしていないこと，ノイズレベルが正常であることを確認してきましょう．

8.3 システムの構築

　各種ジョイントと細管（内径 0.3 mm～1.0 mm）を用いて各装置間をつなげば FCA システムを構築することができます．最近では耐薬品性と強度に優れた材質のコネクターが使用できます．HPLC などにも使用されるコネクターで，簡単に接続できる樹脂製ジョイント（PEEK 製など）が市販されています．チューブの外形は 1/16 インチ（約 1.6 mm）に統一し，スエージロック型コネクター類（ユニオン，3 方ジョイント，フェラル付き押しネジなど）をそろえておけば便利でしょう．フランジ型（チューブ先端を平らに広げたもの，あるいは専用のフェラルを使用）コネクターも使われます．

> **8.9 ノントラブルFCA**
>
> 　①システム構築後は，必ず目詰まり，液漏れのないことを確認しましょう．
> 　②チューブ，コネクターの熱膨張率の違いにより，熱時に接続部がルーズになることがあります．測定前に漏れの無いことを十分確認しておきましょう．
> 　③接続部分でデッドスペースを大きくしないようコネクターの構造を理解し，適切に接続しましょう．
> 　④つなぎかえるときにコネクター類に空気が残っていることがあります．それが流路に入ることがないように注意しましょう．

> **Q9**
> 流路に前処理デバイスを組み込み，オンライン前処理操作をする場合の注意点を教えてください．

A FCA における最も特徴的な利点のひとつは，「多様な前処理操作を FCA 流路に容易に組み込むことができ，前処理をオンラインで自動化することができること」です．さまざまな前処理操作を FCA に組み込むことができますが，これは，FCA の本質的概念，「反応の過渡的状態における信号の利用」を発展させ，巧みに利用したものです．このことは，前処理や検出にかかわる反応の条件は常に同一に保たれていなければならないことを意味しています．

9.1 ノントラブルFCA

①キャリヤー溶液，試薬溶液，送液ポンプ，反応コイル，検出器は測定中はできるだけ恒温状態にしておくことが精度のよい結果を得るために重要です．特に反応コイル，前処理装置は恒温槽に保持したほうが再現性のよい結果が得られます．ポンプヘッドの温度が変わると送液量も変わります．検出器に温風，冷風が当たるとバックグラウンドが大きく波打った状態となります．反応コイルの温度が変わると，ピーク高，面積の再現性が悪くなります．また，バックグラウンドがドリフトすることがあります．

②前処理装置の組み込みにより，流路内に圧力がかかり，液漏れの恐れが生じます．測定を始める前に液漏れしていないことを確認しておきましょう．

次に代表的な前処理操作について説明します．

■ 充填カラムの作製法

内径 1～3 mm の樹脂製細管またはガラス管を適当な長さに調整し，両端に市販のコネクターやカラム製作用に設計されたジョイント（市販されている）

をつけ,流路に組み込みます.カラムの両端には充填剤が流れ出さないように,脱脂綿,グラスウールなどを詰めておきましょう.アクリルやダイフロン棒で製作したミニカラム(内径 1〜3 mm,長さ 2〜5 mm)では,径に合わせたフリットを用いることを推奨いたします.フリットはごみなどで目詰まりしますので,ときどき交換しましょう.

9.2　ノントラブル FCA

①本格的な測定に取り掛かる前に,標準物質を用いて,カラムの反応効率を確認しておきましょう.実際試料に用いた場合,充填剤の消耗が予想外に激しいものもあります.

②充填剤が流れ出さないことを測定前に確認しておきましょう.測定中に流れ出すと,重大なトラブルを引き起こします.

③消耗する充填剤の場合には,デッドスペースが生じたら早めに充填剤を補充し,スペースをなくしましょう.デッドスペースが増すと,ピークがブロードになる原因となります.

④同種のカラムを複数個同時に製作し,バラツキの大きさを確認しておきましょう.測定途中でカラムを交換した場合には,標準物質て反応効率を測定し,補正しましょう.

■ 加熱・冷却・恒温操作

これらの操作は単純ですが,バッチ式マニュアル法では温度,時間の制御は大変煩雑です.FCA では加熱,冷却,恒温操作は簡単な恒温槽内に必要な個所を保持して行いますので,温度,反応時間の制御は容易です.適切な内径,長さの反応コイルを恒温槽に浸けておくだけで結構です.100℃ 以上(室温〜100℃ でも使用可)の場合には,市販のアルミブロック製の高温加熱炉(一般に化学実験で用いるドライバス)を用いることができます.アルミブロックに試験管用の穴があれば,それに見合う金属棒に反応コイルを巻き,埋め込んでおけばいいでしょう.

9.3 ノントラブルFCA

プランジャーポンプを用いれば150℃の加熱でも安全に行うことができます．しかし，検出器前に冷却コイル，背圧コイルを必ず装着してください．暖かい液がそのまま検出器に入るとバックグラウンドが非常に乱れ，ノイジーになります．

Q10
試料の性状及び調製法から起こりやすいトラブルについて教えてください．

A FCAにおけるサンプリング，試料液の調製と調整はバッチ法と基本的には同じものと考えてよいでしょう．しかし，FCAでは実際に使用する試料量は数十～数百μLと少量であるので，分析対象となる母体を正しく代表するようなサンプリング，試料調製を心がけねばなりません．FCAが充分信頼できる測定法であるとしても，このサンプリングから試料調製・調整までの是非が，最終結果である分析の信頼性を大きく左右することになります．したがって，目的に適した正しいサンプリング，試料調製・調整計画を立てることが信頼できる分析結果を得るための第一歩であることを十分認識してください．

測定に要する時間は，通常長くても数分間あれば充分です．サンプリング後数分以内に分析結果を得ることも可能ですが，通常は何らかの試料調製や前処理操作が必要です．サンプリング後，直ちに分析できるとは限りません．したがって，サンプリング状況や測定項目に応じて試料保存容器の種類，サンプリング時の前処理（保存試薬の添加やろ過など），試料保存方法などを十分考慮したサンプリング計画を立てることが重要となります．

また，FCAの検出法として吸光検出法を用いる場合には，試料液に含まれ

る塩類濃度とキャリヤー溶液中の成分濃度の差により生じる屈折率の違い（シュリーレン効果という：前出）はゴーストピークの原因となりますので，このことを考慮して試料液の調製・調整を行わなければなりません．たとえば，海水試料を用いる場合には，反応には無関係の塩（NaCl）をキャリヤーに加え，屈折率をマッチングさせておきます．バッチ式マニュアル法では問題になることはありませんが，高感度 FCA では大きな誤差を与えることがあります．

Q11
FCA の海水試料分析への適用において注意すべき点を教えてください．

A 海水に含まれる成分は，非常に種類が多く，しかもそれらの存在量は，％オーダーから下は ppt（10^{-12} g/g）あるいはそれ以下まで広い濃度範囲で存在します．したがって，海水試料の分析における主要な問題点としては，次の二つが挙げられます．

① 測定法自体の選択性に由来する問題
② 高い塩濃度に由来する問題

①は共存成分に対する測定法の選択性いかんによるものであり，特に海水試料では共存物質の影響を受けにくい検出法を用いなければなりません．通常は，選択性向上のために何らかの分離が必要とされます．測定対象が金属イオンの場合であれば，キレート樹脂あるいはイオン交換樹脂カラム分離がしばしば用いられます．たとえば Chelex-100 が海水中のカドミウム，鉛の原子吸光検出法に，DOWEX A-1 は塩濃度が極めて高い電解用食塩水中のカルシウム，マグネシウムの吸光検出法に用いられています．また，アンモニアや二酸化炭素のように，気体状になりやすい成分の場合には，ガス拡散分離法も効果的に利用できます．

②は，塩濃度の違いにより，反応性が影響を受ける場合と，検出器による測

定が影響を受ける場合があります．前者の例としては，溶媒抽出の場合があります．抽出率に塩濃度が影響を及ぼします．一般に塩濃度が高いほど塩析効果で抽出率が向上し，相分離も改善されます．後者の例としては，試料ゾーンとキャリヤー（バックグラウンド）との成分濃度差による屈折率の違いがあります．吸光検出法の場合，この違いは正と負の一対のピークとして現れます（シュリーレン効果：前出）．0.5 M の塩化ナトリウムの場合，このピークは吸光度で約 0.02 に相当するので，これ以下の吸光度変化は検出できないことになります．この種のピークは試料とキャリヤーの溶質組成をほぼ同一にすれば消失しますが，これは実際試料を扱う場合にはなかなか厄介です．たとえば，海水試料の場合，いつも塩濃度が同じであるとは限りません．河川水が混じっている場合には，塩濃度も低下いたします．目的とする試料ピークは負と正のピークの間に現れるので，高感度測定ではこのピークの処理に十分な注意を払わなければなりません．

一つの解決策は，多流路系装置で大容量の試料を用いることです．大容量の試料を注入すると，この一対のピークの間隔は広がり，その間に目的とする信号が台地の形で現れるので，その高さを利用することができます．

あるいは，適当な分離法（カラム分離法など）で高濃度の塩をあらかじめ除いておくことができれば，問題は解決いたします．

また，一般的に蛍光検出法では励起光の直角方向から蛍光を観測するため，このようなゴーストピークは出現しにくく，海水試料でも高塩濃度はあまり問題とはなりません．

Q12

間欠的測定（たとえば 1 時間に 1 回測定など）を必要としています．できるだけ無人で，効率的・経済的に測定するにはどうすればいいでしょうか？

A たとえば，二流路 FIA／吸光検出法の装置を組み，タイマーで希望する時間帯にのみ測定するようにすればいいでしょう．試料は 6 方バルブの

ループに吸引するようにします．標準試料を念のため測定し，目的の試料を3回測定します．検出器はLED光源の装置が安価で，長持ちいたします．

迅速なスタートアップが可能なシリンジポンプを用いたFIAが便利でしょう．最近のシリンジポンプはコンピュータで待機時間，吸引・吐出量，流量，稼働時間などすべて制御できます（LabVIEWやVisual Basicなどのプログラムが使用できます．市販品（MGC LMProなど）も利用できます）．

既製の市販装置では，コンピュータ制御可能なSIAやAuto-Pret，SIEMA，AIAなども利用できます．カラム処理などが必要な場合には，ミニカラム装着のAuto-Pretが便利でしょう．SIAにHPLCカラム（モノリスカラム）を装着したSICも多成分測定には有効でしょう．

Q13

アンモニア測定用ガス透過装置，溶媒抽出用相分離器，クロマトメンブレン装置（CMC）を組み込んだFCAで，水相が透過して困ります．原因はどこにあるのでしょうか？

A

これらの相分離器に用いている分離剤は疎水性の材質（PTFEが多い）で，気体や疎水性の有機溶媒をよく透過します．水は通しませんが，水蒸気（疎水性）はよく通します．このように，PTFEは原理的には，水に親和性がなく，透過させませんが，圧をかけると水も透過いたします．また，PTFEの表面も長い間水に接触していると疎水性が低下して，水も透過するようになりますので，再生する必要があります．次のことに注意しましょう．

① 膜を隔てて流れる液体の圧をほぼ等しくしましょう．背圧コイルやニードルバルブで調整します．
② 使用しないときには，水を除き，空気や窒素ガスなどを通して乾燥しておけば，次回測定時にも水が通りにくいでしょう．
③ いったん水が透過したら，新しいものに交換するか，再生しなければなりません．ガス透過膜の場合には，暖かい空気を吹き込んで乾燥すれば

いいでしょう．溶媒抽出用相分離器の場合には，エタノールを流して膜を洗浄した後に，抽出溶媒を透過させればいいでしょう．CMC の場合も気体を流して乾燥します．気体試料を扱う CMC 測定では，吸収液（水溶液）を押し出した後に気体で再生する操作を組み込めばいいでしょう．

13.1 ノントラブル FCA

疎水性膜を用いる相分離器を使用した後は，水を取り出し，空気で乾燥しておきましょう．溶媒抽出膜は有機溶媒に接触させておきましょう．

Q14

SIA，SIEMA やカラム前処理 Auto-Pret などでホールディングコイル（HC）を用いています．空気が入ると排出するのが面倒です．取り外してもかまいませんか？

A これらの装置で HC の役割は極めて重要です．従来のシリンジポンプの使用法では，シリンジの中まで溶液を吸引し，それを吐出していました．単一の溶液だけを扱うような場合（たとえば FIA の送液ポンプとして用いたり，滴定に用いたりする場合）には HC はないほうがいいでしょう．SIA や Auto-Pret では，数種類の溶液を吸引し，吐出するという操作を繰り返します．HC がないとシリンジ中で溶液の相互汚染が生じます．これらを防ぐために，HC を用い，溶液を HC に吸引し，吐出します．最後は，シリンジに新鮮な純水を吸引し，これで HC にある溶液をすべて排出します．このような原理で，試料間の相互汚染が除かれています．

14.1 ノントラブル FCA

SIA や Auto-Pret の HC の容量はシリンジの容量の 1.5 倍程度とする．あるいは，試薬液，試料液などの最大吸引量は HC の容量の 60〜70% 以下とする．

Q15

ホウ素（ホウ酸）の FIA／蛍光検出法の検出限界（LOD）が $5×10^{-10}$ M（約 5 ppt）という高感度測定法があります．この方法は最も高感度な定量法として興味あります．この方法で，超純水中のホウ素の定量（数 ppt を含んでいる）が可能ですか？

A ホウ素をまったく含まないことが実証されている水，あるいは超純水中のホウ素含量と同程度のホウ素を含む水溶液（濃度既知）が入手できれば可能です．しかし，このような水は入手できませんので，現実には不可能です．二流路 FIA では，キャリヤーに最高純度の超純水を用いています．この中のホウ素濃度はわかっていません．$5×10^{-10}$ M に相当するホウ素を検出できますが，キャリヤーとの差分として検出できるということです．超純水のキャリヤーに測定したい試料の超純水を注入しても差は出てきません．

一つの解決策は，実験環境からの汚染がない状況下で試料を蒸発濃縮し，その濃縮液を試料として注入し，濃度を求め，濃縮倍率などから元の水の濃度を求めることができます．重要なことは，濃縮に決して化学反応（カラム濃縮法や試薬類など）を用いてはならないことです．

Q16

FCA は将来的にどのような展開が期待できるでしょうか？

A モノづくり産業や環境改善・保全，生命科学などの分野で化学分析の必要性，高度化はますます高まってきています．グローバル化が進行した社会では，世界標準でものごとを考え，進めていかなければなりません．特に天然資源小国の日本では，世界に通用する技術をいち早く開発しなければなりません．化学分析技術も同様です．GC-MS，ICP-MS などは超微量分析に欠かせない高額分析装置ですが，これらの装置が自由に使える国，試験所は限られています．このような高額分析法を前提にした科学技術は，世界中に通用するわけではありません．むしろ，必要とされる化学分析法は，高額分析法によらない分析法が大部分です．日本も化学分析の技術的基盤を再構築する必要があるでしょう．

　高額分析法に頼らない分析法の有力な手段の一つが FCA の考えです．特にコンピュータの発展が著しい現在では，コンピュータ制御 FCA（CC-FCA）が有用となってきています．CC-FCA は，自動サンプリング，分析データ取得・解析，結果のフィードバック機能を備え，より正確，より迅速な Total Analysis System となることが期待できます．

　FIA をはじめさまざまな FCA は世界的に ISO，Standard Methods for the Examination of Water and Wastewater，各種公定法に採用されています．最近わが国でも JIS K 0170 に 9 項目の流れ分析法が採用され，さらに JIS K 0102：2013 への採用が決まっています．さらに，JIS K 0102 の改訂にともない，環境省関係の公定分析法（公共用水域水質環境基準，地下水環境基準，土壌環境基準および排水基準など）の改正が行われました．このように，化学分析の自動化法の重要な一つとして FCA は化学分析に広く応用されるでしょう．

　（本稿は東京理科大学技術講習会（1998 年）で使用した参考資料"トラブルシューティング"（本水昌二著）を基に，最近までの FCA の発展・進歩を含めて修正および補足されたものを原著者の了解により掲載した．）

コラム 高感度測定の敵：シュリーレン（Schlieren）現象（効果）

　透明な媒質，たとえば液体や気体において場所により屈折率が違うとき，その付近にしま模様が見えたり，モヤモヤ状の影が見えることがあります．このような現象をシュリーレン現象といいます．シュリーレンはドイツ語の Schliere（屈折率にむらのある部分）という語に由来しています．水に溶けやすい固体，たとえば砂糖や食塩などを水に入れて放置しておくと，固体の近くでは溶け出した砂糖や塩の濃度が高いので，水と屈折率が大きく異なり，モヤモヤを観察することができます．濃度の異なる水溶液を静かに混合したときにもこの現象を観察することができます．夏の暑い日には，日光が当たり高温に加熱された自動車の屋根の上に立ち上がっている"もや"のようなものを見かけます．これは高温に熱せられた屋根の付近の空気の密度が小さくなることで，屈折率の異なる部分が生じるために見られるシュリーレン現象です．

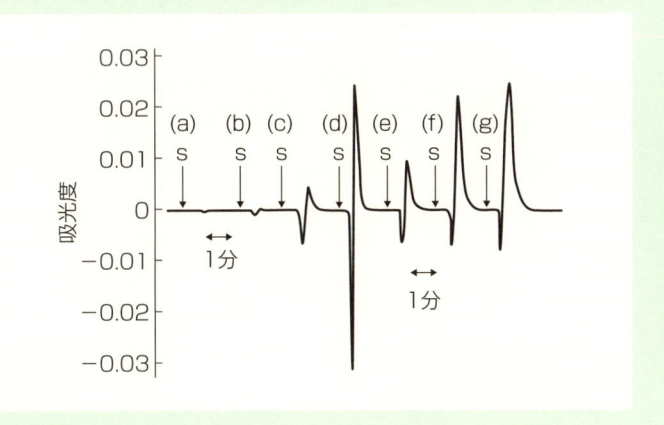

図A　シュリーレン効果

二流路流れ系；流量：0.4 mL/min，反応チューブ：0.5 mm i.d. × 100 cm，測定波長：400 nm．
試料注入量：100 μL，試料 (a)〜(d)：NaCl，(a) 10^{-3} M，(b) 10^{-2} M，(c) 0.1 M，(d) 0.5 M．
試料 (e)〜(g)：(e) メタノール，(f) エタノール，(g) プロパノール．

図Aを見てください．二流路系流路でキャリヤー（純水）流れにアルコール水溶液や食塩水を試料として注入したものです．負と正の一対のピークが出現します（ゴースト（ghost）ピークともいっています）．高濃度になるほどピークは大きくなっています．これは，キャリヤーと試料の濃度の違いにより起こるシュリーレン現象（効果）です．吸光度を検出するフローセルに試料ゾーンの先端部が入ったときには純水と試料の濃度差による屈折率の違いで，光束がより多く検出器に集まり，見かけ上吸光度が減少し，負のピークが出現します．逆に試料ゾーンの後端部では，正のピークが出現します．海水は 0.5 mol/L 程度の塩化ナトリウムを含んでいますので，測定対象物質が低濃度のとき，小さいピークはゴーストピークに埋もれて検出できなくなります．せっかくの FIA の高感度測定が台無しです．

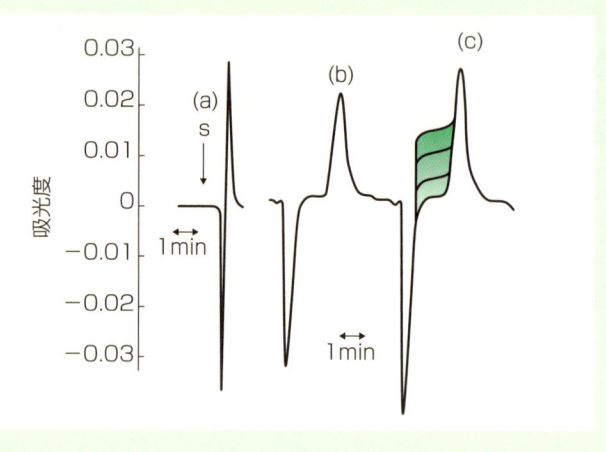

> **図 B** シュリーレン効果の回避策

流路：図（a）と同じ．
測定波長：(a) 400 nm，(b)(c) 730 nm，試料注入量：(a) 100 µL，(b)(c) 600 µL．
試料：(a) 0.5 M NaCl，(b) 0.44 M NaCl，(c) 0.55 M NaCl．

　図Bを見てください．海水中のリンの測定を目的として，注入する試料体積を増やしてみました．負と正のピークの間が広がってきます．ピーク間の吸光度はキャリヤーそのものとほぼ同じです．リン量が増すとこの部分の吸光度が増してきます．この高さを測定に利用すれば塩濃度の影響を受けず海水試料も測定できます．賢いやり方ですね．これも日本の分析化学者（山梨大学・山根　兵名誉教授）の発案によるものです．これで無事敵（もやの妨害）を避けることができました．

索　引

【数字】

1, 10-フェナントロリン …………… 96
1-ナフチルアミン …………… 209
1-ナフトール …………… 167
2-メルカプトエタノール …………… 91
5-Br-PSAA …………… 87
8-キノリノール …………… 151

【欧字】

AIA …………… 37
ASV …………… 26
Auto-Pret …………… 25
Auto-Pret 方式 …………… 190
CAFCA …………… 44
CAS …………… 34
Cd …………… 194
Cd/Cu …………… 16
Chelex-100 …………… 151
COD …………… 182
Cr(III) …………… 188
Cr(VI) …………… 188
C 酸 …………… 91
D-グルコース-1, 4-ラクトン …………… 216
DPD …………… 116
ETAAS …………… 30, 190
FCA …………… 4
FCA 装置（システム） …………… 51
Fe^{2+} …………… 86
FIA …………… 4, 91
FRGT …………… 42
GDS …………… 220
HCHO …………… 219
H-レゾルシノール …………… 178
ICP-AES …………… 185
ICP-MS …………… 185
ICP 質量分析法 …………… 105

ICP 発光分光分析法 …………… 102
JIS K 0126 : 1989 …………… 5
JIS K 0126 : 2009 …………… 5
JIS K 0170 …………… 5
knotted …………… 155
Laminar flow …………… 10
m-フェニレンジアミン …………… 116
MPA …………… 35
MSFIA …………… 36
Muromac A-1 …………… 106, 188
Nafion 膜 …………… 157
N, N-ジメチル-p-フェニレンジアミン　116
N-1-ナフチル …………… 24
N-1-ナフチルエチレンジアミン …………… 170
o-フタルアルデヒド …………… 91
PAR …………… 193
Pb …………… 194
Pb(II) …………… 193
Pb-02 macrocycle …………… 101
Pb-SpecTM 樹脂 …………… 105
PCTFE …………… 52
PC 制御流れ分析法 …………… 4
Pd^{2+} の定量 …………… 85
PEEK …………… 52
p-アニシジン …………… 216
PS …………… 141
PTFE …………… 52
Schoniger 酸素フラスコ …………… 132
Sephadex G-25 …………… 204
SIA …………… 4
SIC …………… 31
SIEMA …………… 18, 39
SIEMA システム …………… 223
SWIA …………… 40
TEVA 樹脂 …………… 205
Tiron …………… 86, 116
TPB^- …………… 156

265

Trien ·················· 116
Triton X-100 ·················· 215
Zn ·················· 194
β-ニトロスチレン-フルオレセイン ······ 96

【あ】

亜硝酸 ·················· 91
亜硝酸イオン ·················· 23, 170
アスコルビン酸の定量 ·················· 84
アセチルアセトン ·················· 93
アセトアセトアニリド ·················· 93
アゾメチン H ·················· 178
アミノ G 酸 ·················· 91
アルデヒド類 ·················· 93
アルブミン ·················· 216
アルブミンの定量 ·················· 215
アルミニウム ·················· 196
アンペロメトリー ·················· 193
アンモニア ·················· 91, 174
イオン会合体 ·················· 141, 175
イオン会合性試薬 ·················· 140
イオン交換カラム ·················· 148
イソルミノール ·················· 94
一流路流れ系 ·················· 11
イミノ二酢酸型キレート樹脂 ······ 104, 188
陰イオン界面活性剤 ·················· 140, 141, 179
陰イオン交換樹脂 ·················· 152, 207
インドフェノール型色素 ·················· 167
インドフェノールブルー ·················· 174
インラインフィルターカートリッジ ··· 155
エオシン ·················· 219
エオシン Y ·················· 217
液体流れ化学分析法 ·················· 4
液体流れ分析法 ·················· 4
エタノールアミン（TEA） ·················· 168
エチルバイオレット ·················· 179
エチレンジアミン ·················· 24
塩基性融剤 ·················· 128
塩酸による溶解 ·················· 125
オートアナライザー ·················· 3

オートアナライザー方式 ·················· 8
オートクレーブ ·················· 175
オールインジェクション分析法（全注入循環・混合分析法） ·················· 37
オクタデシル基結合シリカ ·················· 152
オルトリン酸イオン ·················· 93, 175
温度制御付きフローセル ·················· 136
オンライン固相抽出 ·················· 145
オンライン検出 ·················· 16
オンライン沈殿 ·················· 155
オンライン前処理操作 ·················· 51
オンライン溶媒抽出 ·················· 140, 141

【か】

加圧酸分解容器 ·················· 126
化学の酸素要求量 ·················· 182
化学発光 ·················· 94
化学発光検出法 ·················· 90
化学発光分析法 ·················· 8
拡散 ·················· 10
過酸化水素 ·················· 96, 169
可視吸光検出法 ·················· 85
ガス拡散 ·················· 64
ガス拡散スクラバー ·················· 219, 220
ガス拡散装置 ·················· 148
ガス拡散ユニット ·················· 64
過渡状態 ·················· 8, 15
過マンガン酸カリウム ·················· 182
カラム前処理用装置 ·················· 25
カリウム ·················· 156
カルシウムイオン選択性電極 ·················· 109
管内滞留時間 ·················· 13
ギアポンプ ·················· 57
気体拡散浄化器 ·················· 77, 157
気泡 ·················· 240
キャリヤー ·················· 10
強塩基 ·················· 120
強酸 ·················· 120
強酸性陽イオン交換樹脂 ·················· 203
切替え ·················· 59

キレート樹脂 …………………………… *102*
キレート樹脂充填カラム ……………… *186*
空気分節流れ分析法 ………………… *7, 8*
クーロメトリー ………………………… *112*
クラウンエーテル ……………………… *156*
グラファイトファーネス ………………… *30*
グリセロール …………………… *210, 211*
グリセロール脱水素酵素 ……………… *211*
グルコース ……………………………… *216*
グルコースオキシダーゼ ……………… *216*
クレアチニン …………………… *214, 217*
クロチアゼパム ………………………… *212*
クロマトメンブランセル …………… *77, 145*
クロモトロープ酸 ………………… *92, 178*
クロモトロープ酸蛍光検出法 ………… *179*
クロロマラカイトグリーン ……………… *97*
蛍光検出法 ……………………………… *90*
ケイ酸イオン …………………………… *195*
ケイ酸塩岩石 …………………………… *198*
ケイ素（ケイ酸） ……………………… *93*
ケルダールフラスコ …………………… *131*
ケルダール法 …………………………… *130*
原子吸光光度法 ………………………… *98*
原子スペクトル法 ……………………… *98*
検出限界 ………………………………… *92*
恒温槽 …………………………………… *70*
鉱石 ……………………………………… *199*
公定法化 ………………………………… *231*
ゴースト ………………………………… *62*
ゴーストピーク現象 …………………… *64*
呼気中 …………………………………… *219*
固体硫酸バリウムカラム ……………… *71*
コミュテーション（流路交互切替え方式）
　　分析装置 ……………………………… *34*
コレット型 ……………………………… *54*
コンピュータ支援流れ化学分析 ……… *44*
コンピュータ制御 ………………………… *4*

【さ】

細管内流動特性 ………………………… *9*

サイクリック FIA ……………………… *118*
サルブタモール ………………………… *212*
酸化カップリング反応 ………………… *116*
酸性融剤 ………………………………… *129*
サンプルシッパ ………………………… *7*
ジアゾカップリング …………………… *152*
シアン化合物 …………………………… *182*
シーケンシャルインジェクションクロマト
　　グラフィー …………………………… *31*
シーケンシャルインジェクション分析法… *3*
シーケンス ……………………………… *25*
紫外線照射 ……………………………… *137*
紫外線照射-酸化分解法 ……………… *177*
紫外線照射装置 ………………………… *72*
紫外線照射分解法 ……………………… *177*
紫外線ランプ …………………………… *72*
しごきポンプ …………………………… *23*
湿式分解法 ……………………………… *125*
自動カラム前処理装置 ………………… *28*
ジメチルスルホナゾⅢ（DMSⅢ）…… *183*
ジメドン ………………………………… *93*
試薬循環型（サイクリック）…………… *19*
重金属 …………………………………… *185*
シュウ酸ジエステル類 ………………… *95*
修飾シリカゲル ………………………… *149*
シュリーレン（Schlieren）効果 ……… *62*
循環式検出法 …………………………… *118*
ジョイント ……………………………… *52*
硝酸イオン ………………… *67, 91, 170*
触媒反応（接触反応）………………… *114*
シリアルフローセル …………………… *89*
試料採取 ………………………………… *124*
試料注入器 ……………………………… *66*
試料の分散 ……………………………… *10*
試料の溶解 ……………………………… *124*
シリンジポンプ …………………… *22, 57*
水銀膜電極 ……………………………… *111*
水質試験方法 JIS 規格 ……………… *231*
水素化合物発生法 ……………………… *100*
スエージロック型 ………………………… *54*

ステップワイズインジェクション分析法 40
ストップト・フロー法 ………………………… 23
スペシエーション ……………………………188
スルファニルアミド ……………………24, 170
スルファニル酸 ………………………………222
セグメンター ……………………………64, 141
接触反応分析法 ………………………………… 8
セレクション（選択）バルブモジュール
 ……………………………………………… 22
全窒素 ………………………………………175
全鉄 ……………………………………………86
栓流（plug flow） ……………………………10
全リン ………………………………………176
操作手順 ……………………………………… 25
相分離器 ……………………………………141
相分離装置 …………………………………… 73
層流 …………………………………………… 10
疎水性カラム ………………………………145
ソレノイドバルブ …………………………… 35
ソレノイドポンプ ………………………35, 58

【た】

第4級アンモニウムイオン …………………141
大気分析 ……………………………………166
タイロン …………………………………86, 116
多元素同時測定 ……………………………185
多成分同時測定システム ……………………86
多元素同時定量 ……………………………… 98
ダブルフローセル …………………………… 89
多流路混合ジョイント ……………………… 66
タンパク質 …………………………………214
チアミン …………………………………212, 213
チオクローム ……………………………212, 213
チタニア ……………………………………139
チタン及び鉄の定量 ………………………… 86
窒素化合物 …………………………………170
低圧水銀ランプ ……………………………138
定常状態 ………………………………………8, 15
テーリング …………………………………… 12
鉄鋼 …………………………………………201

デッドボリューム …………………………… 68
鉄の定量 ……………………………………… 84
テトラフェニルホウ酸イオン ………………156
テトラブロモフェノールフタレインエチル
 エステル …………………………………215
デニューダー ………………………………… 77
電位差測定 …………………………………108
電解溶解法 …………………………………201
電気化学的検出法 …………………………106
電気加熱－原子吸光光度法 …………30, 98
電気管状炉 …………………………………133
電気浸透流 …………………………………… 9
伝導度検出 …………………………………107
銅・カドミウム還元剤 ……………………… 16
同時注入／迅速混合分析法 ………………18, 39
銅と鉄の定量 ………………………………… 87
土壌 …………………………………………196
土壌抽出物 …………………………………196
トラブルシューティング …………………238
トリアゾラム ………………………………212
トリエチレンテトラミン …………………116
トリス（2,2'-ビピリジル）ルテニウム（II）
 ……………………………………………… 96

【な】

流れ分析通則 …………………………5, 231
ナプタラム …………………………………209
鉛 ……………………………………………193
二クロム酸カリウム ………………………182
ニコチナミドアデニンヌクレオチド …211
ニコチナミドアデニンジヌクレオチド酸化
 酵素 ………………………………………211
二酸化硫黄 …………………………………168
二酸化炭素 …………………………………156
二酸化窒素 ……………………………40, 168
二波長ツインフローセル …………………… 89
日本工業規格 ………………………………… 5
尿中クレアチニン …………………………214
尿中ビリルビン ……………………………222
燃焼管 ………………………………………133

索　引

燃焼法 ……………………………… *132*
濃縮係数 …………………………… *151*
濃縮効率 …………………………… *151*
濃度勾配 ………………………… *10, 14*
ノッテット反応器 ………………… *155*

【は】

パーベイパレイション …………… *76*
ハイドロダイナミック（流体力学的）注入
　方式 ……………………………… *60*
ハイドロダイナミック SIA ……… *69*
バックグラウンド ………………… *17*
バッチ式用手（マニュアル）法…… *6*
バルブモジュール ………………… *18*
反応コイル ………………………… *66*
反応時間制御 ……………………… *15*
非イオン界面活性剤 ……………… *215*
ビーズインジェクション ………… *4*
ビーズインジェクション法 ……… *27*
光散乱 ……………………………… *96*
光散乱検出法 ……………………… *90*
ピクリン酸 ………………………… *214*
ピクリン酸塩 ……………………… *217*
非接触型伝導度測定 ……………… *108*
ビタミンＢ１ ……………………… *212*
ピラゾロン吸光光度法 …………… *182*
フェノール ………………………… *174*
フォーリンチオカルト …………… *212*
フォトリアクター …………… *72, 138*
フッ化物イオン …………………… *196*
フランジ型 ………………………… *54*
プランジャーポンプ ……… *16, 22, 55*
フリット …………………………… *73*
フレアー型 ………………………… *54*
フレーム AAS …………………… *98*
フローインジェクション分析研究会… *5*
フローインジェクション分析研究懇談会… *5*
フローインジェクション分析法 … *3*
フローインジェクション分析方法通則… *5*
フロースルー型セル ……………… *16*

フローセル ………………………… *66*
プロピルオレンジ ………………… *180*
ブロムピロガロールレッド ……… *196*
分散制御 …………………………… *14*
閉鎖系オンライン操作 …………… *17*
ベースライン ……………………… *17*
ヘテロポリ酸 ……………………… *93*
ペリスタポンプ ……………… *22, 57*
ペルオキソ二硫酸カリウム ……… *175*
ホウ素 ……………………………… *178*
ホウ素（ホウ酸）の蛍光検出 …… *92*
ホールディング（保持）コイル … *22*
ポリエーテルエーテルケトン …… *52*
ポリクロロトリフルオロエチレン … *52*
ポリテトラフルオロエチレン …… *52*
ボルタモグラム …………………… *111*
ボルタンメトリー ……………… *109, 193*
ホルムアルデヒド ………………… *219*
ポンプモジュール ………………… *18*

【ま】

マージングゾーン法 …………… *18, 99*
マイクロ波加熱 …………………… *125*
膜透析デバイス …………………… *76*
マッフル炉 ………………………… *132*
マニフォールド …………………… *62*
マニュアル捕集法 ………………… *167*
マルチシリンジ FIA 装置 ………… *36*
マルチポンピング（複数ポンプ方式）分析
　装置 ……………………………… *35*
マンガン …………………………… *117*
ミクロフロー法 ………………… *18, 19*
ミニカラム ………………………… *28*
メチレンブルー ………………… *141, 179*
メンブランフィルター …………… *140*
モノリスカラム …………………… *31*
モリブデンブルー法 ……………… *175*

【や】

融解法 …………………………… *127, 128*

269

有機試料の溶液化	……………130
有機溶媒薄膜	………………144
融剤	…………………………127
誘導結合プラズマ質量分析計	…………185
誘導結合プラズマ発光分光分析装置	…185
陽イオン界面活性剤	……………140
陽極溶出ボルタンメトリー	………26, 110
溶存反応性リン酸塩	……………138
溶存有機リン酸塩	………………138
溶媒抽出	………………………64
溶媒抽出法	……………………140

【ら】

ラインフィルター	………………71
ラボオンチップ	…………………58
ラボーオン－バルブ	………………4
ラボーオン－バルブ法	…………28
ランタン-アリザリンコンプレクソン試薬	
	………………………196
リーディング	…………………12
リバース（逆）FIA	……………64
硫化水素	………………………156
硫酸イオン	……………………183
流速	……………………………14
流通型反応カラム	………………153
流量比グラジエント滴定法	………42
リン	……………………………93
ループ	…………………………58
ルシゲニン	……………………94
ルミノール	……………………94
ローダミンB	…………………97
ロータリーバルブ	………………58
ローラーポンプ	…………………23

Memorandum

Memorandum

Memorandum

[著者紹介]

〈担当章順〉

本水　昌二（もとみず　しょうじ）
1968年　岡山大学大学院理学研究科化学専攻修士課程修了
現　在　岡山大学名誉教授・理学博士（京都大学）
専　門　化学・分析化学

小熊　幸一（おぐま　こういち）
1967年　東京教育大学大学院理学研究科化学専攻修士課程修了
現　在　千葉大学名誉教授・理学博士（東京教育大学）
専　門　化学

酒井　忠雄（さかい　ただお）
1967年　鳥取大学教育学部卒業
現　在　愛知工業大学教授・薬学博士（名古屋市立大学）・博士（工学）（岐阜大学）
専　門　化学

分析化学実技シリーズ
機器分析編 10
フローインジェクション分析
Experts Series for Analytical Chemistry
Instrumentation Analysis : Vol.10
Flow Injection Analysis

2014 年 2 月 25 日 初版 1 刷発行

検印廃止
NDC 433
ISBN 978-4-320-04399-2

編 集 （公社）日本分析化学会 ©2014
発行者 南條光章
発行所 **共立出版株式会社**
〒112-8700
東京都文京区小日向 4 丁目 6 番地 19 号
電話 （03）3947-2511番 （代表）
振替口座 00110-2-57035
URL http://www.kyoritsu-pub.co.jp/

印 刷
製 本 藤原印刷

一般社団法人
自然科学書協会
会員

Printed in Japan

JCOPY ＜(社)出版者著作権管理機構委託出版物＞
本書の無断複写は著作権法上での例外を除き禁じられています．複写される場合は，そのつど事前に，(社)出版者著作権管理機構（電話 03-3513-6969，FAX 03-3513-6979，e-mail: info@jcopy.or.jp）の許諾を得てください．

■化学・化学工業関連書

http://www.kyoritsu-pub.co.jp/　共立出版

化学大辞典 全10巻	化学大辞典編集委員会編
学生 化学用語辞典 第2版	大学教育化学研究会編
表面分析辞典	日本表面科学会編
分析化学辞典	分析化学辞典編集委員会編
ハンディー版 環境用語辞典 第3版	上田豊甫他編
共立 化学公式	妹尾 学編
化学英語演習 増補3版	中村菀爾編
工業化学英語 第2版	中村喜一郎他著
注解付 化学英語教本	川井清泰著
バイオセパレーションプロセス便覧	(社)化学工学会「生物分離工学特別研究会」編
分離科学ハンドブック	妹尾 学他編
大学生のための例題で学ぶ化学入門	大野公一他著
化学入門	大野公一他著
身近に学ぶ化学入門	宮澤三雄編著
大学化学の基礎	内山敬康著
化学の世界	上田豊甫著
物質と材料の基本化学 [教養の化学 改題]	伊澤康司他著
理科系 一般化学	相川嘉正他著
わかる理工系のための化学	今西誠之他著
理工系学生のための化学の基礎	柴田茂雄他著
理工系の基礎化学	竹内 雍他著
基礎化学実験	京都大学大学院人間環境学研究科化学部会編
やさしい 物理化学 自然を楽しむための12講	小池 透著
概説 物理化学 第2版	阪上信次他著
基礎物理化学 第2版	妹尾 学他著
物理化学の基礎	柴田茂雄著
理工系学生のための基礎物理化学	柴田茂雄他著
現代量子化学の基礎	中島 威他著
入門 熱力学	上田豊甫著
現代の熱力学	白井光雲著
金属電気化学 増補版	沖 猛雄著
有機化学入門	船山信次著
有機工業化学	妹尾 学他編著
ライフサイエンス有機化学 新訂版	飯田 隆他著
基礎有機合成化学	妹尾 学他著
環境有機化学物質論	川本克也著
資源天然物化学	秋久俊博他著
データのとり方とまとめ方 第2版	宗森 信他訳
分析化学の基礎	佐竹正忠他著
実験分析化学 訂正増補版	石橋政義著
核磁気共鳴の基礎と原理	北丸竜三著
NMRハンドブック	坂口 潮他訳
NMRイメージング	巨瀬勝美著
コンパクトMRI	巨瀬勝美編著
高分子化学 第5版	村橋俊介他編著
基礎 高分子科学	妹尾 学他著
高分子材料化学	小川俊夫著
化学安全工学概論	前澤正禮著
化学プロセス計算 新訂版	浅野康一著
プロセス速度 反応装置設計基礎論	菅原拓男他著
塗料の流動と顔料分散	植木憲二監訳
基礎 化学工学	須藤雅夫編著
新編 化学工学	架谷昌信監修
環境触媒	日本表面科学会編
薄膜化技術 第3版	和佐清孝著
ナノシミュレーション技術ハンドブック	ナノシミュレーション技術ハンドブック委員会編
ナノテクのための化学・材料入門	日本表面科学会編
現場技術者のための発破工学ハンドブック	(社)火薬学会発破専門部会編
エネルギー物質ハンドブック 第3版	(社)火薬学会編